Reinventing Gravity

A Physicist Goes Beyond Einstein

John W. Moffat

ジョン・W・モファット

水谷 淳＝訳

重力の再発見

アインシュタインの相対論を超えて

早川書房

重力の再発見

——アインシュタインの相対論を超えて

REINVENTING GRAVITY
A Physicist Goes Beyond Einstein
by
John W. Moffat

Translated by
Jun Mizutani
First published 2009 in Japan by
Hayakawa Publishing, Inc.
This book is published in Japan by
arrangement with
Jodie Rhodes Literary Agency
through The English Agency (Japan) Ltd.

装幀：間村俊一

本書を完成させる上でひたむきに手助けをしてくれたパトリシアへ

はしがき　新しい重力理論

一九一六年、アインシュタインが、一般相対論と呼ばれる新たな重力理論を発表した。一九一九年、日食の最中に、太陽の重力が時空を歪めることによる光の湾曲が観測され、その理論の正しさが証明された。それ以来さまざまな人が、はたしてアインシュタインの重力理論は、ミケランジェロのダヴィデ像のように完璧で不変なのだろうかと、あれこれ思考を重ねてきた。アインシュタインの比類なき知的偉業を、なぜ修正しようというのか？

最近までほとんどの物理学者は、アインシュタインの相対論が観測データと完璧に一致すると見なしていた。しかしそれは必ずしも正しくない。また、アインシュタインの重力理論を量子力学と統一しようという試みが数多くなされてきたが、いまだ成功していない。多くの物理学者は、量子重力理論の探索を現代物理学の聖杯と考えている。さらにアインシュタインの理論には、宇宙の始まりや自らの重力で崩壊する恒星に関して、根本的に満足できない点がいくつかある。

最後に、ニュートンやアインシュタインの重力理論に基づく限り、重力場の方程式に目に見える質量を入れただけでは、最果ての恒星や銀河内のガスの運動を正しく記述できないという証拠が、一九八〇年代前半以降どんどん数を増してきている。[*1] ニュートンやアインシュタインの理論から予測されるよりはるかに強い重力が働いていて、それにより、外縁部を公転している恒星やガスが予測より高速で運動している様子が観測されている。今や、数々の銀河内では予測より強い重力が働いているという圧倒的な証拠がある。アインシュタインは一九一五年、水星の軌道の変化を予測して一般相対論の正しさを決定づけたが、その値は一世紀あたりわずか四三秒角という小さなものだった。[*2] それに比べ、巨大渦巻銀河の外縁部に位置する恒星の公転速度と、一般的な重力理論による予測との食い違いは、とてつもなく大きい。ニュートンやアインシュタインの重力理論に基づく本来の値の、約二倍にもなるのだ。

アインシュタインとニュートンの理論を救おうと、数多くの物理学者や天文学者が、銀河や銀河団の中には〝ダークマター〟が大量に存在していて、それが重力を強め、理論とデータとの食い違いを解消してくれると主張している。銀河団や超銀河団は、宇宙で観測される最大の天体だ。もしダークマターが存在しないとすれば、アインシュタインやニュートンの理論から導かれる重力では弱すぎて銀河団内の銀河をつなぎ止められず、銀河団は安定に存在できない。ほとんどの物理学者はそう考えている。この目に見えず検出もできないダークマターを仮定すれば、ニュートンやアインシュタインの重力理論を修正する必要はまったくなくなる。ほとんどの物理学者にとって、ダークマターを仮定することなど、これらの理論を修正するのに比べれば過激でもなければ恐れるにも及ばない。何と言っても、アインシュタインの重力理論は一世紀近くにわたって〝重力の標準モデル〟だったのだから。このように天文学者や物理学者の間では、ダークマターは実在するという意見が大勢を占めているが、そのダークマターを構成しているとされる粒子を検出する試みはいまだ成功していない。

一九九八年、銀河や銀河団の観測結果と理論とのこの厄介な食い違いに輪を掛けるように、宇宙論を混乱に陥れるある発見がなされた。カリフォルニアとオーストラリアで互いに独立して研究する二つの天文学者グループが、宇宙の膨張は予想どおり減速しているのではなく、実際には加速していることを見いだした。物理学者たちはこの驚くべき発見を説明するため、負の圧力を示して反重力のように振る舞う謎の〝ダークエネルギー〟が存在するはずだと仮定した。これはダークマターと違い、宇宙全体に均一に分布していなければならない。しかしダークマターと同じく、重力作用を通じてしか検出できない。ダークマターと足し合わせると、宇宙を構成するすべての物質やエネルギーのうち、約九六パーセントが目に見えないことになるのだ！　この仰天の結論は今日の大多数の物理学者や天文学者に支持されていて、宇宙論の標準モデルの一部として受け入れられている。

＊1　アインシュタインの重力理論は、重力場が弱く物体の運動が遅い場合、ニュートンの理論へと還元される。
＊2　天文学において天空の角度を表わす単位として、六〇分の一度が一分角、六〇分の一分角が一秒角となる。

それでもまだ、アインシュタインの理論が間違っている可能性があるというのか？　目に見えない存在に頼って標準モデルを有効にする代わりに、アインシュタインの理論を修正して、今日観測されている強すぎる重力や見かけの反重力を説明できる新たな重力理論を探す必要が、はたしてあるのだろうか？

アインシュタインが新たな重力理論を発表したとき、人類の宇宙観は、ニュートンによる機械的宇宙から劇的に様変わりした。アインシュタインによって、空間と時間は絶対的でなく、重力は〝力〟でなくて〝時空〟の幾何の性質であって、物質やエネルギーは時空の幾何を歪めるということが明らかとなった。しかしアインシュタイン本人は、自らの革命的な理論に満足しなかった。そして、より完全な理論を探しつづけた。

一九一六年三月に一般相対論の完成形を発表したのち、アインシュタインは、重力と電磁気力の統一理論の構築に乗り出した。当時、自然界で知られていた力はこの二つだけだった。アインシュタインは重力理論の発見という輝かしい成功の再来を夢見て、長年にわたり何度も不毛な挑戦と挫折を繰り返した。結局、自然界の力の統一には成功しないが、この知的一大事業を進める上で大きな動機となったのが、一般相対論の持つある性質に対する不満だった。アインシュタインの方程式は、時空内のある点で特異点を発生させ、方程式の解が無限大になってしまうのだ。

この厄介な性質からは、アインシュタインの一般相対論によって記述される宇宙について、いくつもの重要な結論が導かれる。一般的に受け入れられている宇宙論の標準モデルによれば、宇宙誕生の瞬間、体積無限小の空間に閉じ込められた密度無限大の物質からビッグバンが始まったとされている。同じく、恒星は自らの重力で潰れる際に無限小の体積へ崩壊し、恒星内の物質の密度は無限大になる。一般相対論による予測の一つとして、ある臨界値以上の質量を持つ恒星が自らの重力で崩壊すると、ブラックホールが形成される。ブラックホールからは光も逃げられず、その中心には密度無限大の特異点が潜んでいる。アインシュタインは、それは物理的でないと考え、自らの理論から導かれるブラックホール解を受け入れようとしなかった。アインシュタインを擁護して、日食中の光の湾曲を観測する初の遠征を指揮した天文学者のアーサー・エディントン卿も、恒星が崩壊してブラックホールになるという考えに断固として反対した。そして王立天文学会での講演で、「恒星にそのようなばかげた振る舞いをさせないような自然法則があるはずだ！」と言い切った。[注1] 要するに、もっと幅広い統一理論を作ろうというアインシュタインの第一の動機は、物理的でない特異点を含まないような時空構造を記述する、より一般的な枠組みを見つけることだったと言える。

私は一九五〇年代前半にコペンハーゲンで学生として物理学の勉強を始めたが、そこは学問的な環境でなく、最初に目標としたのはアインシュタインの統一理論に関する最新の研究を理解することだった。それが、アインシュタインの重力理論の一般化を目指すという、生涯にわたる旅路の第一歩となった。アインシュタインは晩年、〝非対称場理論〟というものに取り組んだ。そして、この理論にはジェームズ・クラーク・マクスウェルの電磁場の方程式が含まれると主張した。しかしそれは間違いで、アインシュタインは一九五五年、この研究を完成させられないまま世を去った。

私は二〇歳のときに、最晩年のアインシュタインと手紙をやりとりし、統一場理論研究の現状と、当時の物理学に対する見方を論じあった。自分の過去五〇年に及ぶ研究を振り返ってみると、私は間違いなくアインシュタインの足跡を追いかけ、もしアインシュタインが生きていればたどったであろう道筋を進んできたといえる。

本書で語るのは、新たな重力理論を探す私の冒険の旅だ。アインシュタインと同じく、私も初めに非対称重力理論（NGT）の構築から取り掛かった。しかしアインシュタインとは違って、この非対称理論は重力と電磁気力の統一理論ではなく、重力のみを一般化した理論だと考えていた。そして三〇年にわたって成功と失敗を繰り返しながら、NGTを単純化した修正重力理論（MOG）へとたどり着いた。第一部から第三部では、このMOGという新しい考え方を、重力の発見、アインシュタインによる不朽の偉業、現代宇宙論の発展という歴史的背景の中に位置づける。第四部と第五部では、私がMOGをどのように編み出したのか、そしてこの理論が、アインシュタインやニュートンの理論、さらには主流の宇宙論学者、物理学者、天文学者の一般的な見方とどう違うのかを説明する。また、ひも理論や量子重力といった他の重力理論とMOGを比べてみる。

本書を書くに際しては、二種類の読者を仮定した。科学好きで好奇心旺盛な一般の人と、物理学の専門知識を持つ読者だ。第一のタイプの読者には、難しそうな部分もがんばって読み通してほしい。一般化して考えながら物事を比較することで、難解な文の意味を理解し、全体像を捕らえられるようになるはずだ。第二のタイプの読者は、話題の裏づけとなる数学や専門的詳細について知りたい場合、巻末の注を参照してほしい。

ＭＯＧは、現代物理学や宇宙論に存在する三つの難問を解決してくれる。ＭＯＧにおける重力は標準モデルより強いので、取ってつけたようなダークマターをまったく使わずにすむ。また、ダークエネルギーの由来も説明できる。さらに、ＭＯＧには厄介な特異点がない。この宇宙はわれわれが信じてきたのとは違うような場所、おそらくはもっと理解しやすく理にかなった場所であることが、ＭＯＧの数学を通じて明らかとなるのだ。

ＭＯＧには、強さが重力に近い五番目の新たな力が含まれている。その存在は、太陽系を越え、銀河内の恒星や銀河団の運動、あるいは宇宙の大規模構造、いわば宇宙全体に現われる。この第五の力は、ＭＯＧの方程式に新たな自由度として組みこまれ、アインシュタインの理論を一般化するときのおもな材料の一つとなる。自然界には五種類の基本的な力が存在すると言える。重力、電磁気力、放射能を支配する弱い力、原子核を一つにまとめている強い力、そして新たな力だ。この新たな力は、物質の存在によって時空の幾何が示す歪みの性質を変える。この力は、電磁場に対する電荷と同じく、物質に伴う〝荷量（チャージ）〟を持つ。しかしこの理論をある形で表現すると、この第五の力は重力の自由度、つまり幾何全体、あるいは時空の歪みの一部と考えることができる。

この新たな理論が示すもう一つの重要な特徴として、ニュートンの重力定数は実は定数でなく、空間や時間によって変化する。第五の力とこの変動要素が一緒になることで、遠くの銀河や銀河団の中で働く重力が強くなっている。また膨張宇宙における時空の幾何も変わり、人工衛星による宇宙背景放射の観測結果と一致するようになる。MOGは、銀河や銀河団だけでなく、宇宙論からも、ダークマターの必要性を取り除いてくれる。また、ニュートンによる、重力場が弱い場合の逆二乗則も修正を受けることになる。

MOGでは、恒星が自らの重力で崩壊する様子に対する見方も変わってくる。一般相対論によるブラックホールの予測がMOGでは修正を受け、それによれば、恒星が崩壊するときわめて高密度の物体にはなるが、それは完全に黒くはなく、〝灰色(グレー)〟であるとしか言えない。この〝グレースター〟からは、光など情報が逃げ出せる。宇宙膨張の加速を引き起こす真空エネルギー、いわゆるダークエネルギーも、天体の重力崩壊を妨げ安定化させる上で重要な役割を果たす。このようにMOGは、アインシュタインの重力理論による最も奇妙な予測の一つ、ブラックホールに対する見方を劇的に変えるかもしれない。

最後に、もしMOGが正しいとしたら、科学において最も有名な仮説の一つが崩れてしまう。きわめて初期の宇宙に対する説明として、ビッグバン理論は正しくないかもしれないのだ。MOGでは時空が平滑なため、宇宙の始まりに特異点は存在しないが、ゼロという特別な時刻が存在するのはビッグバン理論と変わらない。しかしMOGでは、時刻ゼロは特異点ではない。時刻ゼロの宇宙には物質が存在せず、時空は平坦で、宇宙は静止状態にある。この状態は不安定で、やがて物質が生成し、重力が現われ、時空が歪んで宇宙が膨張を始める。ビッグバンシナリオと違って、ＭＯＧの宇宙は永遠に存在し、動的に進化していく。天体物理学や宇宙論だけでなく、哲学や宗教にも影響を及ぼすかもしれない。

新たな重力理論を受け入れるとすれば、長年にわたって生き長らえ、また役に立ってきた大きな科学的パラダイムを変えてしまうことになる。ニュートンの重力理論は、地球を含め太陽系の中では正しく、これまで三世紀以上にわたって有効だった。そしてアインシュタインの一般相対論は、一世紀近くにわたる時の検証を耐えてきた。パラダイムがひっくり返りそうだという事態に直面したとき、物理学者は保守的になりがちで、またそうでなければならない。新たなデータが積み重なり、革命が必要だという観測上の証拠が圧倒的になって初めて、科学者は新たな理論を支持するようになるものだ。

現代物理学では、現実とほとんど関連性がなく、検証のためのデータが得られる望みもほとんどないような、砂上の楼閣のごとき数学理論を構築するのが流行している。しかし、ＭＯＧに関する私の研究では、観測データと一致させることが推進力となっている。本書全体を通じて私は、理論を検証あるいは否定するデータを見つけることが重要だと力説している。成功する自然理論は観測に根ざしていなければならないと、堅く信じているからだ。

現状をはっきりと言わせてもらおう。銀河内の恒星の異常に速い回転速度や、銀河団の安定性を示す膨大な観測データを説明する道は、たった二つ。ダークマターが存在し、それがいずれ発見され、ニュートンやアインシュタインの重力理論が無傷のまま残るか、それとも、ダークマターは存在せず、新たな重力理論を見つけるしかなくなるかだ。

いまわれわれは、パラダイムシフトの瀬戸際に立っているのかもしれない。ダークマターの存在を誰もが受け入れることで、かえって物事が転がりはじめるだろう。そしていつの日か、ダークマター仮説は、裸の王様の新しい服のように恥ずかしいものと見なされるようになるだろう。

目次

序論　寓話——見つからない惑星ヴァルカン

一九世紀後半の一時期、惑星ヴァルカンは実在する観測可能な天体と考えられていた。一八五九年、偉大なフランス人数理天文学者のユルバン・ジャン・ジョセフ・ルヴェリエが、天体観測の結果と、ニュートンの重力方程式を使った計算に基づいて、新惑星の存在を予測した。その新惑星は高温の水星よりさらに太陽に近かったため、ルヴェリエはローマの火と鉄の神にちなんでそれを〝ヴァルカン〟と命名した（他の惑星はギリシャ人によってオリュンポスの神々の名で呼ばれていたが、のちにローマ人がそれを翻訳し、現在の名前〔水星（マーキュリー）、金星（ヴィーナス）、火星（マーズ）、木星（ジュピター）、土星（サターン）〕になった）。

ルヴェリエは、水星の軌道に異常を発見していた。水星も他の惑星と同じく、太陽の周りを楕円軌道を描いて公転していて、太陽に最も近づく点、すなわち〝近日点〟は一周ごとに前方へ移動していく。したがって水星の軌道は、時間とともに複雑な薔薇飾りのような模様を描いていく。

ルヴェリエは、他の惑星が水星の軌道に及ぼす影響を考慮に入れ、ニュートンの天体力学に従ってこの近日点移動を正確に計算していた。しかし、ニュートン理論に基づく予測と、当時の天体観測結果との間には、小さな食い違いがあった。この食い違いは、未発見の惑星か、あるいは太陽を取り囲む暗く目に見えない小惑星帯が重力を及ぼしているとしないと説明できない、そうルヴェリエは考えた。すぐに惑星探しが始まり、世界中の天文学者がヴァルカンの第一発見者を目指して競い合った。

ルヴェリエはそれ以前にも、未知の惑星の予測に成功して、世間に名を轟かせていた。一七八一年にウィリアム・ハーシェルが発見した天王星（ウラヌス）、その軌道運動の不規則性をルヴェリエは一八四六年に計算し、結果を発表した。天王星の軌道に天文学者たちは長年頭を抱えていて、中にはニュートンの万有引力の法則に間違いがあるはずだと主張する者もいた。ルヴェリエはニュートンの重力理論に従って計算を進め、天王星の外側にもう一つ惑星があるはずだと結論する。そしてそれを、海の神にちなんで〝海王星（ネプチューン）〟と命名した。さらには、太陽系内でのそのおおよその位置まで予測した。同じ年、その指示に従ったドイツ人天文学者のヨハン・ゴットフリート・ガレが、ルヴェリエの予測した位置にきわめて近い、赤経二一時五三分二五・八四秒に海王星を発見した。

ルヴェリエの大勝利で、その名声は広がった。世界一影響力を持つ天文学者の一人となり、一八五四年には、フランス天文学界の第一人者フランソワ・ジャン・ドミニク・アラゴーの跡を継いでパリ天文台の台長に就任した。そして一八五九年、ヴァルカンも、一三年前の海王星と同じく天文学者の望遠鏡で捕らえられるはずだと期待したのだった。

二一世紀前半の物理学と宇宙論の立場から言えば、海王星やヴァルカンの予測は、今で言うところの〝ダークマター〟探しと呼ぶことができよう。二つの既知の惑星が示す軌道の重力異常から、近くに未知の見えない〝ダーク〟な天体が存在すると考えたわけだ。これらの見えない天体が、既知の惑星に余分な重力を及ぼす。そしてそれらが発見されれば、観測データの異常は説明できて、アイザック・ニュートン卿の重力理論の正しさが再び証明される。

一八五九年三月、フランス・ロワール県オルレアンの北およそ三〇キロメートルにある小さな街、オルジェルス＝アン＝ボース。アマチュア天文学者で医師のエドモン・モデスト・レスカルボーが、医院の隣の小さな天文台で、太陽面を横切る小さな黒い点を観測した。ルヴェリエによる惑星ヴァルカンの予測を耳にしていたレスカルボーは、その黒い点こそ未発見の惑星だと考え、心躍らせた。そして一八五九年一二月、ルヴェリエに手紙で、暗黒惑星ヴァルカンの存在を確認したと伝える。ルヴェリエは王立天文学者として多忙な中、助手を連れてレスカルボーのいるオルジェルスを訪れ、鉄道の駅からは徒歩で田舎道を歩いていった。

尊大なルヴェリエは初めレスカルボーの主張を見下し、一時間ほど詰問した。それでも、この田舎の医者の発見を受け入れたいという強い衝動に駆られ、件の暗い惑星が見つかったという確信を抱きながらオルジェルスを後にする。発見の知らせはパリじゅうを駆けめぐり、レスカルボーは一夜のうちに有名人となった。一八六〇年、皇帝ナポレオン三世はレスカルボーにレジオンドヌール勲位を授け、イングランドの王立天文学協会も最高の賛辞を送った。こうして、一九世紀天文学最大の謎の一つが、田舎の医師である一人のアマチュア天文学者によって解決された。ニュートンの重力方程式によって予測された〝ダークマター〟を発見したわけだ。

しかし、レスカルボーとルヴェリエにとっては残念なことに、それで話は終わらなかった。賞賛はやがて非難へと変わった。繰り返し追試がおこなわれ、日食のたびに、太陽面を通過するヴァルカンを観測する最高の場所を見つけようと世界中へ遠征隊が派遣されたが、この惑星は二度と見つからなかったのだ。一八七八年七月二九日、アメリカで観測できる一九世紀最後の皆既日食の折、天文学者のクレイグ・ワトソンが、ワイオミング州ローリンズのネイティヴアメリカン居留地でヴァルカンを観測したと主張する。そして残りの生涯をその主張の弁護に捧げ、死の間際には、自らの正しさを証明しようと地下天文台を建設した。

ワトソンが見たとされる暗い惑星は水星の近日点移動の異常を説明できるほど大きくないことが分かり、そのためさまざまな天文学者が、他にも暗い惑星が発見されるのを待っているはずだと唱えた。また、ニューヨーク州ロチェスター出身のアマチュア天文学者ルイス・スイフトが、日食の際に独自の観測で暗い惑星を目撃し、ワトソンの発見を確認したと主張する。しかしドイツのクリスティアン・ペーテルスは、ヴァルカン探し全体にかなり強い疑問を抱いて、ワトソンとスイフトの主張に対して公に異議を唱え、ワトソンの大敵となった。

レスカルボーによる最初の発見に対して広く認められる証拠が現われず、ほどなく天文学の雑誌にはヴァルカン発見を疑問視する論文が掲載されるようになる。イギリスやフランスの新聞紙面にまで、そうした反論に関する有力天文学者の意見が掲載された。ロンドンやパリの天文学会では会合が開かれ、ヴァルカンの存在や発見に関する肯定否定両面からの論文が発表された。ルヴェリエは自分の予測が正しくヴァルカンはいずれ発見されるという主張を続けたが、この一九世紀の〝ダークマター〟問題は未解決のままやがて採り上げられなくなり、六五年間にわたって忘れ去られることとなる。ルヴェリエも、ヴァルカン探しに参加した天文学者の多くも、ヴァルカン物語の結末を知ることなく世を去っていった。

水星の近日点移動の異常をめぐる問題は、未解決のまま残された。一九〇六年、ドイツ人天文学者フーゴ・フォン・ゼーリガーが、黄道光理論というものを提唱する。それによれば、太陽の近くに暗い物質粒子が楕円状に小さく集合していて、それが水星の軌道の異常な摂動を引き起こしているのだという。黄道光とは、彗星や小惑星が太陽系内に残していった塵の粒子によって反射された光のことだ。有名なフランス人数学者アンリ・ポアンカレも、太陽の周囲に暗い物質粒子の環が存在すると仮定し、名高いアメリカ人天文学者サイモン・ニューコムがその説を支持した。

見つからないヴァルカンを巡って何十年も続いた論争が終結したのは、一九一六年、アインシュタインが一般相対論を発表したときだった。アインシュタインは、新たな重力理論を編み出している最中の一九一五年、水星の近日点の異常な移動を調べるための計算をおこなった。半世紀前にあれほど人々を熱狂させ、新惑星の予測へとつながった現象だ。アインシュタインの方程式に太陽の質量とニュートンの重力定数を代入したところ、開発途上の一般相対論から、水星の軌道の奇妙な移動が正確に予測された。こうしてルヴェリエのヴァルカンは放棄され、水星の軌道の異常は、太陽近傍の時空の幾何が歪んでいるためだと判明した。アインシュタインの新たな重力理論は、一九世紀の天文学者には想像もつかない代物だった。水星の異常を説明するのに、太陽の周りを回る新たな惑星や暗い物質粒子は必要なくなった。このように、存在しない暗黒惑星ヴァルカンは、重力理論と天体力学の歴史における一大転機をもたらした。アインシュタインの重力理論が、空間と時間に対するわれわれの理解に革命をもたらしたのだ。

アインシュタインの計算結果は、一世紀以上にわたる水星の軌道の観測結果と驚くほど一致した。計算によれば、水星の近日点は、ニュートン理論に基づく予測値より一周あたりわずか〇・一秒角、一世紀では四三秒角だけ大きく移動するはずだが、この値は観測値ときわめて近い。アインシュタインはこの最初の成功によって、自分が正しい道を歩んでいることを確信した。そして確固たる新たな重力理論を手にし、それがやがてニュートン理論を覆すこととなる。

こうしてヴァルカン〝ダークマター〟問題は、暗黒惑星や暗い物質粒子の検出によってではなく、重力理論の修正により解決された。ルヴェリエは、海王星の発見の予測では正しかったものの、ヴァルカンの予測では間違っていたのだった。

今日の物理学や宇宙論は、これと驚くほど似た状況に置かれている。銀河内の恒星の運動や銀河団内の銀河の運動に関する天体観測の結果は、恒星、銀河、ガスを構成する目に見える物質を計算に入れただけでは、ニュートンの重力方程式にもアインシュタインの重力方程式にも一致しない。遠くの恒星や銀河では、ニュートンやアインシュタインの重力理論から予想されるよりずっと強い重力と大きな加速が、実際に観測されている。そして数多くの科学者が、銀河や銀河団の観測データに理論を合わせようと、目に見えない何らかの〝ダークマター〟の存在を仮定し、観測されている強い重力効果を説明しようとしている。現在見えているよりもずっと多くの物質が〝どこかに〟存在するというのだ。この未発見のダークマターを観測し、実際に見つけようという試みが始まっている。宇宙の物質とエネルギーのうち九六パーセントが、見えないダークな存在だと言われている。物質とエネルギーのうち、三〇パーセント近くがいわゆる冷たいダークマター、七〇パーセント近くが〝ダークエネルギー〟でできていて、残りのわずか四パーセントが、恒星、惑星、星間塵、そしてわれわれ人間を形作る原子として目に見えるのだという。理論と現在の観測データとの食い違いは、それほど大きいのだ。

現代のダークマターの物語は、どのような結末を迎えるのだろうか？　海王星と同じなのか、はたまたヴァルカンと同じ運命をたどるのか？　ダークマターは発見されるのか？　銀河内の恒星の運動は、ニュートンやアインシュタインの重力理論にダークマターがつけ加わることで加速しているのか？　あるいはダークマターは存在せず、われわれは再び、重力理論の修正と向き合わなければならないのか？　ダークマターは、重力の理解における第二の革命へとわれわれを導いていくのだろうか？

第一部　重力の発見と再発明

第一章　ギリシャ人からニュートンへ

物理学の中で、重力ほど見慣れた現象があるだろうか？　重力は、惑星を太陽の周りの軌道に引き留め、恒星を銀河の中につなぎ止めている。われわれが地面から浮かんでいってしまうのを防ぎ、ドングリやリンゴを木から落とし、矢、ボール、弾丸に放物線を描かせている。

しかし重力はわれわれの身の回りにあまりに深く根ざしているため、人類は何千年もの間、重力に気づくこともなく、それに名前を与えることもなかった。一つの惑星の上だけで暮らしていて、別の惑星へ行って比べることでもなければ、重力の日々の証拠を〝見る〟のはとてつもなく難しいからだ。サンテグジュペリの物語に登場する小さな王子なら、小さな小惑星の上で暮らしながら、重力に対してわれわれとはまったく違う考えを持つことだろう。初期の人類にとっても現在のほとんどの人にとっても、物体が落下するというのは、万有引力の実例というよりも、現実的な当たり前の経験だ。地球は大きく、われわれは地球からの重力しか感じないので、重力が物体の一般的性質であることに気づかず、重力を〝下向き〟としてしか考えられない。それに対し、電磁気力はもっとずっと気づきやすい力だ。雷や磁石として目で見ることができ、静電気として感じることができる。一方、重力の発見までには何世紀もの年月が費やされ、その途中ではいくつもの有望なアイデアがことごとく覆されてきた。一七世紀後半になってようやく、アイザック・ニュートンが、地球上を支配する引力と同じ力が天空の天体をつなぎ合わせていることに気づいた。重力を万有引力として理解することで、パラダイムシフトを引き起こしたわけだ。

重力発見の物語は、天文学、とくに太陽系に対する考え方の発展の物語でもある。西洋科学はギリシャに端を発しており、その地球中心説は二〇〇〇年近くにわたって科学を方向づけてきた。抽象的な考え方をするギリシャ人は、理想やパターンといったものを好み、キリスト教の説く地球や人間を中心とする教義にいともたやすく陥った。それから何世紀も経ってようやく、コペルニクス、ケプラー、ガリレオ、ニュートンといった思索家たちが、がんじがらめになったプラトンやキリスト教の宇宙観を打ち崩し、天文学と物理学を科学へと変え、重力の概念を発展させたのだった。

ギリシャの天文学と重力

プラトンの弟子の中でも最も有名なアリストテレス（前三八四－前三二二）は、ルネッサンス期までの西洋の科学と医学の基礎となる思考体系を構築した。アリストテレスは、物質は土、水、気、火の四元素からできていると考えた。そして、中でも最も基本的で最も重い元素である土、すなわち地球を、宇宙の中心とした。〝重力〟に相当する言葉こそ使わなかったものの、人間や物体が地球から空へ落ちていってしまわないのは、土の〝重さ〟によってつなぎ止められているからだと考えていた。

プラトンの教えによれば、自然界で最も完璧な形は、二次元では円、三次元では球だという。そのためアリストテレスの宇宙論も、もっぱら円や球に基づいている。アリストテレス曰く、地球の周囲にはいくつもの〝透明球体〟が回転している。一つめが、地球に関係のある水、気、火の球体。その外側の球体には、地球の周りを回っているように見える月、太陽、そしてギリシャ時代に知られていた五惑星（水星、金星、火星、木星、土星）が含まれる。そのさらに外側には〝恒星〟の球体があり、最後に一番外側の球体には、すべての球体の原動者である神が住んでいる。天体を含むいくつもの球体が必要だったのは、アリストテレスが、物体は運動する別の物体と接触しない限り動かないと考えていたからだった。球体が半透明や不透明でなく〝透明〟なのは、恒星が別の回転球体を通して地球から見えなければならないからだ。

古代ギリシャ人も地球が丸いことは知っていたが、ほとんどの天文学者は、地球を宇宙の中心に固定された天体として思い描いていた。それは〝常識〟に基づく見方だ。日々の経験において、地震を除き、地球の運動を感じることは決してない。また、もし地球が天空を運動しているとしたら、星の視差が観測されるはずだ。視差というものを簡単に理解するには、顔の正面に指を一本立て、右目だけと左目だけで交互に見てみればいい。背景にある物体に対し、指が左右に動いて見えるはずだ。同じように、もし地球が天空の中を運動していれば、天空球体の中で地球に最も近い星は、もっと遠い星に対して動いて見えるだろう。しかしそのようなことは起こらないので、地球は宇宙の中心で静止している、そうアリストテレスは結論した。

アリストテレスもその同時代の人々も、宇宙の中で天体どうしがとてつもない距離離れているなどとは想像もできず、〝恒星〟は実際より何千倍も地球に近いと考えていた。今日では、地球の公転や、銀河系の中での太陽系の公転に伴って生じる、近くの恒星の視差を実際に検出できる。強力な望遠鏡を使って、地球や太陽系の軌道上の異なる場所で同じ恒星の写真を撮り、それらを比較すれば、背景の恒星に対してその恒星の位置が違っていることが分かる。

傑出したギリシャ人天文学者であるサモスのアリスタルコス（前三一〇 - 前二三〇）は、太陽を中心とした宇宙を提唱した。太陽が地球よりはるかに大きいことに気づき、大きい天体の周りを小さい天体が回る方が道理にかなっていると考えたのだった。そして、宇宙は大半の人が考えているよりずっと大きく、その中心に太陽があって、太陽も恒星の球体も動いていないと結論した。さらに、月は地球を周回する軌道上に置き、地球を含むすべての惑星は太陽を回る軌道上に据えた。そして、視差が観測されないのは恒星が太陽から果てしなく遠いからだと結論した。

しかしアリスタルコスは、明らかに時代を先取りしすぎていた。古代ギリシャの数学者や天文学者のほとんどは、アリスタルコスによる太陽を中心とした宇宙より、地球中心の宇宙モデルの方がはるかに単純で、惑星の運動をより論理的に説明できると考えた。地球と人類を宇宙の中心から追い出そうとするアリスタルコスは、不信心者として非難されたのだった。

アリストテレスの宇宙モデルには何世紀にもわたって改良が繰り返されてきたが、その間もギリシャ人天文学者や数学者は、現在のわれわれが言うところの〝重力〟――惑星を軌道上に保ち宇宙がばらばらになるのを防ぐ力――を地球の〝重さ〟と球体の運動によって説明できるという考え方を貫いたらしい。歴史上の記録によれば、当時、恒星や惑星を結びつけ、同時に地球上の物体の挙動も支配するような万有引力が存在するのではないかと考えた人は、誰一人としていなかった。アリストテレスの著書『自然学』にもそのような記述はないが、この本は二〇〇〇年近くにわたって哲学者や科学者が教科書として認めていた。ガリレオの時代までの諸科学における学問活動とは、アリストテレスの偉大な業績に、それを裏づけるような詳細をつけ加えることであって、他の解釈に置き換えることではなかったのだ。

その一方で天文観測は続けられ、アリストテレスのモデルとデータとのつじつまを合わせるにはかなり無理をせざるをえなくなっていった。ギリシャ人が直面した観測上の問題の一つが、惑星が地球の周りを規則的な円形軌道を描いて動いているようには見えないことだった。〝惑星〟（Planet）という言葉は、ギリシャ語で〝さまようもの〟を意味するPlaneteからきていて、ま

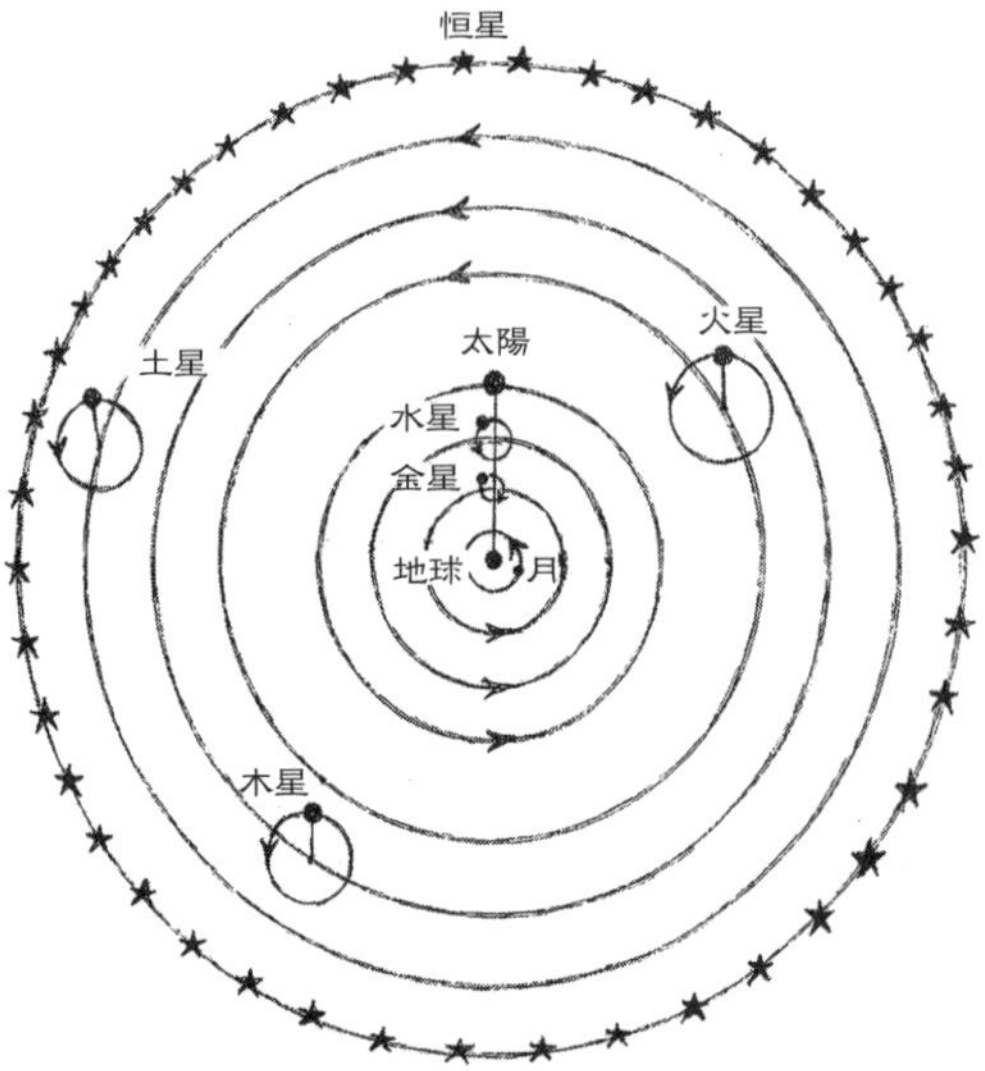

図1　地球を中心とした太陽系としてのプトレマイオス宇宙

さに言い得て妙だ。現在では、惑星の見た目ジグザグの運動は、単に軌道上を運動する地球から観測しているためであることが分かっている。地球と観測対象の惑星の位置に応じて、地球と同じ方向に動いているように見えたり、逆の方向に動いているように見えたりする。アリスタルコスの不信心な太陽中心モデルなら、この厄介な問題はすぐに解決できたはずだ。しかし一般的だった地球中心モデルでは、惑星の運動を無理やりに説明するしかなかった。

紀元二世紀、クラウディオス・プトレマイオス（八三 - 一六一）によって地球中心モデルは絶頂に達し、それから一四〇〇年間、アリストテレスの宇宙論は、一一世紀と一二世紀にイスラムの学者に批判されたのを

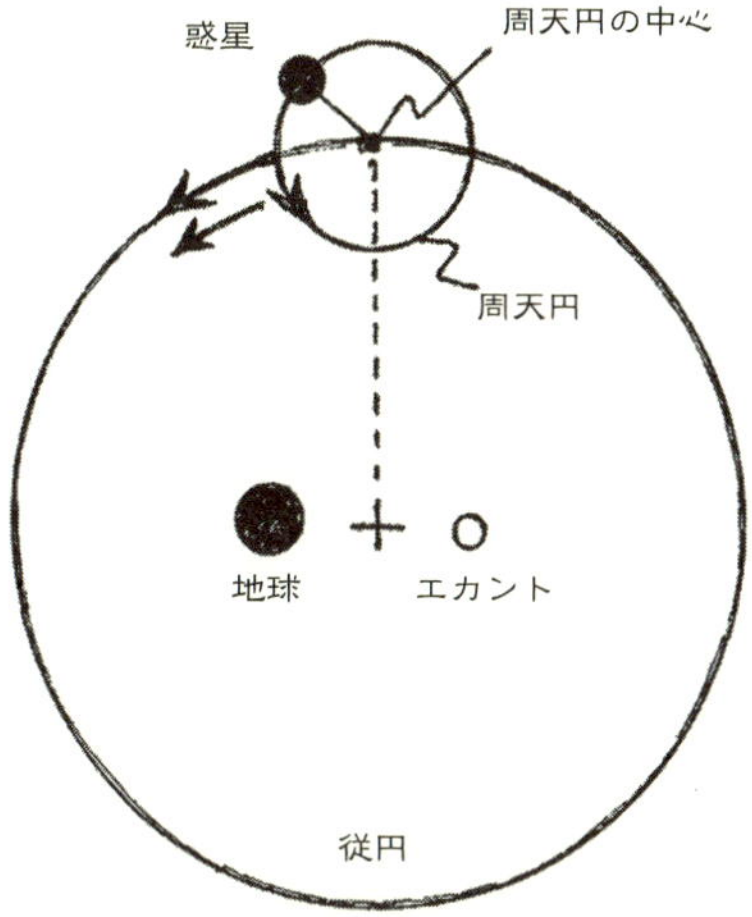

図2　惑星のさまよう運動を従円と周天円によって説明するプトレマイオスのアイデア

除けば、人々に受け入れられつづけた。プトレマイオスの代表作『アルマゲスト（最も偉大なるもの）』に描かれているモデルによれば、アリストテレスから受け継いだ知識のとおり、中心に地球があって、その周りを、月、太陽、惑星、恒星を含む大きく透明な球体が取り囲んでいる。

プトレマイオスのモデルで違っている点は、惑星が大小二つの円形軌道上を運動していることだ。大きい方の軌道は地球を中心としていて、これをプトレマイオスは〝従円〟と呼んだ。もう一つ小さい方の円は〝周天円〟といい、惑星はこの軌道上を運動することで、大きい方の軌道の縁に花びら状のパターンを描いていく。バレリーナがくるくる回りながら大きな円を描いている様子や、あるいは、ディズニーランドにあるアリスのティーパーティーのように、ティーカップ（叫び声を上げる子供が乗っている）がそれぞれ小さな円盤の上で回転しながら、同時に、すべてのティーカップを乗せた大きな台座が回転している様子を想像してほしい。プトレマイオスの説明によれば、従円の上で周天円（ティーカップ）が回転することにより、惑星は軌道上の位置に応じて地球に近づいたり遠ざかったりする。そして周天円上の位置によっては、減速したり、静止したり、逆方向へ動いたりする。プトレマイオスは天文学的データと合うようさらにこじつけをして、〝離心円〟や〝エカント〟という概念を導入することで、〝さまよう星〟惑星の一見したところ複雑な運動をより詳しく説明し、支配的なパラダイムを強固なものにした。

今日のわれわれには、プトレマイオスのモデルはばかげて見える。聡明な哲学者や天文学者たちがあれほど信じ切ったのは、驚くばかりだ。それでもこのモデルは巧妙にできていて、惑星の奇妙な動きを見事に説明した。さらに、円の美しさを重んじる学問の伝統にとっては、魅力的にさえ映ったのかもしれない。

ルネッサンス――太陽が中心へ

プトレマイオスの宇宙モデルは、科学の歴史の中でも、誤った考え方として最も息の長いものの一つとなった。一六世紀前半になってようやく、ニコラウス・コペルニクス（一四七三－一五

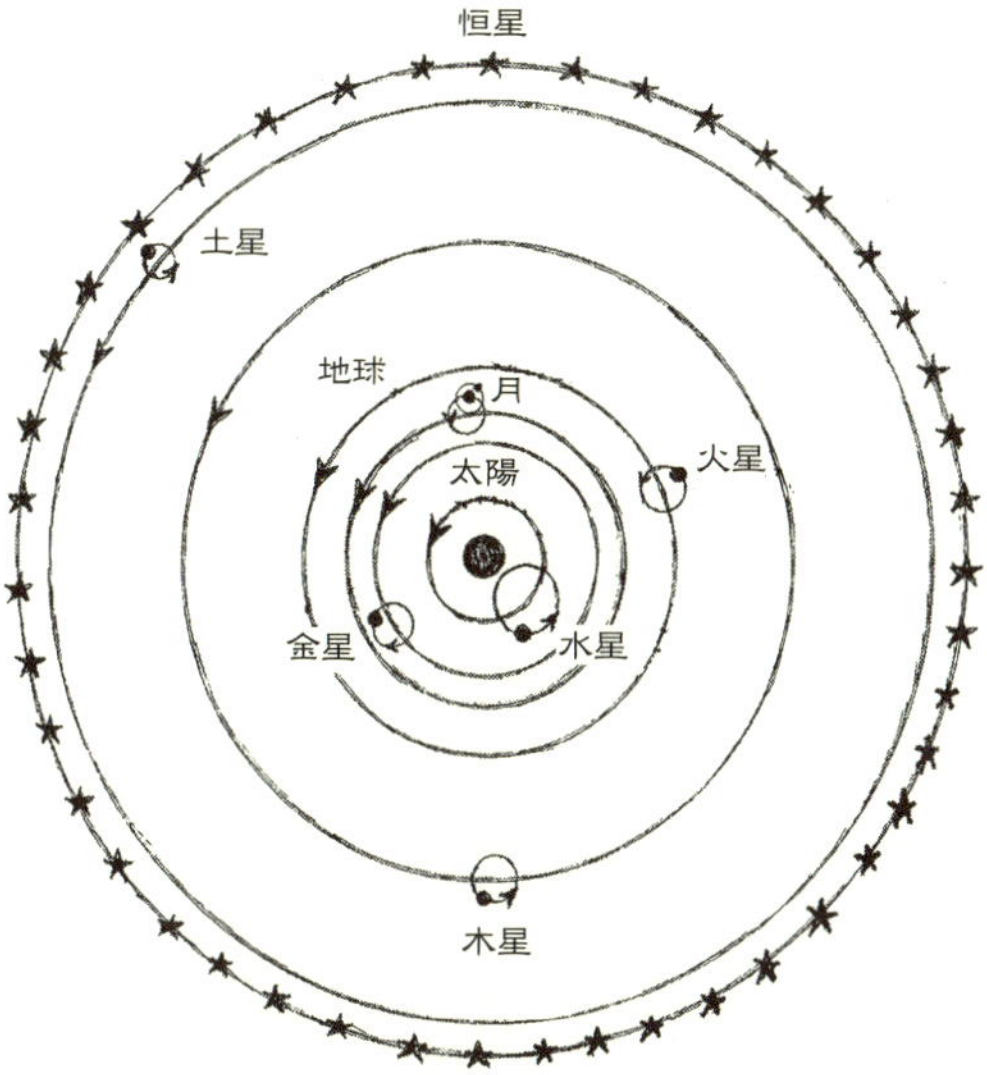

図3　太陽を中心とするがプトレマイオスの従円と周天円を
そのまま用いたコペルニクス宇宙

四三）がこの地球中心モデルに大きな疑問を投げかけ、アリスタルコスによる忘れ去られた考えを呼び戻したのだった。

ポーランド人律修司祭で天文学者のコペルニクスは、プトレマイオスのモデルを入念に研究して、内部矛盾や自分の天文学的データとの不一致を数多く見つけ、すべての天体は地球の周りを回っているという基本的仮定を考えなおさずにはいられなくなった。そして、太陽を宇宙の中心に置けば、プトレマイオスによる周天円の体系を大幅に単純化できることを見いだす。プトレマイオスの従円と周天円、アリストテレスの透明球体はそのまま使ったが、太陽はそれにふさわしい場所、太陽系の中心——宇宙の中心——に置いた。

コペルニクスは人生のほとんどを費やし

て、この新理論の詳細を導き出しては自らの宇宙論を洗練させていったが、その成果は内密に本に著わし、自説はもっぱら友人たちにしか伝えず、死の間際まで公表しようとしなかった。教会の司祭として、この革新的な考えが異端と受け止められることが分かっていたからだ。事実、コペルニクスの死から五七年後、先進的な哲学者でコペルニクスの説を信奉したジョルダーノ・ブルーノ（一五四八‐一六〇〇）が、宗教裁判所に告発されて火刑に処される。ブルーノはカトリックの教義に反する異端的な考えを持っていたのに加え、地球は太陽の周りを回っている、太陽は宇宙の中を動いている、宇宙は無限である、恒星は太陽と同じく独自の惑星系を持っている、といった説を展開していた。

コペルニクスの太陽中心体系に疑問を抱いた偉大な人物の一人が、当時最も有名な天文学者だったデンマーク人貴族のティコ・ブラーエ（一五四六‐一六〇一）だった。ブラーエによる不格好な地球中心モデルは、太陽中心体系が広く受け入れられる前の、プトレマイオス体系の最後の改良モデルとなった。

ブラーエは子供の頃から天文学に対する情熱と才能を発揮し、かなり若いうちに天文学上の重要な発見をいくつも成し遂げた。従来の星座表はいくつか重要な予測をする上で不正確であることを見いだし、また、超新星を観測してその色が黄色から赤色へと変化する様子を記録した。当時、〝恒星〟は不変だと考えられていたため、この発見は衝撃をもたらした。さらに、一五七七年に一〇週間にわたって出現した彗星を入念に観測し、その彗星は月より遠い距離にあって、その軌道は細長い楕円であると結論した。この研究により、彗星は地球に近い〝月軌道下〟の球体に位置していて、天体はすべて楕円でなく完全な円、あるいは球体の上を運動しているとする従来の宇宙論に、二重の打撃が加えられた。ブラーエは研究人生を通じて、弟子たちとともに一〇〇〇個の恒星の位置を目録に記し、一六世紀当時まだ権威があったプトレマイオスの目録を葬った。これらの偉業はすべて、望遠鏡の恩恵を受けることなく成し遂げられた。望遠鏡は、ブラーエの死後一〇年近くのちに発明されるのだった。

ブラーエは天文学者として観測にかけてはとてつもない才能を持っていたが、数学に関してはあまり冴えず、宇宙論を真の宇宙の姿により近いモデルへと推し進めることはできなかった。アリストテレスの透明球体は放棄したが、独自の奇妙な宇宙論を提案して混乱をもたらした。ブラーエの宇宙論によれば、地球が宇宙の中心にあり、その周りを月と太陽という二つの天体が回っている。太陽が地球の周りを回ると同時に、さらにその周りを五つの既知の惑星が回っているというのだ！

ブラーエの時代、重力という科学的概念はまだ存在していなかった。しかし、ブラーエが地球を中心とする宇宙という考えにこだわった理由の一つが、中心にある重い不動の地球が他の天体を引き寄せているというイメージだった。常識に頼る多くの人と同様、もし地球が運動していたり回転していたりしたら、回転方向へ発射された大砲の弾は逆方向へ発射された弾より遠くまで飛ぶはずだと考えた。そして、そんなことは明らかに間違っているとして、地球が運動しているという考え方を斥けた。惑星の運動の根拠となっていた球体を捨て去ったブラーエは、それらの惑星の扱いに困った。重力の概念がなかったため、惑星が落下するのを防いでいるのは何か考えあぐねたのだ。しかし思いがけずもブラーエは、のちの万有引力の発見に大きな寄与を残すこととなる。ブラーエによる月の摂動や惑星の運動の正確な測定結果を、ケプラーやニュートンが使い、太陽系の正しい姿と重力の法則へたどり着くことになるのだった。

一五九六年にティコ・ブラーエは、若いオーストリア人数学教師ヨハネス・ケプラー（一五七一－一六三〇）の書いた太陽系に関する興味深い小本を読んだ。その奇想をこらした神秘的な本は、コペルニクス体系に則って太陽の周りを回る惑星の軌道を、幾何学における五種類の正多面体と完全円によって説明していた。その神秘的な数学パターンによって太陽から各惑星までの距離が誤差わずか五パーセントで説明されていて、ブラーエはこの著者の天文学の才能に舌を巻いた。そしてケプラーをプラハへ招き、助手として雇った。この有名な共同研究が始まってわずか二年後にブラーエは世を去るが、ケプラーはその後もプラハに留まり、ブラーエの残した膨大な天文学的データの研究を自分なりにせっせと続ける。そして、惑星の軌道が幾何学的多面体に対応しているという独自の奇妙な考えを、五パーセントの誤差では大きすぎるとしてあきらめた。しかし最終的にケプラーは、ある画期的な発見へとたどり着く。ブラーエは火星に関するデータに最も関心を寄せていたが、ケプラーは、ブラーエのデータの精度が増すにつれ、どの惑星の運動もコペルニクスのモデルには当てはまらなくなることを発見した。その代わりに、惑星が二つの焦点を持つ楕円の上を運動するとしたら、すべてうまくいくように思われた。敬虔なルター派信者として、古代ギリシャ人と同じく、神聖なる完璧な円や球というプラトンの概念に慣れ親しんでいたケプラーは、自らの発見によって狂気に陥りそうになったという。

科学の世界の常として、ひとたび大きな一歩が踏み出され、すべての事実のつじつまが合うようになると、その発見が真実だというのは当然のことに思われてくる。しかし当時、ケプラーによる思考の飛躍は、惑星体系と宇宙に関する二〇〇〇年近くに及ぶ研究と大多数の意見に公然と反旗を翻すばかりか、自然界が対称的で完璧な形では振る舞わないと論じることで、ケプラーの先人コペルニクスや指導者ティコ・ブラーエをも否定するものだった。これは、科学の営みに関する驚くべき実例といえる。ときに、些細な観測事実を理論と合わせるために、宇宙に対する理解を大きく変えなければならないことがある。ケプラーによる太陽系の新たなモデルは、説得力のある科学的データがもとになって起こった劇的なパラダイムシフトとして、コペルニクスに続いて二度目のものだった。

ケプラーはまた、太陽中心モデルを、重力に関する現代の概念へと一歩近づけた。ブラーエのときと同じく透明球体を奪われた太陽は、惑星に対して〝力〟と呼ばれるものを及ぼすのだと考えた。そして、惑星の公転速度の違いはこの力によって引き起こされると推測した。太陽から遠いほどゆっくり運動し、公転周期、つまり〝一年〟が長くなる。こうして重力の概念に肉薄したケプラーだったが、惑星を太陽につなぎ止めている力は何らかの磁気であると考えていた。

キリスト教やプラトンへ寄せる自らの心に逆らい、勇気を持ってデータを信じながら綿密な研究をおこなったケプラーは、天文学を現代へと橋渡しした。中心に位置する太陽が惑星に力を及ぼすとすることで、古代からの透明球体を過去のものとした。また、惑星は楕円軌道上を動くと説くことで、プトレマイオス（そしてコペルニクスやブラーエ）の複雑な従円や周天円も捨て去った。以下に示す、一七世紀前半に発表されたケプラーの有名な惑星運動の三法則には、惑星体系の正確で新たな数学的取り扱い方が凝縮されている。

・惑星は太陽の周りを円ではなく楕円を描いて回っていて、その焦点の一方に太陽が位置している。
・惑星は一定の速さで運動しているのではなく、太陽と惑星を結ぶ直線が同じ時間内に同じ面積を横切るように運動している。
・惑星の公転周期の二乗は、太陽から惑星までの平均距離の三乗に比例する。

重力への道

ガリレオ・ガリレイ（一五六四－一六四二）はイタリアのピサ生まれ、ヨハネス・ケプラーと同時代の人物だった。二人の間で手紙のやりとりはあったものの、ケプラーの惑星運動法則の重要性をガリレオはまったく理解していなかった。コペルニクスの太陽中心宇宙が正しいことは確信していたが、伝統を重んじるあまり、惑星が不完全な楕円軌道を描くという考えは拒んだのだ。とはいえガリレオは、実験科学の父とされている。職人としての腕と数学的才能を併せ持つ優れた人物で、地球上における運動の法則にも、天文学の知識を増やすことにも、同じく興味を持っていた。また文才にも優れ、若干短気なところもあった。よく知られているように、教会はガリレオによる科学的真理の探究を非難する。宗教裁判所は晩年のガリレオを逮捕し、太陽中心宇宙に対する信念を撤回するよう命じたのだった。

ガリレオは、オランダ人眼鏡職人が発明した画期的な装置、望遠鏡の助けを借りて数々の天文観測をおこない、それによって最終的にアリストテレスやプトレマイオスの説を覆し、太陽中心の惑星体系が真実であることを証明する。望遠鏡で観測したものはどれも、昔から長く信じられてきたギリシャ宇宙論と真っ向から反していて、その衝撃はティコ・ブラーエの観測結果の比ではなかった。月は、ギリシャ人が信じていたように完全な球体ではなく、地球のようにあばただらけでギザギザだった。また天体の中には、地球はおろか太陽の周りを回ってさえいないものもあった。木星の周りを四つの月が回っていて、それらが小型のコペルニクス体系を形作っていることを発見し、ガリレオは仰天した。完全な宇宙という考え方からは想像できないもう一つの存在として、太陽には黒点があった。しかもそれが太陽面を動いていくことから、太陽が自転しているか、地球が公転しているか、あるいはその両方であることが示された。また天の川を調べて

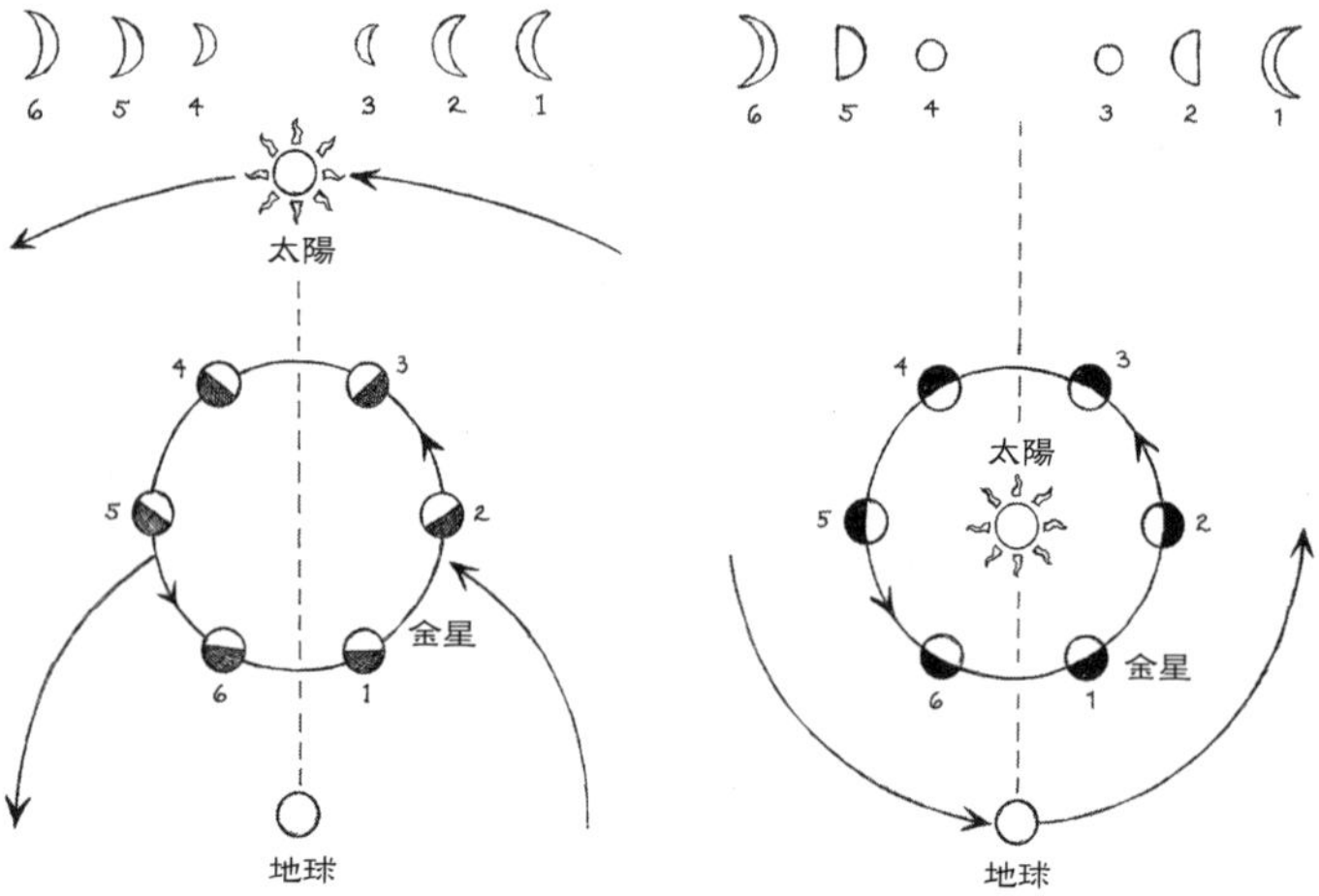

図4　ガリレオの金星の満ち欠けの観測によるコペルニクス体系の証明

みると、肉眼で見える一〇倍以上の恒星が目に飛び込んできた。これらの観測結果は、一〇年足らず前に火刑に処されたジョルダーノ・ブルーノの説を裏づけているように思われた。

最も重要だったのは、コペルニクスが五〇年以上前に観測に基づいておこなったある予測を、ガリレオが証明したことだった。コペルニクスは、自らの説く惑星体系とプトレマイオスの宇宙モデルのどちらが正しいかを検証する方法を考えていた。金星の満ち欠けを観測するという方法だ。将来を見通せるコペルニクスは、いつの日か肉眼を補助する装置を使ってその現象を観測できるようになるはずだと考えていた。プトレマイオスのモデルによれば、金星は地球の周りを回りながら、地球と太陽との間にある周天円を巡っているので、地球上から見れば最大でも四分の一しか明るく照らされない。しかし太陽中心体系では、地球の月と同じく、三日月形から半月形、さらに満月形となり、再び欠けていくことになる。ガリレオはこの地球の兄弟惑星を観測し、それが月のように満ち欠けすることを記録して、太陽中心モデルの正しさを印象的な形で証明したのだった。

天文学者として最も有名なガリレオだが、運動に関するその実験は力学の基礎を築いた。この意味でガリレオは、初の物理学者、理論を実験によって検証することが重要だと力説した初の科学者だった。ルネッサンス期の科学において最も広く信じられていた考え方の一つが、落下する物体の速さは重さに比例するという、アリストテレスの学説だった。この法則は常識と一致する。重い物体は軽い物体より速く落ちるはずだ。しかしガリレオは、それは正しくないことを証明する。ピサの斜塔から大砲の弾を落としたというのはどうやら作り話のようだが、裏庭で組み立てた実験装置を使い、もっと制御された条件でおこなった実験によって、ガリレオは同じ結論に達した。角度を変えた斜面をいくつも作り、それぞれ重さの異なる重い球を転がして、スタートからゴールまでの時間を計ったのだ。

数多くの実験をおこなったガリレオは、〝等価原理〟を発見し、アリストテレス体系に手痛い一撃を加えた。物体は（真空中では）材質に関係なく同じ速さで落下する、という原理だ。また、物体は力や別の物体によって止めさせられない限り一定の速さで動きつづけるという、慣性の概念も発見した。さらに、落下する物体は一定の割合で加速することも見いだした。落下する物体が時間tの間に動く距離は、加速度と時間の二乗との積に比例する。そして、その加速度はおよそ毎秒九・八メートル毎秒で、時間tのあいだ落下した物体の平均速度は、加速度掛ける時間t割る二であると決定された。

このような定量的な結果に表われているように、ガリレオは数学と物理学を結びつけた。もっと言えば、物理学を科学へと変え、ニュートンによる偉大なる前進への道筋をつけた。さらには、運動は相対的であることを示し、アインシュタインまでも先取りする。例として、滑らかに動く船の中にいる場合を考え、窓から外を覗かない限り船の動きは感じられないと論じた。

では、ガリレオは〝重力〟を理解し、〝重力〟という言葉を使ったのだろうか？　一五八九年に発表した初期の論文では立体の重心が論じられているが、運動に関する著作の中で重力という言葉は使われておらず、物体や地球の〝重さ〟にしか触れられていない。加速については深く考察したが、〝重さ〟が加速に関係している、あるいは同じものだと考えていたかどうかは定かでない。

啓蒙運動――〝その後の重力〟

いろいろな意味でガリレオの後継者と言えるアイザック・ニュートン（一六四二‐一七二七）は、その名にふさわしいように、ガリレオの亡くなった年か、あるいはその翌年に生まれた――

基準とする暦の選び方による。ニュートンもガリレオのように、地球上での物体の運動、色、光学、潮の干満に加え、太陽系の仕組みにも興味を持ち、やはりガリレオと同じく、知識を広げるには実験的方法が重要だと悟った。ガリレオは数学と物理学を結びつけたが、ニュートンはそれを引き継いで、宇宙と、地球上での物理現象の大半を記述する驚くべき数学的方法へたどり着き、それを全三巻からなる『自然哲学の数学的諸原理』（『プリンキピア』）にまとめて一六八七年に出版した。またそれとともに、自分の考えを表現するための道具として微積分も考案した。

ニュートンはその優れた手腕で、ガリレオの言う〝重さ〟を、宇宙における基本的な引力である〝重力〟へと変えた。数多い論敵を含め、イギリスやヨーロッパの科学者は圧倒され、ニュートンはその功績により、生きているうちに数々の栄誉を手にした。しかしニュートンは、秘密主義で偏執症、ときには卑劣と、歪んだ性格の持ち主だった。軽蔑されたり批判されたりすると、相手を手紙で罵るか、あるいは引きこもってしまった。文書の多くは生前には発表されなかったが、そこには、錬金術や宗教を含め驚くほど多様な分野に及ぶ膨大な文章が綴られていた。

ニュートンはトリニティーカレッジの学生時代、アリストテレスの書物だけでなく、もっと時代の近いガリレオや、フランス人哲学者で数学者のルネ・デカルト（一五九六‐一六五〇）の著作も読んだ。デカルトは演繹法を発展させ、数学は科学の全分野に適用できる一般的学問だと力説した。この点では、新たな知識への道は数学にあるとするプラトンの考えを受け継いでいた。しかし、実験と突き合わせて数学的考えを検証することには、あまり関心がなかった。例えば、月や惑星の運動を説明するために〝エーテル〟の中の〝渦〟という概念を提唱したが、それは観測によって検証するのがきわめて難しい代物だった。それに対してニュートンは、身の回りの事柄、とくに物質の性質、物体の運動、光、色、感覚に強い興味を持った。そして生まれつき実験が大好きで、また演繹法を好んで使った。当時の個人的なノートには、原子の概念、物質創造における神の役割、無限の空間、永遠の時間、時計の設計、光の性質、潮の干満の原因、そして重力の性質について、徹底的に綴られている。

一六六五年夏、恐ろしい疫病がイングランドを襲い、ケンブリッジ大学は二年間閉鎖された。ニュートンは、リンカンシャー州ウールスソープにある母親の家へ里帰りする。こうして、思索を巡らせ、独自の研究を進める時間を手にした。そして数学の研究に集中して、対数を計算する新しい方法を考案し、当時数学者に知られていた任意の曲線の下側の面積を計算する方法を発見した。流れや変化の割合を正確に記述するための、微積分、あるいはニュートンの呼び方によれば〝流率法〟を考案したのも、このときだった。距離の尺度において無限の宇宙の対極に位置する、〝無限小〟という概念も探究した。また後年語っているように、ウールスソープの果樹園で落ちるリンゴと月を比べ、どちらも同じ力で地球に引き寄せられているのではないかと考えた。ニュートンは書いている。「重力は月の軌道にまで及んでいると考えるようになり……地球上で働く重力に基づいて、月を軌道上に引き留めるのに必要な力を計算した……」[注1]

なぜ月はリンゴのように地球へ落ちてこないのだろうか、とニュートンは自問した。初めに、月には地球上の物体を引き寄せるのと同じ〝重さ〟の力が働かないのではないかと考えた。しかし理論的な考察を進め、もし石や大砲の弾を十分な速さで前方へ投げれば、地球の重力に打ち勝って軌道上を周回するようになり、地上に落ちることはなくなるだろうと理解した。さらに、重力は地球だけのものではなく、宇宙のあらゆる天体の間に働くはずだと悟った。まさに革新的な考えで、それがやがてもう一つのパラダイムシフトをもたらすこととなる。天空の天体の運動を支配する法則はここ地球上（堕落した世界）での物理法則とまったく違う（もっと純粋だ）とする、アリストテレスの学説とは、真っ向から反していた。ニュートンは、一つの普遍的な重力法則を使って、月を含め太陽系内の惑星の運動をすべて説明できることを、はっきりと理解したのだった。

ウールスソープでニュートンはケプラーの著作を学び、月が地球を中心として公転するときには遠心力と地球の重力がちょうど釣り合っているという自らの考えに、確信を深める。月の質量と速度を考えれば、月は地球から実際の距離離れた場所にしか存在できない。この考察結果をニュートンは、数学的な言葉で書き表わした。重力は、互いに引き寄せ合う二つの物体の質量に比例し、それらの距離の二乗に反比例する。そしてこの式に月の軌道に関する数値を当てはめ、宇宙の中で重力が働くどんな場所でも通用する、この重力法則の比例定数を導いた。その値は、現在ではニュートンの重力定数と呼ばれている。さらにニュートンは、この新たな式と定数を使って月の公転周期をおよそ二八日と予測し、その値は実測値の二七・三二二日とほぼ一致した（二〇年後、『プリンキピア』の第三巻を執筆中に月の公転周期を計算しなおし、二七日七時間四三分——四捨五入すると二七・三二二日——という値を得ている)。

ニュートンにとって万有引力の法則は、ある瞬間に突如思いついたものではなかった。二〇代前半に思い至った考えに何年も取り組み、『プリンキピア』の中で発表したのは四〇代後半になってからのことだった。

ニュートンの生涯の宿敵だったロバート・フックも、独自に同じような重力の考え方にたどり着いていたが、それを数学的に表現できなかった。ニュートンもフックも、地球の中心に向かって引き寄せる引力が存在するという点では一致していた。そしてどちらも、デカルトの考える渦やエーテルを否定した。また二人とも、ケプラーの研究と惑星運動の法則から、天体が楕円軌道を描くのは逆二乗則のためだろうと理解していた。しかしフックは惑星の楕円軌道を数学的に記述できず、数学に関するニュートンの伝説的な才能を知った一六八〇年、ニュートンに宛てて、惑星の運動に対応する楕円を数学的に記述し、それを物理的に説明してみたらどうかと提案する。その手紙には、「私の仮説によれば、この引力は中心からの二乗の逆数に必ず比例する」[注2]とまで書かれている。二つの物体間の距離の二乗に従って変化するということだ。ニュートンからの返事はなかった。

それから四年後の一六八四年八月、ニュートン四一歳のとき、のちに自らの名が冠されることとなる彗星を発見していたエドモンド・ハレーが、ニュートンにほぼ同じ質問をした。太陽の引力が逆二乗則に従うとしたら、惑星の軌道はどのような形になるか？　科学の世界ではよくあることだが、大きな進歩が〝宙ぶらりんの状態〟にあった。フック、ハレー、そして建築家で天文学者でもあるクリストファー・レンが、ケプラーの第三法則から重力の逆二乗則を考え出したと主張したが、三人ともそれを数学的に表現できなかった。惑星が楕円軌道を描くことはケプラーのおかげで誰もが知っていたが、楕円軌道と重力の法則はまだ結びつけられていなかった。しかしニュートンは、二〇年近く前の計算によって、ハレーの質問に対する答を知っていた。そして、惑星が重力の逆二乗則に従って楕円軌道を描くことに対する証明を、何カ月かで導いた。数学や物理学におけるこれらの基本概念に対して正確な呼び名がなかったため、あわせてそれらの用語も考え出した。例えば、物質の量を〝質量〟、速度と質量の積を〝運動の量〟と名づけた。ニュートンはこの最初の研究結果を「軌道上の物体の運動について」というわずか九ページの論文にまとめ、ハレーに送った。その論文があまりに好評だったため、ハレーは、それを出版するようニュートンに求める。

ニュートンの心に火がついた。王立天文学者をはじめ多くの人に、彗星、恒星、木星の月、潮汐に関するデータをもっと提供するよう頼んだ。そしてトリニティーの自室に籠もり、寝食も忘れて何カ月も研究に没頭して、何千ページにも及ぶ原稿を書き上げる。こうして、史上最も偉大な科学文献の一つである、ニュートンの代表作の第一巻が完成した。この『プリンキピア』では、三つの運動の法則が示されている。

1．すべての物体は、力を加えられて状態を変えさせられない限り、静止状態か等速度運動状態を維持する（慣性の法則）。

2．運動の変化は加えられる原動力に比例し、力を加えられた直線方向に起こる。

3．すべての作用に、反対向きの等しい反作用が伴う。言い換えれば、二つの物体が及ぼし合う作用は必ず等しく、方向が反対である。

二番目の法則を数学的に言い換えれば、運動している物体に加えられた力は、その物体の質量と加速度との積に等しい。ニュートンはまた、物体間の重力について逆二乗則を導入した。重力は、二つの物体間の距離の二乗に反比例する。

ニュートンは残りの生涯のほとんどを、全三巻の『プリンキピア』の執筆に費やす。そして最終巻を完成させるまでに、重力は地球上の運動を支配するとともに、太陽系を一つにまとめてもいることを示した。ニュートンは次のように書いている。「すべての惑星は互いに重さを及ぼす。その力は重力であることがいまや証明され、したがって今後はそれを重力と呼ぶことにする」[注3]

アリストテレスからニュートンへと、地球を中心とした静的で素朴な宇宙観から卒業し、天体を軌道上に保つとともに地球上の物体の振る舞いをも説明する万有引力の理解へ至るまでに、二〇〇〇年という年月がかかった。ニュートンの万有引力の法則は、それから三〇〇年以上にわたって科学を支えてきた。しかしニュートン本人は、重力に関するその偉大な研究成果が完全だとは思っていなかった。月の運動をなかなか理解できず、晩年になるまで、それを解決したいとよくこぼしていた。さらに、重力の〝原因〟を特定できないことにとても悩んでいた。当時、とくにその数学を理解できない人たち（かなり多くいた）にとって、離れた物体間に見えない力が作用しているなどという考えは、まるでオカルトのように思えた。ニュートンはオカルトや形而上学に精通していて、発表はしなかったものの、長い生涯のうちで書き残した錬金術、宗教、神秘主義に関する文章は、科学に関係した文章よりも多い。それでも、それらの研究を数理科学に反映させるようなことは決してなかった。敗北を認めたニュートンの言葉からは、後悔のため息が聞こえてくるようだ。「天空や海の現象が重力の力によって説明されたが、その力の原因はまだ特定されていない。……現象から重力の諸性質の原因を発見できていないので、仮説は何一つ立てられない……」[注4]ニュートンは、重力をより深く説明するという課題を、後世の科学者に残していったのだった。

一九五〇年代、私がケンブリッジのトリニティーカレッジの学生だったとき、アイザック・ニュートンはまるでまだその場にいるかのようだった。グレートコートを横切る道をグレートゲートへと向かって歩きながら、ニュートンが発見した重力法則についてよく考えていた。ニュートンの重力理論はアインシュタインによって修正されたが、それは今日でも有効で、つねに物理学者たちを支え、奮い立たせている。ニュートンが光学の見事な実験をおこない、壮大な『プリンキピア』を書いた部屋の前で、ときどき立ち止まったりもした。トリニティーカレッジの礼拝堂に足を踏み入れ、薄明かりに照らされた、ルビヤックの作によるニュートンの等身大の大理石像の前に立ったとき、人間の創造力と科学的発見の素晴らしさに心打たれたことは、今でも覚えている。

第二章　アインシュタイン

アルベルト・アインシュタインにとって、アイザック・ニュートンはヒーローだった。新たな重力理論である一般相対論を確立させ、ほとんどの同業者に受け入れられた一九三二年に、アインシュタインは次のように書いている。「ニュートンよ、許してほしい。あなたは、その時代では最も高い思考力と創造力を持つ人間にしかなしえない方法を見つけた。あなたが作りだした概念は、今日でもわれわれが物理を考える上で道しるべとなっているが、いまやわれわれは、関係をより深く理解しようとするなら、直接経験の領域からさらにかけ離れたものによって、それを置き換えなければならないことを知った」[注1]

アインシュタインは事実に基づいて理論を構築し、データによってそれを検証しようとしたが、ニュートンへのつぶやきに表現されているように、〝常識〟や感覚的証拠――〝直接経験の領域〟――は信用しなかった。そして直感に反する概念に思考を巡らせ、それによって物理学を、一八世紀の時計仕掛けのような機械的宇宙から二〇世紀へと牽引した。光線を追いかけても決して追いつけない、といった思考パズルによって、宇宙と物理法則の新たな理解へたどり着いたのだった。

ニュートンの重力の概念とアインシュタインの重力の概念との関係は、プトレマイオスの地球中心宇宙とコペルニクスの太陽中心宇宙との関係に似ている。どちらも観測可能なデータとよく一致し、どちらも例えば惑星軌道の天文観測によってほぼ同じく証明されるが、〝現実〟に対する描像は根本から違っている。ニュートンの理論と世界観では、空間と時間はそれぞれ別々のものので絶対的だ。空間は複数の物体を同時に置くための絶対的な舞台で、時間は空間内での物体の運動を表わす絶対的な尺度。一方アインシュタインの理論では、空間と時間は別々の存在ではなく、両方で四次元の〝時空〟を形作っている。そして、等速度運動をしているすべての観測者にとって、物理法則はまったく同じに見えなければならない。アインシュタインの時空では、二つの事象が同時であるかどうかは相対的な概念で、観測者の運動によって左右される。

ニュートンの重力は物体間に働く力であって、それによって太陽系内の惑星の運動を見事に説明できる。その重力に対する考え方そのものを、アインシュタインは一変させた。ニュートンの言う万有引力を、物質やエネルギーの存在による時空の幾何の歪みとして理解しなおしたのだ。時空の幾何が重力を生じさせるというこの考え方に基づけば、重力と加速の区別ができない理由を自然な形で説明できる。ニュートンの重力理論では、この現象の理由が根本的に理解されないまま、重力をもたらす物体の重力質量と慣性質量が等しいと定められている。しかしアインシュタインの理論では、慣性質量と重力質量の等価性は、歪んだ時空の測地線に沿った物体の運動にもとから組み込まれている。

ニュートンによる重力の概念とアインシュタインによる重力の概念とは、根本的に違っている。ところが、どちらがより正しいかを実験、観測、データによって判断するには、驚くほど小さな値や微小な効果を相手にしなければならない。水星の近日点移動に対するアインシュタインの計算結果と、ニュートンの重力理論を用いて得られる値との違いは、一世紀あたりわずか四三秒角だった。また、アインシュタインは重力場中に置かれた原子の放射する光が赤方偏移を示すと予測したが、技術が進歩してその小さな効果を検出できるようになるまでには、何十年も待たなければならなかった。そして、日食中に太陽によって光が湾曲するという有名な予測が完全に実証されたのは、四〇年以上のち、遠くのクエーサーから発せられる光が正確に測定されたときだった。

しかし驚くことに、特殊相対論と一般相対論というアインシュタインの新たな理論は、本人が生きているうちに観測や実験によって検証された。そして九〇年以上経った今なお、物理学者たちは、アインシュタインの方程式を解いて新たな結論を導こうとしている。一般の人も多くの科学者も、アインシュタインの研究の意味を理解しようと努力を続けているのだ。

相対論の兆し

二〇世紀前半、空間と時間の概念が根本から変わろうとしていた。物理学者が、ニュートン力学に欠かせない空間と時間の絶対性に疑問を持ちはじめたのだ。一九世紀、マイケル・ファラデーとジェームズ・クラーク・マクスウェルが、電磁気現象に関する数々の大発見をおこなった。中でも、電磁波は光速で伝わるというマクスウェルの予測がハインリッヒ・ヘルツの実験によって裏づけられたことが、二〇世紀前半の物理学の発展に重大な影響を及ぼした。一九〇一年にグリエルモ・マルコーニが大西洋を隔てた電波の送信に成功したこともきっかけとなって、アインシュタインをはじめ物理学者は、光速が有限であることの意味を根本から考えなおしはじめたのだった。

何世紀も前にガリレオは、光よりもずっと遅く移動する物体に関して、慣性系の相対運動という概念を、限られた形ではあるが見抜いていた。[*1] 一六世紀と一七世紀当時、最も速い交通手段は船と馬車だったが、どちらの速さも光速より何桁も小さい。ガリレオによる低速に限定された相対性原理を越えて先に進むために、アインシュタインは、もし物体が光速かそれに近い速さで運動したら何が起こるかを思い浮かべた。すでに何年も前から、電磁気的性質についてはあれこれ考えていた。一六歳のときには早くも、自分が光線を追いかけたら何が起こるかを深く考察している。そして光線には決して追いつけないと結論したが、実はそれが、時間と空間に対する理解の根本的変化の伏線となった。一九〇五年の論文で開花した特殊相対論の考えは、何年も前からひそかに育まれていたものだったのだ。

マクスウェルは、一八六一年に電気と磁気を統一した場の方程式を発見したとき、電磁波は波動運動を支えられる何らかの媒質の中を伝わるはずだと堅く信じ、その媒質を〝エーテル〟と呼んだ。後年には、ギアやはめ歯歯車を使ったエーテルの力学的モデルまで提唱している。このエーテルの概念も、プトレマイオスの周天円と同じく、科学の歴史の中で最も生き長らえた誤った考え方の一つだ。その発端を生んだアリストテレスは、土、火、気、水の四元素に加えて〝クインテッセンス〟という五番目の元素を仮定し、公転する惑星や太陽を支えている透明球体はそのクインテッセンスの中に埋め込まれていると考えた。惑星、地球、そしてその上に住むすべての生物にとって、エーテルとは、魚にとっての水のようなものだった。ギリシャ人は、物体が運動するには何ものかと接触していなければならず、その何ものかは無色で目に見えない媒質であると考えていた。マクスウェルを含め一九世紀と二〇世紀初めのほとんどの科学者も、エーテルは真空より実体があるが空気より希薄で、その中を恒星や惑星が動き、また電磁波が伝わると考えていた。一九世紀後半には、エーテルは空間の至る所に存在していて、たとえ〝空っぽの〟空間でも光はその媒質の中を伝わるという考え方が広く信じられていた。光は電磁波として伝わり、

＊1　慣性系とは、外部から力の影響を受けず一定の速さで運動している観測者の視点のこと。

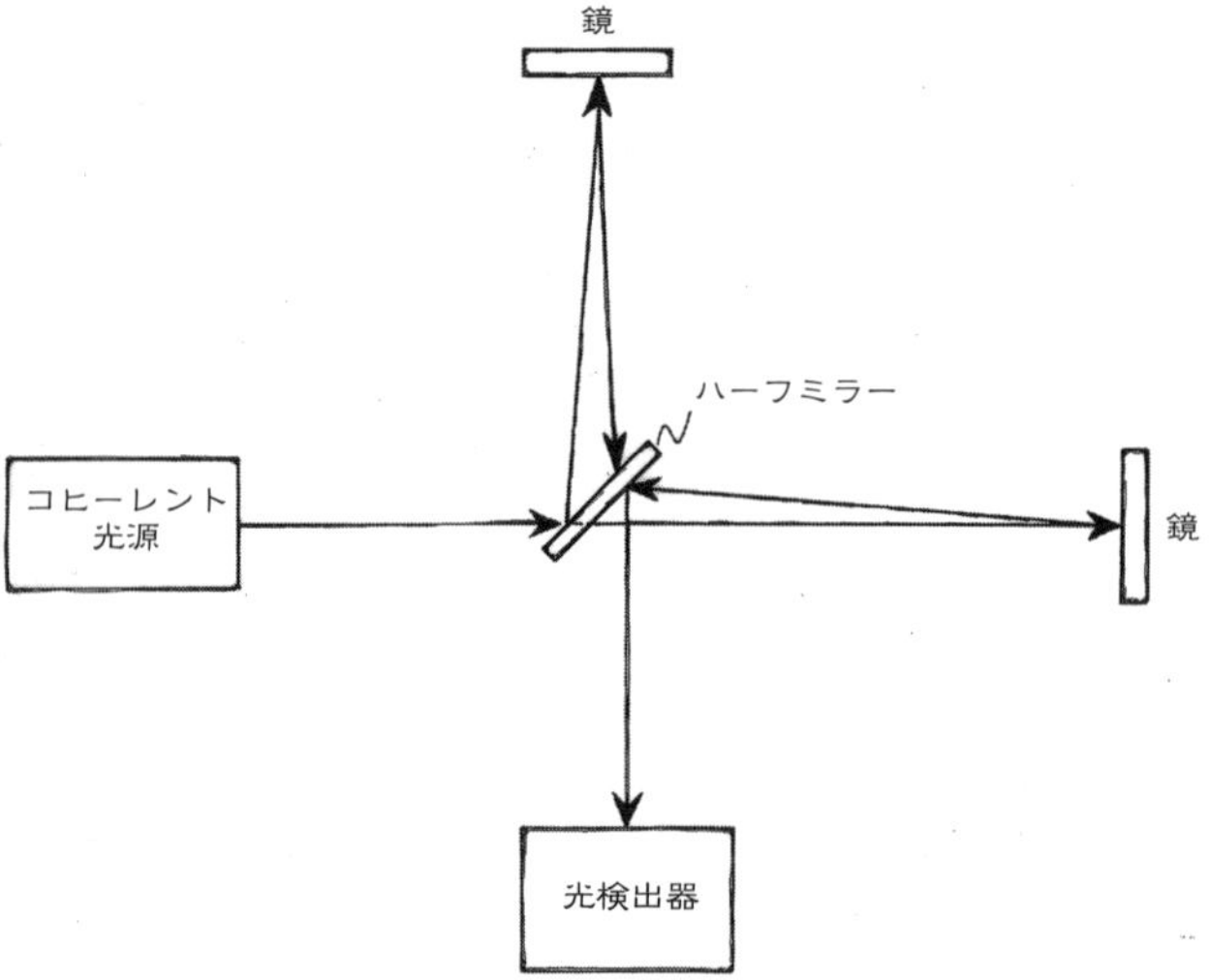

図5　マイケルソンとモーレーの干渉実験によるエーテルの検出の試み

光の速さはその仮想的なエーテルに対する速さとして測定される。しかしエーテルはまだ検出されておらず、その存在を疑う者も中にはいた。

一八八七年、クリーヴランドのケース工科大学で、アルバート・マイケルソンとエドワード・モーレーが、エーテル問題を解決するための重要な実験を計画した。そして、光源、半透過性のガラス板（ハーフミラー）、それぞれ別々のアームに取りつけた二枚の鏡、光検出器としての望遠鏡を使って、一台の干渉計を組み立てた。

この実験では、互いに違う方向における光の速さを測定することで、地球に対するエーテルの速さを決定し、エーテルの存在を証明できるはずだった。二人は、互いに直交する二本のアームに沿って進んだ光の波が作る干渉縞の移動を検出しようとした。光は、エーテルの進行方向と同じ方向には速く進み、直交方向や逆方向には遅く進むので、干渉縞は移動するはずだと考えられた。二本のアームをエーテルの運動に対して違う方向へ向ければ、光の波の山と谷が最終地点へ違うタイミングで到着し、干渉縞が移動するはずだ。この装置はきわめて正確で、地球の運動方向とその直角方向との光速の差がわずか一〇〇億分の一でも検出できる代物だった。

ところが、光をどの方向に走らせても、干渉計のアームをどちらへ向けても、地球が太陽を回る軌道上のどの位置にあるときに測定しても、光速の差はまったく検出できなかった。どんな条件で何度実験を繰り返しても、二本の光線は出発点へ足並みを揃えて同時に戻ってきて、干渉パターンの移動は見られなかったのだ。二人は渋々ながら、エーテルは存在しないと結論せざるをえなかった。

しかしそれから二〇年後、アインシュタインが登場したときにもまだ、物理学者たちはエーテルについて論じていた。有名な実験によって否定的な結果が得られているというのに、ほとんどの物理学者は、伝統あるエーテルをあきらめる気になれなかった。例えば、ヘンドリク・ローレンツやアイルランド人物理学者ジョージ・フィッツジェラルドは、エーテルの概念を守りながらこの実験結果を解析しようとした。ローレンツは、もしエーテルが存在するとすれば、物質あるいは空間と時間は、エーテルの異常な振る舞いを説明できるような未知の奇妙な特性を持っていなければならないと結論した。

エーテルが物体に逆らって動くと電荷が生じ、それがその物体中の粒子を攪乱して、物体がそるのだ。そのようにしてマイケルソン＝モーレーの実験の否定的結果は説明できる、そうローレンツは提唱した。フィッツジェラルドも、否定的な結果を説明するために次のような収縮モデルを提案した。運動する物体はすべて運動方向へ収縮し、マイケルソン＝モーレー実験の装置自体もエーテルの中で伝わる光線に対して短くなるので、この装置では絶対にエーテルを検出できない。動いている物差しは静止している物差しよりほんのわずかに短いというのだ。

フランス人数学者のアンリ・ポアンカレもまた、相対性を追いかけていた。「ある晩、宇宙のあらゆる寸法が一〇〇〇倍に大きくなったとしよう。世界は今と変わらないだろう。……とすれば、はたしてわれわれには、二点間の距離が分かるなどと言う権利があるのだろうか？」[注2]つまり、空間や距離の概念は、それを含む座標系に完全に左右されるということだ。アインシュタインがかの有名な論文を発表する一年前の一九〇四年、ポアンカレはセントルイス万国博覧会で講演し、マイケルソン＝モーレー実験のもたらした危機から物理学を救い出すには「まったく新たな力学」が必要だろうと説いた。そしてこの新たな力学では、光速は「乗り越えられない限界になるだろう」と結論した。セントルイスでポアンカレが発表したこの論文は、ニュートンの理論と違って空間と時間は絶対的な意味を持たないとする、慣性系に基づいた相対性理論のことを語っていた。このように初めはフィッツジェラルド＝ローレンツ仮説に満足していなかったものの、ポアンカレも二人と同じく、エーテルの概念から完全には自由になれなかった。

アインシュタインの特殊相対論

マイケルソンとモーレーの発見、そしてフィッツジェラルド、ローレンツ、ポアンカレの考えによって、相対性という概念は一躍脚光を浴びた。そんな中、アインシュタインが成し遂げたのは、エーテルを完全に葬り去り、慣性系の相対性に関する議論を推し進め、物質とエネルギーは等価であって、光速は一定で速度の上限であるという衝撃的な結論を導いたことだった。

一九〇五年六月に発表された「運動する物体の電気力学について」には、特殊相対論の大枠が示されている。この論文でアインシュタインは、エーテルに引導を渡し、光速を無条件に一定のものとした。そしてフィッツジェラルドやローレンツと同様、棒が光速に近い速さで運動すると運動方向へ縮むと予測した。さらに、光速に近い速さで運動すると時計がゆっくり進むようになるとも主張した。ある慣性系から別の慣性系へ変換してもマクスウェルの電磁場の方程式が変わらないような変換法則を、アインシュタインは独自に導いたのだ（同じ法則をローレンツが一年前に発表していて、今では〝ローレンツ変換〟と呼ばれている）。この等速度運動をする慣性系から別の慣性系への変換が、特殊相対論の根幹をなす方程式となっている。この変換法則と光速の無条件の一定性を仮定することで、相対論における時空の物理に関する結論がすべて論理的に導かれた。とくに、ニュートンの力学を一般化し、物質粒子の運動を記述する方程式として、特殊相対論の法則と合致するものを導くことができた。この全三〇ページからなる有名な論文には、有益な議論の相手として友人のミケル・アンジェロ・ベッソへの謝辞は記されているものの、参考文献は一件も挙げられていない。マイケルソンとモーレー、ポアンカレ、ローレンツの論文も参照されておらず、アインシュタインはのちにそれらの論文のことを知らなかったと主張している。

一九〇五年九月に発表された「運動する物体の慣性はそのエネルギーに依存するか」というタイトルの論文は、わずか三ページの長さだった。そこには、物体のエネルギーがその質量と光速の二乗との積であることを示す、物理学において最も有名な数式——$E=mc^2$——が記されている。光速はきわめて大きい値（秒速三〇万キロメートル）なので、それを二乗して質量と掛け合わせれば、小さい質量でもエネルギーは莫大になる。論文発表当時、この発見の現実的意味合いをアインシュタインは予期していなかった。しかし他の科学者が核融合や核分裂を軍事的に利用できることに気づき、最終的に原子爆弾が誕生する。さらにその後、第二次世界大戦中にアインシュタインは、ルーズヴェルト大統領に手紙で、ナチスより先に原爆を開発するよう迫った。そしてジュリアス・ロバート・オッペンハイマーの指揮するマンハッタン計画によって爆弾が製造され、一九四五年八月に広島と長崎に投下された。[注3]

特殊相対論の構築に力添えをした同業者は何人かいたが、それがアインシュタインの理論であることに異議を唱える人はほとんどいない。アインシュタインが一九〇五年に発表した主論文は、空間と時間の新たな概念を明快かつ論理的に示していて、時代遅れのエーテルの概念からは解放されている。学問的環境ではない、ベルンのスイス特許局という物理学の主流からかけ離れた場所で、アインシュタインの精神は自由に闊歩していた。問題を抱えたエーテルを無視し、光速を絶対的な値と結びつけ、物質とエネルギーの等価性に思いを巡らせた。特殊相対論だけでも驚きの成果だったが、アインシュタインにとってそれは通過点にすぎなかった。特殊という条件は、一般化されることとなる。アインシュタインはそれから一〇年間、重力を組み込んだ傑作、一般相対論の構築に取り組むのだった。

相対論の一般化

一九〇七年からアインシュタインは、相対論に重力を組み込むことを考えるようになった。特殊相対論の二つの大きな制約が気になっていた。一つめが、慣性系に限定されていることだった。加速する座標系で物理法則を記述すると、いったいどのようになるのか、ということだ。もう一つの制約が、特殊相対論にはニュートンの重力法則が矛盾しない形で含まれていないことだった。ニュートンの重力理論は遠隔作用の概念に基づいていて、二つの物体間の重力は瞬時に働くとされる。しかしそのようなことが起こるには、重力に関する情報が二つの物体間を無限の速さで伝わらなければならない。これは、物体や情報が光速より速く移動することはないという、特殊相対論の第一原理に明らかに反している。要するに、重力を特殊相対論と相容れるものにしなければならない。そのためには、特殊相対論を一般化して重力を含めるようにする必要がある。

一九二二年にアインシュタインは、二番目の妻でいとこのエルザと訪れた日本でおこなった講演の席で、一般相対論のアイデアの手掛かりをつかんだ瞬間のことを次のように振り返っている。[*2]ある日、特許局で働いていると、ある強烈な考えがひらめいて、椅子から転げ落ちそうになった。高い建物から飛び降りると、自分が重力によって落ちているのか、それとも何らかの力で加速させられているのか、どちらか判断できないだろう。つまり、重力と加速は区別できない、と。

建物から落ちる人のイメージをきっかけに、アインシュタインは、ガリレオによる落下物体の実験と等価原理に考えを巡らせた。物体はその組成と無関係に重力場の中を落下する。等価原理は、重力と加速が同じものだということを意味している、そうアインシュタインは考えた。物体の慣性質量は重力質量と等しい。力に抵抗する質量と、重力加速を引き起こす質量が同等だということだ。ニュートンは自らの重力理論の中でそれは正しいと仮定しただけだったが、アインシュタインは等価原理を、構築中の重力理論の土台として使った。ニュートンと違ってアインシュタインは、等価原理を重力の基本的根本的原理として捉えたのだった。

先ほど述べたように、ニュートンは、自らの重力理論について不満な点が二つあった。重力に伴う瞬間的な〝遠隔作用〟と、そして重力の〝原因〟が分からないという点だ。アインシュタインは第一の混乱をかなり早いうちに解決できた。特殊相対論によれば、どんなものも、たとえ重力でさえ、光より速くは移動できない。だからニュートンの言う瞬間的な重力は、明らかにありえない。一方、第二の混乱は、重力を力から時空の幾何学的な湾曲へと変えることで解決させた。重力の〝原因〟は、物質による時空の歪みだったのだ。

落下する人間から最終的な一般相対論へと至る道筋は長く険しいもので、途中で厄介な障害に阻まれながら一〇年近くの年月を要した。その道すがらでは、二つの段階でたった一人、友人のマルセル・グロスマンに協力を仰いだだけだった。[*3] そして、他の有能な物理学者や数学者と競い合っていることを自覚して、ときには熱に浮かされたかのように研究を進めた。

実は特殊相対論が編み出されたときとは違い、新たな重力理論に取り組む天才は、物理学の主流から離れたところにいるアインシュタイン一人ではなかった。何人もの有名な物理学者や数学者が、特殊相対論を一般化して重力を記述しようと挑戦していた。アインシュタインを含め彼らの狙いは、重力がどれほどの速さで伝わるか、そして重力の正体は何であるかを突き止め、それが解決したら、ニュートンによる瞬間的で速さ無限大の重力とは違って、有限の速さで伝わる重力を取り込んだ重力理論を見つけることだった。

例えば早くも一九〇〇年には、アムステルダム科学アカデミーの会合でヘンドリク・ローレンツが、「重力の諸考察」というタイトルの論文を発表している。アインシュタインはローレンツ

＊2　アインシュタインは日本へ向かう船の中で、一九〇五年の光電効果の発見により一九二一年のノーベル物理学賞を授与されることを知った。
＊3　アインシュタインの友人ベッソも、水星の近日点移動など重要な計算において手助けをした。

を深く尊敬し、魅力的な師と仰いでいた。会合の場でローレンツは、電磁気理論によって数多くの現象が説明されている事実を考えると、重力も同じように光速で伝わると考えるのが自然だろうと説いた。先代の有名な研究者であるフランス人数学者のピエール＝シモン・ラプラスによる、重力は光よりはるかに速く伝わるはずだという見解とは対極的な、率直な意見だった。

科学者が重力の理解を深めようと取り組む中で、いくつか奇妙な考えも広まった。遡ること一七五八年、ジョルジュ＝ルイ・ル・サージュは、〝粒子の微小体〟が物体に圧力を及ぼし、それによって重力が生じるのだと提唱していた。電磁気力を伝える光子のように重力を伝える、現代で言うところの〝重力子〟を予期していたことになる。一九世紀、ウィリアム・トムソン（ケルヴィン卿）が新たな気体運動論に即して研究したことで、このル・サージュの理論は有名になった。しかし、一八七五年にマクスウェルによって、そして一九〇八年にポアンカレによって、その理論は否定される。

一九〇〇年のアムステルダムの会合でローレンツは、重力を電気と磁気の相互作用に即して説明しようとした。ル・サージュの言う〝現世を超越した微小体〟の代わりに、電磁波が物体に圧力を及ぼし、それによって重力が生じるのだという可能性を考えた。しかしさらに考察を進めたところ、その仮説は間違いだという結論に達した。

重力に対するさらに奇妙な考え方として、電気の〝一流体〟理論に基づく説が、一八世紀半ば、有名なアメリカ人科学者で政治家のベンジャミン・フランクリン、イギリス人医師で科学者のウィリアム・ワトソン、ドイツ人のフランツ・エピヌスによって、それぞれ独立に導かれた。この説はさらに、一八三六年にオッタヴィアノ＝ファブリツィオ・モソッティによって拡張される。電気は互いに反発し合う原子からできた〝一流体〟であるという考え方だ。この原子は固体物質中でも互いに反発し合う。しかしエーテルの原子はその原子をわずかに引き寄せ、正味では引力が発生する。この理論によれば、これらの力が組み合わさって重力が形作られているのだという。

一九〇四年にポアンカレが初めて、もし相対性が正しければ重力は光速で伝わるはずだと指摘した。そしてニュートンの重力を独自に修正した理論を提唱し、それを一九〇八年にスイス人数理物理学者のヘルマン・ミンコフスキーが、一九一一年にはウィレム・ド・ジッターがさらに拡張する。ポアンカレ、ミンコフスキー、ド・ジッターの三人とも、ニュートン重力理論の修正理論は惑星の近日点を補正できるものでなければならないと考えていた。しかし、最も大きな近日点移動を示す水星に対する補正値は、実際の異常な運動を説明できるほど大きくなかった。

ベルリンでは、かのマックス・プランクが一九〇七年に重力の問題に取り組むようになった。手始めとして、一八九一年に物体の慣性質量と重力質量がつねに正確に等しいことを実験的に証明した、ハンガリーのエトヴェシュ・ロラーンド男爵の研究について考察した。そして、すべてのエネルギーは慣性的性質を持ち、また重力に引き寄せられるはずだと説いた。このプランクの論文から六カ月後、アインシュタインが等価原理を導入し、重力と加速が等しいことを示すこととなる。

　このように、特殊相対論と相容れるよう、重力が伝わる速さは光速であるとする重力理論を導いた著名な物理学者は何人もいたが、どの理論も満足できるような代物ではなかった。いずれも特殊相対論に基づいていて、慣性系の物理に限定されていた。アインシュタイン本人も、一般相対論へたどり着く前に一つそうした不完全な理論を作り、その限界に気づかされている。

一般相対論への第一歩

　特殊相対論を一般化しようというアインシュタインの最初の試みは、重力が光速で伝わることを示す方程式に従う、スカラー場の理論に基づいて進められた。〝場〟という概念は、[*4]ファラデーやマクスウェルの研究に端を発している。二人は、静止している、あるいは運動している電荷の間で電気力や磁気力が光速で伝わることを説明するために、この場という概念を使った。[*5]場がスカラー的であるというのは、〝ベクトル場〟と違って空間内での方向を持たないことを意味する。それは比較的単純な数学的枠組みで、空間と時間内における場の成分は一つしかない。そして重力場は、特殊相対論のローレンツ変換のもとで不変な方程式に従う。

　特殊相対論で扱える座標系は互いに等速度で運動しているものに限られるが、実際の座標系は等速でなく、方向も変化するように運動しうる。互いに違う方向へ飛ぶ二機の飛行機の乗客、その眼下で車を走らせながら飛行機を見ているドライバー、その車と飛行機を見ている歩行者、宇宇宙空間から地球を眺めている宇宙飛行士の視点を考えてみてほしい。空間の三つの軸（x、y、z）で空間的位置が定まり、時計を見ればある座標系の中である事象が起こった時刻を知ることができる。ミンコフスキーはこの四次元時空——空間次元が三つと時間次元が一つ——を仮定してアインシュタインの特殊相対論を数学的に定式化し、それが相対論のその後の発展に重大な役割を果たすこととなる。*6

移動している観測者は、現実を互いに違うふうに経験するのだろうか？　アインシュタインは一九一二年から一四年に、優れた直観力で、物理法則は座標系に依存しないはずだと考えた。つまり、加速しているものも含め、どんな座標系を使って物理的測定をおこなっても、物理法則は同じであるということだ。アインシュタインはこの物理法則の一般的な普遍性を、〝一般共変原理〟と名づけた。この原理が、新たな重力理論の数学的定式化を大きく推し進め、一般相対論の土台の一つとなる。

ニュートンを悩ませたのは、絶対空間という概念だった。他の座標系と区別される、等速で運動し回転していない慣性系のことで、すべての物理法則はこの絶対空間において記述される。ニ

＊4　磁石の上に広げた紙の上で鉄粉が〝場のパターン〟を示すことで、場の概念は説明される。
＊5　フィンランド人物理学者のグンナー・ノルドシュトルムも、特殊相対論や光速の有限性と合致するようニュートンの重力を修正しようと試み、重力のスカラー場理論を編み出した。
＊6　ミンコフスキーは、アインシュタインのチューリヒの連邦工科大学（ＥＴＨ）時代の数学教師だった。アインシュタインを怠けた学生と見ていて、研究職に推薦しようとしなかった。

ユートン流の世界では、二つの事象が同時に起こったかどうかは、絶対座標系に即して判断される。それに対して特殊相対論では、二つの事象が同時かどうかは相対的な概念であって、どの座標系で見るかによって変わってくる。ニュートンは、空っぽの宇宙に物体が一個だけあったとしても、その物体は慣性を持つ、つまり、外から力が加わらなければ一定の速さで動きつづけるか静止状態を保つ傾向があると主張した。ニュートンが絶対空間に重きを置いたのは、もっぱらこのためだった。絶対空間内にある物体の一次的な性質は慣性であって、重力は普遍的ではあるものの二次的な性質だと考えたのだ。

一六八九年にニュートンは、バケツを使った有名な実験によって絶対空間の考え方を証明した。その実験は簡単に再現できる。バケツに水を半分入れ、取っ手にロープを結ぶ。次にバケツを回転させ、ロープを限界までねじる。そして、バケツを固定して水が落ち着くまで待ったのち、バケツを放し、ロープのねじれによって回転させる。初めのうち、バケツが回転しても中の水は動かず、水面は平らのままだ。しかしやがて、水がバケツとともに回転しはじめ、水面がくぼんでくる。その後、ロープが逆方向にねじれはじめてバケツの回転が遅くなるが、水はバケツより速く回転しつづけ、水面はくぼんだままの状態を保つ。

「なぜ水面はくぼむのか」とニュートンは問いかけた。水の回転が表面をくぼませた、と答えられそうに思う。しかし水面がくぼんでいるとき、水はバケツに対して回転していない。最初にバケツから手を放して、バケツが回転を始めたとき、水はバケツに対して回転していて、水面は平らだ。水とバケツの側面との摩擦のせいで両方が一緒に回転し、互いには運動していないときだけ、水面はくぼむ。したがって、水面の形はバケツに対する水の回転によって決まるのではないと推論できる。

　ここでニュートンは、空っぽの空間でこのバケツの実験をおこなったと想像してみた。空っぽの宇宙でバケツや水が回転しているというのは、いったいどういう意味なのか？　回転の基準となるものが何もない。そもそもバケツが回転しているかどうか分からない。ニュートンは考えた。バケツの回転を測る基準となる何かがあって、それは空間そのものだ、と。絶対空間に対して水が回転していなければ、水面は平ら。絶対空間に対して回転していれば、水面はくぼむ。『プリンキピア』の第一巻でニュートンは、「絶対空間はその性質として、外部の基準を何も持たず、つねに一定で不動である」と述べている。しかしそれだけでは不満で、次のように続けている。「特定の物体における真の運動と見かけの運動を見きわめて実際に見分けるのは、実はきわめて難しい問題だ。その運動が起こっている不動の空間の一部を、われわれの感覚で観測する方法はないからだ」

　このニュートンの絶対空間という考え方に異議が唱えられたのは、それから何年も後のことだった。イギリス人哲学者のジョージ・バークレーが、水面がくぼむのは絶対空間に対して回転しているからではなく、恒星、もっと言えば宇宙にある残りすべての物質を基準点として、それに対して回転しているからだと主張した。ドイツ人哲学者で物理学者のエルンスト・マッハは、このバークレーの論をさらに推し進め、ニュートンを手厳しく批判する。一八八三年には次のように書いている。

水の容器を回転させるというニュートンの実験から分かるのは、単純に、容器の側面に対する水の回転運動が検知可能な遠心力を生じさせるのではなく、そのような力は地球の質量や他の天体に対する相対運動によって生じるということだ。容器の側面の厚みと質量を増して厚さ数キロメートルにしたとき、どのような実験結果になるか、自信を持って言える人は誰もいない。[注4]

マッハは、もし宇宙に物質がまったく存在しないとしたらバケツの水面がくぼむことはないだろうと主張した。もちろん空っぽの宇宙でこの実験をおこなうことはできないので、ニュートンとマッハのどちらが正しいかは知りようがない。

マッハは、力学の体系全体を、物体どうしの相対運動という概念に基づいて構築しなおすべきだと迫った。そして、慣性系は宇宙に存在する物体の相対運動に基づいて定義すべきだと提唱した。ニュートンの古典力学の限界をはっきりと示したことになる。そうして、慣性系という概念を、宇宙空間にある残りの全質量と明確に関連づけた。つまり、宇宙に存在する質量が、ある物体の慣性質量を決定するということだ。物体の持つ慣性という性質はいまだに物理学者の間で議論の的となっていて、その由来について科学論文でたびたび提唱されている。

アインシュタインは、物体の慣性的性質と重力的性質をニュートンとは違う形で捉えた。それらは同じもので、時空の幾何から生じるのだと考えた。しかし二つが等価であることは、純粋に特殊相対論に基づく重力理論の枠組みでは説明できなかった。ニュートン力学における慣性質量と重力質量との基本的な非対称性を、どうにかして取り払う必要があった。ニュートン力学では、慣性質量は空っぽの宇宙に一個だけ物体を置いた場合の性質とされていた。一方、重力質量は、物体の系が持つ性質だ。だがマッハによれば、物体の慣性質量は一個の物体が持つ独立した性質ではなく、ある物体の系における互いの加速によって決まる。アインシュタインはマッハに強く影響を受け、古典力学における運動法則がどのようなものであっても、慣性質量と重力質量は等価であるという、等価原理を導入した。

一九一三年にアインシュタインはマッハに手紙を書き、ニュートンのバケツ実験に対するマッハの解釈を支持して、それが自分の考えた新たな重力理論にも合致すると伝えた。さらに、地球上できわめてよい精度で検証されている等価原理として、マッハの原理を一般相対論に組みこんだ。アインシュタインはマッハに倣い、ニュートンによるバケツの回転実験における水の挙動は、宇宙にあるすべての物質の重力によって決まると主張した。[注5] 一般相対論を編み出している間ずっと、マッハの哲学に強い影響を受けつづけたのだ。

時空の幾何

一九一二年夏にアインシュタインは、自らの新たな重力理論では非ユークリッド幾何学が重要な役割を果たすはずだということに気づく。このとき、特殊相対論には、のちにエーレンフェストのパラドックスと呼ばれるようになる問題があることを悟った。等速で回転する円盤の縁は、静止している観測者から見ると、ローレンツ収縮によって短くなっているはずだ。しかし、円盤の半径は運動に対して垂直なので、変化はしない。したがって、円盤の縁と半径との比は、ユークリッド幾何学における2πと食い違ってくる。こうしてアインシュタインは、回転座標系を含めるように理論を一般化すると、ユークリッド幾何学が成り立たなくなるという結論に達した。重大な発見で、それが一般相対論への道を切り開くこととなった。

アインシュタインは理論を進めるにつれ、考えたことを記述する上で自分に使える数学が不十分であることに、不満を募らせていった。そんな中、アインシュタインの友人である有能な数学者で、二人が学生時代に出会ったチューリヒのETHで数学部長になっていたマルセル・グロスマンが、一九世紀のドイツ人数学者ゲオルク・ベルンハルト・リーマンの考えた非ユークリッド幾何学を使ったらどうかと提案する。

リーマンは才気溢れる数学者で、時代を何年も先んじていた。そんなリーマンが編み出した有名な幾何学は、湾曲した面を記述するもので、そこではユークリッド幾何学と違って平行線が交差しうる。リーマンも物質が幾何を歪めるという考えを思いついたが、四次元時空という概念は五〇年先にならないと登場しないため、そのアイデアを三次元非ユークリッド空間に当てはめた。さらに、幾何が力を生み出すとも結論したが、それは当時としては驚くべき洞察力と言える。

アインシュタインはグロスマンの提案を受け、構築中の理論にリーマン幾何学を採用したが、それで満足することはなかった。さらに、リーマンの指導教授だったカール・フリードリッヒ・ガウスが編み出した〝計量テンソル〟という概念と、イタリア人数学者トゥリオ・レヴィ＝チヴィータによる微分法も採り入れた。計量テンソルは、時空内における無限小の距離を決める。そしてそこから、現在ではおなじみの、歪んだ時空の幾何を表わす格子が導かれる。[注6] 球面に描かれた三角形の内角の和は、平坦なユークリッド表面と違って一八〇度にならない。計量テンソルは、そうした平面や球面といった面の幾何を数学的に記述したものだ。

計量テンソルという道具を使わなければ、歪んだ四次元時空を数学的に記述するのは不可能だろう。アインシュタインの考えでは、計量テンソルは重力場の強さを決めるだけでなく、空間と時間のあらゆる方向における距離のスケール、そして重力場内での時計の進む速さも左右する。計量テンソルは時間と空間の関数一〇個から構成されていて、その一〇の自由度すべて――ゲージ自由度と呼ばれるものを除く――が、歪んだ重力場の記述に使われる。

一般相対論を創り出す上で欠かせなかったもう一つの道具が、特殊相対論においても時空を記述するための自然な数学言語として使われた、ミンコフスキーの考案した数学形式だった。アインシュタインはリーマン幾何学とテンソル解析の数学形式を組み合わせ、重力と、電磁気のような重力以外の物理の場の方程式として、一般共変原理と等価原理に矛盾しないものを導くことに成功した。

リーマン幾何の基本的性質の一つが、リーマン曲率テンソルと呼ばれるもので、これは四次元時空の歪みの程度を決定する。曲率テンソルがゼロである場合、計量テンソルは特殊相対論におけるミンコフスキーの平坦なユークリッド的時空のものと等しくなり、重力場は完全になくなる。一般相対論では、観測者が重力を無視できる場合、つまり時空のうち局所的な一部分の曲率が無視できる場合を、特殊相対論として解釈する。こうして特殊相対論は、一般相対論の幾何学形式に自然な形で組み込まれる。

理論の完成を妨げるもの

新たな重力理論の詳細を詰めていたこの時点で、アインシュタインは重大な困難に直面した。一九一三年にグロスマンとの二部構成で、一篇の論文を発表する。グロスマンは自分の担当部分の中で、試験粒子は時空内の直線経路――測地線――に沿って移動するだろうと提唱した。一方アインシュタインは、自分の担当部分の中で、重い物体が存在する場合の時空の幾何（重力）を記述する一連の場の方程式を導き出さなければならなかった。その方程式は、ニュートン重力理論の基本微分方程式へと還元されるもの、つまり、フランス人数学者のシメオン＝ドニ・ポアソンが考案したポアソン方程式に行き着くものでなければならなかった。[注7]

この共著論文でアインシュタインとグロスマンが突き当たった、互いに関連した三つの問題は、深刻な代物だった。問題の一つが、因果律を破っていることだった。専門用語を使って言えば、時空内の事象は、巨視的にはもう一つの事象の未来光円錐の中でしか起こりえない。平たく言うと、〝原因〟が起こる前に〝結果〟を見ることはできない（〝光円錐〟という言葉は、四次元ミンコフスキー時空の中で、ある事象に到達する、あるいはそこから発せられる光線が形作る円錐のことを指す）。光円錐は時空を過去円錐と未来円錐に分け、二つの円錐は、時空内においてその事象に対応する点で接する。

二つめの問題は、アインシュタインが初めに導いた場の方程式がエネルギー保存則を破っていることだった。その場の方程式の左辺には、時空の幾何の歪みを記述する量が入る。そして右辺には、時空の幾何を歪めるエネルギー運動量テンソルが入る。問題は、幾何を表わす左辺が適切な条件に従っておらず、そのため右辺において物質とエネルギーが保存されないことだった。幾何を表わす左辺に、ある基本的な数学的性質が欠けていたのだ。要するに、アインシュタインは正しい重力法則をまだ見つけていなかった。物理学において侵すべからざるエネルギー保存則を破るなど、言うまでもなく受け入れられることではなかった。

三番目の問題として、重力場が弱く物体の運動が遅い場合、アインシュタインの方程式をニュートン重力理論のポアソン方程式に還元できなかった。これは明らかに重大な問題だった。ニュートン重力理論は、地球上で落下する物体の現象、および、水星の近日点移動の異常という例外を除き太陽系内の惑星の運動と一致することが、確実に実証されていたのだから。

一九一三年の論文が抱えるこれらの問題は、他の物理学者が見ても明らかだった。一九一四年にアインシュタインがベルリン大学の教授に就任したとき、プランクが、重力に関するアインシュタインの研究を紹介した。その中で、発表されたばかりのグロスマンとの共著論文を見ると、アインシュタインの提案した方法では重力の一般共変理論を構築できないことは明らかだと苦言を呈している。

アインシュタインはしばらくの間、一般化した重力理論を追いかける気力をなくしていた。しかし、持ち前の粘り強さと一人きりで考える力を発揮し、ベルリンで重力の研究を続けた。そして一九一五年まで、困難を克服して重力理論構築の最終段階を突破しようと精力的に取り組んだ。そうして、最大の問題は、自分の編み出した重力場の方程式の数学形式に、時空の曲率の記述に関する何かが欠けていることだと気づく。[注8]

時空がヴァルカンを追放する

一九一五年前半にアインシュタインは、直面している問題をよそに——おそらくそれらの問題を考えないようにして――、水星の近日点移動の異常というよく知られたテーマに目を向ける。完成してはいないが、自分の新たな重力理論によって、暗い未発見の惑星に頼ることなくこの重大な異常を説明できるのではないかと考えた。そして、ニュートン重力理論からのずれは小さいと仮定し、水星の軌道を決定する弱い重力場における場の方程式を、摂動論を使って解いた。[*7]

幸運なことに、アインシュタインの場の方程式に欠けていた部分は、この計算にはまったく関係していなかった。太陽系における重力源である太陽を点として考えたため、空っぽの空間で有効となる重力場の方程式を使うことができた。その方程式には物質存在下でのエネルギー保存を保証する重要な部分がまだ含まれていなかったというのに、空っぽの空間における場の方程式を解いてみると、驚くことに水星の近日点の異常な移動が正しく導かれたのだ。

計算してみると、その方程式に太陽の質量とニュートンの重力定数を放り込むだけで、ニュートンによる水星の近日点移動の予測値と実際の観測値とのわずかな差を説明できることが分かった。水星は巨大な太陽に比べれば微々たる質量で、試験粒子として扱うことができたため、水星の質量を計算に入れる必要はなかった。水星の異常なデータが完成半ばの新たな重力理論と一致したというのは、まさに仰天の結果で、アインシュタインにとってそれは至福の瞬間だった。これで自分が正しい道を進んでいることを悟ったからだ。この理論は、天文学における何十年来の

＊7　摂動論とは数学的近似法の一つ。微分方程式を解くには、次々に小さくなっていく値を足し合わせていけばよく、その最終的な和が微分方程式の解となる。

謎を正確に説明できた。ある友人には「何日か興奮でわれを忘れてしまった[注9]」と書いていて、別の友人には、そのことを知って動悸を覚えたと語っている。

物理学はこうあるべきだという、素晴らしい見本だ。数学的に深遠な新理論を観測上の長年の異常に当てはめ、好きなように調節できるパラメータ――〝つじつま合わせ〟――に頼ることなくそれを説明してしまう。まだ一般相対論は完成しておらず、深刻な問題が残されていたが、一九一五年の水星に関する論文の発表により、重力はニュートンの言う瞬時に伝わる力学的な力ではなく、実際には幾何と時空の曲率であるという考え方へと、科学界はさらに一歩近づくこととなった。

幾何としての重力――一般相対論の完成

一九一五年の後半六カ月間は、アインシュタインが一般相対論を編み出す上で大きな意味のある期間だった。ヨーロッパは一年前に第一次世界大戦に突入していた。フランスとベルギーのぬかるんだ塹壕の中で大殺戮が起こり、ドイツ人の若者が数多く死んでいく中、三五歳のアインシュタインは例の方程式に夢中で取り組んだ。そして軍事衝突が起こる中、堂々たる重力理論の完成へ向けた最終段階に神経を集中させた。見つけるべきは、物質の存在下でも物理的に矛盾のない、最終的な重力場の方程式だった。理論に欠けていてずっと探してきた数学形式だ。

有名なドイツ人数学者ダーフィト・ヒルベルトは、アインシュタインが重力に関して革新的な研究をしていること――完成してはいなかったが――を知り、一九一五年にゲッティンゲン大学で連続講義をしてもらうことにした。アインシュタインは引き受け、一週間で七時間の講義をおこなって、ゲッティンゲンの数学者や物理学者に自分の新たな考えを紹介した。

ダーフィト・ヒルベルトは世界一有名な数学者の一人で、理論物理学におけるラグランジアンやハミルトニアンの専門家だった。フランス人数学者のジョゼフ・ルイ・ラグランジュは、同じくフランス人数学者のピエール＝ルイ・モロー・モーペルテュイが一七四六年に発表していた最小作用の原理を使って、ニュートンの運動の法則と天体力学を導く方法を編み出していた。一方、有名なアイルランド人数学者ウィリアム・ローワン・ハミルトン卿は、ラグランジュの動的理論と変分計算法において重要な貢献をしていた。ヒルベルトは、最後に残った問題を解いて一般相対論を定式化しようとするアインシュタインを手助けできる、絶好の立場にいた。物質と時空の幾何を記述して、致命的なエネルギー保存則の破れを回避し、弱い重力場では正しいニュートン重力を導くような、基本的な場の方程式の最終形だ。

前の週にアインシュタインが示した可能性に心躍らされていたヒルベルトは、アインシュタインがゲッティンゲンを離れるとすぐに腰を据え、〝ラグランジュ関数〟と呼ばれる重要な関数、あるいはそれを変形したハミルトン関数を使って、アインシュタインの重力理論における正しい場の方程式を導いた。これらの関数は一般座標変換のもとで不変であり、そこから正しい重力場

方程式が導かれたのだ。[注10]

ヒルベルトはその成果を記した論文を一九一五年一一月に学術雑誌〈ゲッティンゲン・ナーハリヒテン〉誌に投稿し、ベルリンのアインシュタインにも、結果を熱心に説明する葉書を送った。受け取ったアインシュタインは奮い立ち、力ずくで正しい場の方程式を独自に導こうとした。そして、数学の才能ではヒルベルトにかなわなかったために、相当な努力をして同じ結果を得た。

一般相対論の正しい場の方程式を導いたのは、アインシュタインなのかヒルベルトなのか？近年まで激しい論争が続いていたが、基本的なアイデアと理論構成は完全にアインシュタインが考えたのだから、そうした言い争いは的外れだ。場の方程式の最終的な導出は、ヒルベルトほどの才能を持つ数学者なら造作もないことだったが、一般相対論がアインシュタインの理論であることに異議を唱える人は一人もいない。

アインシュタインの重力理論の基礎となったのは、物質の存在によって時空の曲率が決まるという考え方だ。重力や宇宙の構造に対するわれわれの理解からは、大きく踏み出している。電磁気力のような他の力とは違って、重力は時空の幾何であり、その中で他の力が働いているという、大きな思考の飛躍に他ならない。アインシュタインは、テンソル解析の規則に従って重力理論の仕上げに取り掛かった。

この偉大な研究に関する最後の論文は、一九一六年に〈アナーレン・デア・フィジーク〉誌に発表された「一般相対論の基礎」だった。この論文ではマクスウェルの電磁気理論を採り上げ、一般座標変換のもとでマクスウェル方程式が不変になるように、自らの理論に組み込んでいる。そうしてアインシュタインは、当時知られていた二種類の基本的な力――電磁気力と重力――を、一つの簡潔な幾何学的枠組みの中で見事に記述した。この論文には、（前年に発表していた）水星の近日点移動の異常に対する正しい答、重力赤方偏移の式、そして太陽の縁をかすめる光の湾曲に関する予測も示されている。

カール・シュヴァルツシルトが、中心の一個の重い粒子による静的で球対称な重力場を記述するアインシュタインの場の方程式を厳密に解き、一九一六年にそれを発表したことで、アインシュタインの重力理論はほぼ完成した。シュヴァルツシルトは、第一次世界大戦の東部戦線で従軍しながら、回転しない球対称な物体におけるアインシュタインの場の方程式の解を導いた――それがやがてブラックホールの基礎となる。しかしこの重要な解を発表してまもなく、戦争中に発症した稀な自己免疫疾患により、一九一六年五月、四二歳で世を去った。

新理論の検証と確認

遡ること一九一一年にアインシュタインは、ニュートンの理論のみを使って、ドップラー原理と自らの等価原理とを組み合わせた。ドップラー原理（あるいは〝ドップラー効果〟、〝ドップラーシフト〟）という名前は、一九世紀半ば、光や音の波の振動数が発生源と検出器との相対運動によって影響を受けることを初めて示した、オーストリア人物理学者のクリスティアン・ドップラーにちなんでいる。アインシュタインが提唱したのは、太陽表面のような強い重力場の中に置かれた原子が放射するスペクトル線が、赤色の方向、スペクトルの長波長側へわずかにシフトするということだった。遠くの観測者にとって、強い重力場の中にある原子は、地球のような弱い重力場の中にある原子よりもゆっくり振動しているように見える。この有名な赤方偏移――〝アインシュタイン偏移〟――の予測が確認されるのは、技術と天文学が十分に進歩してからのこととなる。やはり一九一一年に発表された、この研究を詳説した〈アナーレン・デア・フィジーク〉誌の論文には、実験によるもう一つの検証法も示されている。光は一種の電磁気エネルギーなので、やはり重力に引き寄せられる。したがって、遠くの観測者から見れば、光線は太陽のような天体の強い重力場の近くを通過したときに湾曲し、また光の速さは重力場の強さによって変わるだろう。

この一九一一年のアイデアは正しかったが、光の湾曲の計算値は実際には二倍外れていた。一九一四年、アインシュタインは友人の天文学者エルヴィン・フロイントリッヒに、皆既日食中に太陽による光の湾曲を観測できるかどうか尋ねたが、幸か不幸か、戦争が勃発したため計画を進められなくなっていた。もしフロイントリッヒが観測できていたら、アインシュタインの予測は間違いだということが示されていたはずだ。開発中の独自の理論ではなく、ニュートンの重力理論を使って光の湾曲の程度を予測していたからだ。一九一五年にアインシュタインは改めて、測地方程式を使い、遠くの星から来た光線が〝太陽の縁をかすめる〟——地球上の観測者へ到達する途中で太陽の近くを通過する——ときの湾曲の具合を計算した。そして水星の計算のときと同じく摂動理論を使い、光線は太陽の側に一・七五秒角ぶん湾曲するはずだという結果を得た。

この劇的なパラダイムシフトの年月に起こった科学的な側面に心奪われると、その時代背景を忘れがちになってしまう。一九一四年から一八年まで、ドイツとイギリス、さらにはフランス、ベルギー、ロシア、トルコ、そして一九一七年からはアメリカが戦争状態にあった。アインシュタインはスイスのパスポートを持っていて、また世界政府の理想を抱いていたが、多くの人にはドイツ人科学者だと見られていた。ドイツ生まれであるのに加え、戦時中にはベルリンに住んで研究に携わっていたからだ。この時代背景を考えると、一般相対論が発展した一九一六年から一九年までが、ますます驚きの年月に思えてくる。一般相対論を解釈、検証して推進し、アインシュタインを世界的な有名人へと押し上げたのは、おもにイギリス人、オランダ人、ベルギー人天文学者だったのだから。

一九一六年、ベルギーとフランスの西部戦線で戦闘が激しくなる中、アインシュタインは一般相対論に関する最後の論文を、オランダ人の仲間で天文学者のウィレム・ド・ジッターに送った。イギリス王立天文学協会の会員だったド・ジッターは、その論文を、協会の書記であるアーサー・エディントンに渡す。エディントンは優れた天文学者であるだけでなく、数学にも秀でていて、アインシュタインの研究の重要性を直ちに見抜いた。アインシュタインより二歳年下、三四歳のエディントンは、学問の世界の階段を着々と登っている途中で、新たな課題を欲しがっていた。

イギリスの天文学者たちはすぐに、日食中にアインシュタインの理論を検証できる可能性に心躍らせた。数年のうちに日食が何度も起こることになっていて、中でも一九一九年五月二九日の日食が観測に最も適していると判断された。ドイツのUボートがイギリスを包囲しつつある中、エディントンらイギリス人天文学者は、三年後の遠征によって〝ドイツ人〟物理学者の理論を検証し、その人物をわずか数カ月のうちに世界一有名な科学者にしようと計画しはじめる。

一九一八年に停戦が発効し、一九一九年春、大西洋を横切る五月二九日の日食を写真乾板に収めようと、エディントンと同僚たちは西アフリカのプリンシペ島へ、他に二人のイギリス人天文学者はブラジル北部へ向けて旅立った。日食はおうし座にあるヒアデスというとても明るい星々の近くで起こることになっていたため、アインシュタインの理論に白黒をつける良好な結果が得られると大いに期待されていた。西アフリカでは多少雲に阻まれたが、どちらの遠征隊も写真を撮影し、イギリスに戻る前に解析を始めた。

しかし彼ら天文学者は、何カ月も口を閉ざしていた。我慢できないアインシュタインは一九一九年九月、ライデン大学の友人ポール・エーレンフェストに遠征のことを何か聞かされていないかと尋ね、エーレンフェストはローレンツにも問い合わせた。探りを入れたローレンツは、九月末にアインシュタインに電報で、観測の結果と、その結果は一九一九年一一月六日のイギリス王立協会と王立天文学協会の合同会議のときまで公表されないことを伝えた。当日、会議室に掛けられた元王立協会会長アイザック・ニュートン卿の肖像が見つめる中、天文学者たちは結果を公式に発表した。ブラジル遠征隊は、光の湾曲の程度として一・九八±〇・三〇秒角、プリンシペ島で観測したエディントン隊は一・六一±〇・三〇秒角という値を得ていた。どちらも、アインシュタインによる予測値一・七五秒角と、誤差範囲内で一致していた。議長のジョーゼフ・ジョン・トムソンは、「この結果は人類の思考が成し遂げた最大の偉業の一つである」と宣言した。[注11]

この王立協会における発表から何年もの間、エディントン隊の撮影した写真乾板の解析に正しい誤差が考慮されているかどうかを巡って論争が続いた。西アフリカでは日食観測中の気象条件が完璧でなく、解析技術も到底満足できる代物ではなかった。曇りがちだったため写真は一六枚しか撮影されておらず、そのうち、光が湾曲するほど太陽の縁に近い恒星が写っていたのは六枚しかなかった。エディントンは測定値の平均を取るしかなく、しかも最終的に平均値がアインシュタインの予測値と一致するよう、気を利かせて写真を選び出していた。

アインシュタインはずっと、日食のデータによって自分の重力理論の正しさが確認されるのは初めから分かっていたと言い張っていたが、死の間際の母親パウリーネに送った葉書には、以前の水星のときのように動悸を覚えはしなかったにせよ、興奮した様子が表われている。「今日はよい知らせがあります。H・A・ローレンツが電報で、イギリスの遠征隊が太陽近くでの光のずれを実証したと伝えてきました[注12]」

実のところ一般相対論の歴史では、水星の異常なデータにぴたり一致したことよりも、光の湾曲が実験的に確認されたことの方が重大な意味を持っていた。水星の近日点移動のときは、よく知られていた異常なデータと自分の理論が一致し、それによってデータを説明できることを示した。新たなデータを求める必要はなかった。しかし光の湾曲では、アインシュタインが理論に基づいて予測をおこない、天文学者がその予測の正否を確認できるデータを集めに出かけた。だからこそ、科学界は結果発表のためにあのような行事を開き、報道機関はその知らせを世界中に広めたのだった。一方、水星のデータとの一致は、たいした関心を集めていなかった。

しかし、光の湾曲とアインシュタインの新たな重力理論を、誰もが受け入れたわけではなかった。古いパラダイムはそう簡単には引き下がらないものだ。数学的に難解なこの新たな理論はニュートンの理論に取って代わろうとしていたが、しばらくはその考え方に対して大きな異論があった。とくに、カリフォルニア州のリック天文台に勤める著名なアメリカ人天文学者ウィリアム・キャンベルとヒーバー・カーティスは、アインシュタインの理論も、その理論の正しさを決定的に証明したイギリスによる光の湾曲の観測も、簡単には受け入れなかった。一九一八年にアメリカで観測された日食のデータをリック天文台で解析したところ、光の湾曲に対して否定的な結果が得られていたが、キャンベルはその結果を公表しようとしなかった。

同じ頃、キャンベル、チャールズ・エドワード・セントジョン、そしてインド在住のイギリス人天文学者ジョン・エヴァーシェッドが、アインシュタインの示した一般相対論の第三の検証法である、太陽からやってくる光の振動数における重力赤方偏移を測定しようとしていた。しかし、太陽のコロナと太陽内部の歪曲効果をモデル化する必要があったため、測定は複雑をきわめた。重力赤方偏移についてアインシュタインの予測と一致する決定的な結果が得られなかったこともあって、新たな重力理論の有効性に対する疑いはさらに深まったのだった。

アメリカ海軍の天文学者トーマス・ジェファーソン・シー大佐は著書の中で、水星の近日点移動は相対論を使わなくともニュートンの重力理論から計算できると主張し、一九一八年と一九年の日食データの結果に疑問を投げかけた。イギリスやアメリカの天文学者や物理学者の中にも、ルドヴィック・シルバーシュタインのように、アインシュタインの理論に反対し、この理論はニュートン重力理論に比べて著しく不完全だと主張する論文を発表する者がいた。さらに、ドイツ人天文学者のフーゴ・フォン・ゼーリガーは、アインシュタインの一般相対論の数学は難解すぎて理解できないと公言した。

一九一九年の日食観測遠征と王立協会の発表以降、アインシュタインは、天文学者からだけでなく物理学界からも厳しい批判の声を浴びた。反ユダヤ人主義を標榜するドイツ物理学者の一派は、アインシュタインの重力理論に対する反対運動を展開した。そして、ベルリンにあるコンサートホールを二日間借り切り、アインシュタインはなぜ間違っているのか、その研究はなぜ無視しなければならないのかを語る講演会を開いた。それを受けてアインシュタインは、ベルリンのある新聞の編集部に手紙で、自分の重力理論を熱心に擁護し、批判は真に受けられるようなものではないと説いた。

しかし一九二二年以降、一般相対論に対する批判は収まっていった。その年、オーストラリアと太平洋のクリスマス島での日食観測により、一九一九年のエディントンの結果が裏づけられたためだった。ウィリアム・キャンベルが天文学者のチームを引き連れてリック天文台からオーストラリアへ渡り、快晴のおかげで観測に成功した。それに備え、新たな撮影技術と、日食の観測結果を解析する方法も開発していた。リック天文台のチームはスイス人天文学者のロバート・トランプラーと手を組んで、何カ月もかけてデータを入念に解析し、光の湾曲の大きさがアインシュタインによる予測値一・七五秒角と誤差範囲内で一致するという結果を得た。

リック天文台チームの観測によって、物理学界と天文学界の大部分が、アインシュタインの重力理論を正しいものとして受け入れるようになった。しかしアインシュタインがノーベル賞を受賞したとき、その受賞理由は相対論に関する研究ではなかった。ノーベル委員会の発表では、一九〇五年の光電効果に関する研究と物理学へのその他の貢献により賞を授与する、ということだった。

それでもアインシュタインの一般相対論は、最終的に重大なパラダイムシフトとして認められた。そして、比較的小さな天文学的距離と宇宙の大規模構造の両方において、その後の宇宙の理解にとてつもない影響を及ぼすこととなった。

第二部　重力の標準モデル

第三章　現代宇宙論の誕生

重力は、宇宙の中で長距離にわたって大きな作用を及ぼす唯一の力であり、そのため宇宙の大規模構造を理解する上で大きな役割を果たす。現代宇宙論の発展には、理論と観測の両面で、二〇世紀物理学や天文学の偉人たちの考えや技術が関わってきた。一九三〇年代に始まって現在も続いている、強力な望遠鏡や探査機による正確なデータの蓄積により、宇宙論は科学へと変わった。そして、宇宙の構造やその始まりに関する理論的な考えを検証できるようにもなってきた。この現代科学は、アインシュタインと二〇世紀天文学の開拓者たちに端を発している。

静的宇宙と動的宇宙

アインシュタインは一九一七年の論文「一般相対論に関する宇宙論的考察」によって、科学としての現代宇宙論を生み出した。その中では、自分の重力理論から宇宙の大規模構造をどのように描き出せばいいかを考えた。そして、自らの動的な場の方程式が、静的で変化せず永遠に続く宇宙という考え方と相容れるよう、方程式に〝宇宙定数〟と呼ぶ数学項を導入する。この定数の大きさを調節し、仮説どおり宇宙は有限であるという結果を導くことで、アインシュタインの宇宙観は、ギリシャ時代以来広く受け入れられてきた静的モデルと一致するようになった。この宇宙定数を導入したことに、アインシュタインは不安を感じていたはずだ。論文には次のように書かれている。「初めにある方法を導入するが、それ自体では真面目に受け取れない。単にこれ以降の事柄の飾りつけでしかない」

なぜアインシュタインは、宇宙には始まりがなく永遠に変化しないと信じていたのだろうか？　一つには、調和と統一を好むという独特の性格があった。理性でも、そしておそらく感性でも、物質やエネルギーや時空が凄まじい様子で突然誕生したなどという考え方を受け入れたくなかった。さらに、二〇世紀前半の科学者たちは宇宙が静的で不変だという考えで一致していて、アインシュタインもこのときだけは科学界の趨勢に従った。しかしのちにその過ちを悔い、宇宙定数を〝わが最大の失敗〟と呼ぶこととなる。自分の方程式から望みどおりの結果が導かれるようにするための、つじつま合わせだったのだ。

アインシュタインの場の方程式を宇宙定数に頼ることのない純粋な形で解いたのは、おそらく理性に縛られていなかった、あるいはヨーロッパ物理学の主流から離れたところにいた人物だった。ロシア人宇宙論学者で数学者のアレクサンドル・フリードマンだ。フリードマンは一九二二年と二四年の論文の中で、アインシュタインの場の方程式には、時空の〝曲率定数〟に応じて三種類の解があることを示した。フリードマンが考えたのは、膨張する宇宙だった。曲率定数がゼロであれば、宇宙は空間的に平坦で無限に広がっているが、曲率定数が正か負の値を取ると、宇宙は風船のように空間的に閉じているか、あるいは馬の鞍のように空間的に開いていることになる。アインシュタイン方程式に対するフリードマンの解に従う宇宙は、三つの場合いずれでも静的ではなく、動的に膨張あるいは収縮する。[*1] フリードマンは論文の他に『空間と時間としての世界』という一般向けの本を書き、宇宙ははるか昔に――おそらく何百億年も前に――無から誕生し、膨張と収縮を繰り返しているのではないかと説いた。

アインシュタインはフリードマンの結果に激しく異議を唱え、一九二二年に〈ツァイトシュリフト・フュア・フィジーク〉誌に発表した短報の中で、フリードマンは数学的に過ちを犯していると主張する。最終的には、その批判は間違いでフリードマンの計算は正しかったと認めることになるが、宇宙には始まりがあってつねに変化しているという、その物理的意味合いは認めようとしなかった。一九二五年、フリードマンは腸チフスにより三七歳で亡くなる。宇宙に関する重

＊1　時空のような非ユークリッド幾何がこれら三種類の形を取りうるという考え方は、もともと一九世紀前半に、ロシア人数学者のニコライ・ロバチェフスキーとハンガリー人数学者のボーヤイ・ヤノーシュによりそれぞれ独立に導かれていたが、二人ともこの数学的考え方を宇宙に当てはめることはなかった。

要な発見によって名声を得ることもなく、当時の科学界ではほとんど知られないまま世を去ったのだった。

宇宙の静的モデルはそれ以上批判を浴びることなく生きつづけたが、動的モデルもまた、フリードマンとともに葬られるようなことはなかった。それは、ローマカトリックの聖職者と天文学者という変わった二足のわらじを履くベルギー人、ジョルジュ＝アンリ・ルメートルによって再発見される。一九二七年にルメートルは、膨張宇宙という考えをベルギーの無名の学術雑誌で提唱した。

アインシュタインは、フリードマンの考えと同じくルメートルの論にも同調しなかった。一九二七年にルメートルと初めて顔を合わせたときには、膨張宇宙という考えはすでにアレクサンドル・フリードマンが考えついていると言って驚かせ、さらに、君の数学に間違いは認められないが物理は「ひどい」と、ぶしつけな言葉を吐いた。しかしルメートルは、アインシュタインの批判に心苦しめながらも、自分の理論から自然に導かれると考える結論を展開しつづけた。膨張する宇宙は、〝原初の原子〟あるいは〝宇宙の卵〟と呼ぶ比較的小さく高密度な物体から、激しい爆発によって始まったに違いない。ルメートルは放射性元素とその崩壊にも注目し、現在観測されている元素はもともとの原初の原子が崩壊してできたものだと提唱した。

一九二九年に天文学的データによって確認されるまで、宇宙論学者たちはアインシュタインの側につき、膨張する宇宙の卵というルメートルの説を頑として受け入れなかった。そこには宗教に関する懸念という理由もあった。ルメートルは何とかして自分の宗教観と科学を切り離そうとしたが、宇宙の誕生は創造者を意味するのだから、その学説はキリスト教の先入観に毒されていると見なされ、たびたび悩まされた。宇宙には始まりがあったのか、あったとすればどのように始まったのかという議論に火をつけたルメートルだったが、その論争に積極的に関わろうとはしなかった。ずっと後の一九五一年にローマ教皇ピウス一二世が、カトリック教会はルメートルのモデルを認めるという異例の声明を発表する。教皇は、宇宙誕生の瞬間が神の存在を証明していると語った。ルメートルは教皇が科学の世界に首を突っ込んできたことに慌て、教皇にじきじきに、これ以上現代宇宙論とカトリックを結びつけないでほしいと説得した。

宇宙の大きさは？

一九二〇年代は、天文学の歴史の中でも実り多い一〇年だった。現代宇宙論が生まれつつあり、宇宙の静的モデルと動的モデルをめぐって活発な議論が繰り広げられた。そしてそれと関連して、宇宙の大きさと広がりに関する議論も起こった。とくに、一八世紀にフランス人天文学者のシャルル・メシエが発見した星雲と呼ばれる光のしみは、はたして天の川銀河の中の天体なのか、それともはるかかなたに位置するのか、という疑問が論じられた。つまり、天の川は宇宙全体に相当するのか、それとも宇宙のごく一部でしかないのか、ということだ。

一八世紀のドイツ人哲学者イマニュエル・カントは、メシエの星雲はわれわれの天の川銀河の外にある遠くの〝島宇宙〟だと推測していたが、二〇世紀初めの科学者の多くは違う考えだった。この問題を解決しようと、一九二〇年、ワシントンDCの全米科学アカデミー主催で、カリフォルニアにあるウィルソン山天文台のハーロー・シャプリーとリック天文台のヒーバー・カーティスによる〝大討論〟が開かれた。カーティスは、星雲は天の川の外にある遠くの星の集まりだと考えていて、一方シャプリーは、星雲はわれわれの宇宙、つまり天の川銀河の中にあるという考えにこだわっていた。ほとんどの人の目には討論は引き分けに終わったと映ったが、シャプリーは体制側の立場を守ったとして、名声のあるハーヴァード大学天文台の台長に就任した。

一九二〇年代、宇宙の広がりに関する論争に終止符を打つための新たな道具と概念が登場した。大型望遠鏡の時代が始まり、観測宇宙論が大きく前進したのだ。さらに、銀板写真と写真乾板の発明により、望遠鏡につきっきりでなくても、時間をかけて恒星や銀河を正確に観測できるようになった。また、恒星が発する原子スペクトル線を観測できるようになり、恒星の組成や運動に関する驚くべき新たな知識が得られるようになった。ただし理論面でも同様の進歩がなかったら、そうした知識は手に入らなかっただろう。二〇世紀初頭、オランダ人物理学者のニールス・ボーアとニュージーランド人物理学者のアーネスト・ラザフォードが、原子のモデルを編み出した。ボーアは、原子核の周りを回っている電子が、量子化された〝塊〟としてエネルギーを放射するという考え方を採り入れた。放射エネルギーは連続的だという古典的な概念に反する考え方だった。こうした新たな理論的洞察によって天文学者たちは、今日見られる元素が初期宇宙の水素からどのようにして生まれてきたのかという問題に取り組み、宇宙論という未熟な科学は力を蓄えていった。

星雲がわれわれの銀河の中にあるか外にあるかを見きわめるには、当然ながら、恒星までの距離を測定する方法が必要だった。恒星はどれほど離れているのか？　天の川はどれほど広がっているのか？　かすかに見える星雲までの距離はどれだけなのか？　太陽系内の距離を測ることさえ難題で、解決までに何世紀もかかっていた。天文単位と呼ばれるようになる地球と太陽の間の平均距離を比較的正確にはじき出せるようになったのは、ようやく一七世紀後半になってからだった。恒星までの距離を測るのはさらにずっと難しかった。十分近くにあって、背景の恒星に対する運動を観測でき、視差と三角法を使って距離を計算できる恒星は、数えるほどしかない。それでも二〇世紀初めまでに、三角測量によって一〇〇個近い恒星までの距離が決定されていた。その方法としては、地球の楕円軌道上のある点とその反対側にある点（六カ月後に占める点）を底辺として、近くの恒星まで仮想的な三角形を伸ばす。天文学者が発見したこの方法を使えば、例えば、最も近い恒星であるケンタウルス座α星までは四〇兆キロメートル、四・三光年離れていることが分かる。

人里離れた場所で月のない晴れた日に夜空を見上げれば、漆黒の中に星々が散らばっている光景にめまいを覚えそうになる。明るい恒星は暗い恒星より近くにあるのか？　そうとは限らない。

宇宙船に乗って例えば一光年離れた場所から見たときに実際どれほど明るく見えるかという意味だ。恒星には、〝絶対光度〟と〝見かけの明るさ〟がある。絶対光度とは本来の明るさのことで、見かけの明るさは地球上でどれほど明るく見えるかを指し、絶対光度と、太陽系からその恒星までの距離によって決まる。

二〇〇〇年以上前、ギリシャ人天文学者のヒッパルコスが、明るさに従って恒星を分類する方法を作った。最も明るい恒星を〝一等級〟、肉眼で見える最も暗い恒星を〝六等級〟と定め、それ以外の恒星をこれらの間に位置づけた。この方法では、等級の値が大きいほど暗いことになる。一七世紀前半に望遠鏡が発明されると、それまで見えなかった恒星が見えるようになり、この等級目盛には修正が必要となった。現在最大の望遠鏡では、二三等級以上の恒星まで見える。一方、明るい天体は負の等級値を持つ。例えば、太陽の最大等級はマイナス二六・七、恒星シリウスはマイナス一・四、アルクトゥルスはマイナス〇・〇四等級となる。この目盛はもちろん恒星の見かけの明るさを示すもので、地球からの距離や絶対光度については何も分からない。

では、距離はどうしたら決定できるのか？　近くにある暗い恒星と遠くにある明るい恒星は、どのようにして見分けたらいいのだろうか？　幸いなことに、宇宙には、二〇世紀前半に発見された明滅を繰り返す興味深い恒星が存在していて、それを宇宙の物差しとして使える。変光星は光度を変化させるが、その変動は不規則だったり周期的だったりする。光度の変化の特徴を知るには、数日から数週間にわたって見かけの明るさをプロットする。得られた曲線には明るさの極大と極小があり、それを見れば、周期性があるかどうか、つまり曲線が規則的に反復しているかどうかが分かる。およそ三万個の変光星が観測されていて、それらは大きく二つのグループに分けられる。一つは、恒星内部の物理的な変化で実際に光度が変化する、脈動変光星あるいは爆発変光星、もう一つは、互いに公転する二個以上の恒星が視線上で交差することによって光度が変化する、食変光星だ。

第一のタイプの変光星の中には、ケフェウス型（セファイド）変光星という稀な種類がある。これは黄色の超巨星で、温度上昇と下降を周期的に繰り返しながら規則的な脈動を示す。最も有名なのが、太陽の四六倍の大きさを持つ北極星ポラリスだ。二〇世紀前半、ポラリスの光度は、周期三・九七日で平均から八パーセント変動していた。しかし二〇世紀半ば以降は、変動はもっと小さく、そして明るくなっている。古代にプトレマイオスが三等級と分類した頃に比べて二・五倍明るくなっていると思われ、そこから恒星の進化の速さが読み取れる。

二〇世紀初め、ヘンリエッタ・スワン・レヴィットという物静かで控えめで耳の不自由な天文学者が、ケフェウス型変光星を、長いあいだ求められていた宇宙の物差しに変え、恒星や他の銀河までの距離の測定を可能にした。そしてこの道具が、宇宙の大きさに関する議論を決着させる。一九〇二年、ハーヴァード大学天文台で働きはじめたレヴィットは、変光星の研究プロジェクトに配属された。そこで、ペルーにある天文台で撮影された南天の写真を入念に調べ、違うときに夜空の同じ一角を撮影した写真を比較して、変光星を探した。

レヴィットは、ケフェウス型変光星の周期性を解き明かすことで大発見へとたどり着く。探検家フェルディナンド・マゼランが南半球の航海で道しるべとして使った星の〝雲〟、小マゼラン雲と大マゼラン雲を苦労して調べたところ、その中に何十個もの新たなケフェウス型変光星が見つかった。この比較的小さな領域にある恒星は、地球から見ておおよそ同じ距離にあると考えられる。したがって、その中で飛び抜けて明るい恒星は、他に比べて絶対光度が大きいことになる。レヴィットは、数多くのケフェウス型変光星の光度、すなわち等級Mを時間に対してプロットし、そこから著しい相関性を読み取った。光度が大きいほど（等級が高いほど）、光度の極大間の周期が長かったのだ。一九〇八年と一二年に発表した論文では、この規則が宇宙のどこにあるケフェウス型変光星にも当てはまることが示されている。こうしてレヴィットは、宇宙の距離を測る相対的な物差しを天文学にもたらした。今では、観測者にとって見かけの明るさがどうであれ、周期が同じケフェウス型変光星は同じ固有光度を示すことが分かっている。ほぼ同じ周期を示す二個のケフェウス型変光星が天空の違う場所に発見され、一方がもう一方の四倍の明るさに見えたら、光の伝播の逆二乗則から、その恒星は二倍遠くにあることになる。

レヴィットの発見を受け、デンマーク人天文学者のアイナー・ヘルツシュプルングを先頭に何人かが、視差法を使って近くのケフェウス型変光星までの実際の距離を決定した。ヘルツシュプルングのやり方はとても巧妙だった。一八世紀の偉大な天文学者ウィリアム・ハーシェルは、太陽と太陽系が天の川銀河の渦状腕の中を移動していることを発見していた。そしてのちの天文学者がその速さを、一秒あたり約一九〇キロメートル、一年あたり六〇億キロメートルと決定していた。ヘルツシュプルングは、この太陽系の運動を三角測量の基準に見立て、銀河系内のケフェウス型変光星までの距離を測定した。そして、レヴィットが見いだした周期と絶対光度との関係を使って、小マゼラン雲までの距離を三万光年と算出した（実際には約二〇万光年）。こうして天文学者は、レヴィットの作った相対的な物差しを較正し、絶対的な目盛を手にした。近くにケフェウス型変光星があったおかげで、夜空に見えるどんな天体までの距離も決定できるようになったのだ。

ハッブルと現代的な望遠鏡

宇宙の大きさと、宇宙は静的か動的かという、天文学上の二つの論争に最終決着をつけたのが、アメリカ人天文学者のエドウィン・ハッブルだった。一九一九年、ドイツの戦後占領軍への従軍を終えたハッブルは、カリフォルニア州パサデナにあるウィルソン山天文台にやってきて、完成間もない世界一強力な二・五メートル（一〇〇インチ）フッカー望遠鏡を使って夜空の観測を始めた。実は、二〇世紀前半にアメリカで光学望遠鏡が急速に進歩したこと自体、興味深い話の題材であって、そこには天空に注目した大富豪どうしの競争も絡んでいた。ガリレオなら腰を抜かしたはずのそのような強力な装置がなかったら、宇宙の大きさ、年齢、起源に関する天文学的な大論争が解決することはなかっただろう。

戦前、シカゴ近郊のヤーキス天文台で博士研究をしていたハッブルは、メシエの星雲の入念な研究を始め、それらを銀河内と銀河外に分類しようと試みたことで、早くも宇宙の大きさを巡る論争に首を突っ込んだ。そして大小マゼラン雲は銀河系外の構造である可能性が高いと考え、強い興味を示した。ハッブルが刺激を受けたケフェウス型変光星に関するレヴィットの研究は、宇宙がわれわれの銀河だけでは終わらないことを暗に意味していた。ヤーキスの一メートル（四〇インチ）望遠鏡で研究を進める間もハッブルは、集光能と分解能がさらに高い大型望遠鏡を使えばもっと多くの情報が得られるのにと考えていた。

一九一九年にウィルソン山へやってきたハッブルは、ある意味で孤立していた。そこにいる他の天文学者のほとんどは、天の川銀河が宇宙全体であって、その外側に意味のある構造は存在しないという考えを支持していた。実際、ハッブル就任の何カ月か後、ウィルソン山に所属するさらに野心的な天文学者の一人、ハーロー・シャプリーがワシントンへ向かい、ヒーバー・カーティス相手に単一銀河説を主張したのだった。

有能な天文学者であるシャプリーは、一九一八年に天の川銀河（宇宙全体と考えていた）の大きさを測定し、有名人に近い立場を手にしていた。ケフェウス型ともう一つ別のタイプの変光星を標準光源として使い、銀河系の大きさを、大方の予想の一〇倍に相当する三〇万光年と算出したのだ。今では、シャプリーの値は三倍間違っていたことが分かっている。われわれの銀河の直径はおよそ一〇万光年だ。計算違いの原因の一つが、当時は重要視されていなかった星間塵が観測の邪魔をしたことだった。シャプリーは、天の川銀河が宇宙全体であるという考えに合わせ、明るい星雲は銀河内に位置するガスの雲が輝いているものだと主張した。

ハッブルは反論した。一九二三年にアンドロメダ星雲の中にケフェウス型変光星を発見し、シャプリー本人の方法を使って、この星雲は天の川の端よりもずっと遠い一〇〇万光年近い距離にあることを発見する。現在では、アンドロメダ星雲までの距離は二〇〇万光年であることが分かっている。しかハッブルの計算により、アンドロメダ星雲は何百億という恒星からなるれっきとした銀河であって、天の川銀河の一部分やそれに伴う構造にしては遠すぎることが明らかとなった。ハッブルは少なくとも一年間は発表を控え、結論が正しいかどうかチェックを繰り返した。ハーヴァードへ移っていたシャプリーにも、手紙で研究結果を知らせた。シャプリーはその結論に異議を唱えたが、最後には負けを認めざるをえなくなる。世界一の望遠鏡を使ったハッブルの入念な研究によって、メシエが列挙した〝星雲〟の多くが実際には遠くの銀河であることが明らかとなったのだ。

膨張する宇宙

コペルニクス的革命が再び起こった。地球が宇宙の中心でなかっただけでなく、地球を含む銀河も、誰もが想像していたより膨大な何百万という銀河の一つにすぎなかったのだ。しかしハッブルの活躍はまだ終わらなかった。一九二八年には新たな問題へ移り、宇宙は静的か動的かという論争の核心へと切り込む発見をする。

天文学者はすでに、星雲――今では〝銀河〟と呼ばれている――の多くが発する光が本来より赤いことに気づいていた。その赤さの原因として一番に考えられたのが、電磁波スペクトルの赤い側にずれるドップラー偏移であり、もしそうだとすれば、数々の銀河は地球上の観測者から遠ざかっていることになる。ハッブルは助手が撮影した四六個の銀河の写真乾板を解析し、そのうち半数の、ケフェウス型変光星か超新星を含む銀河までの距離を求めていた。[*2]

写真乾板に記録された赤方偏移から判断して、アンドロメダなどいくつかの近くの銀河を除き、すべての銀河が地球から猛スピードで遠ざかっているようだった。ハッブルはすぐにある重要なことに気づく。遠い銀河ほど速く遠ざかっている。それだけでなく、距離と速さの間には直線関係があって、銀河の速さ、あるいはスペクトルの赤方偏移の程度が分かれば、地球からの距離を簡単に計算できる。速さを距離で割ると、どの銀河でも、一〇〇万パーセクあたり秒速一五〇キロメートルという同じ値が出た（一パーセクは三・二六光年）。これは、銀河の後退速度と地球からの距離とを結びつける比例定数で、まもなく〝ハッブル定数〟と呼ばれるようになった。[*3]

地球から遠い銀河ほど速く遠ざかっていて、その速さは距離に比例する。この単純だが驚くべき事実から、きわめて興味深い二つの帰結が導かれた。一つ、宇宙は膨張している。画期的な発見だった。データによれば、アインシュタインをはじめ多くの人が信じていたのとは違い、宇宙は静的で永遠のものではなかった。時計の針を逆に戻したとすると、銀河は急激な速さで互いに近づいてきて、中心に集まってくる。つまり、宇宙は点から始まったのであって、時刻ゼロには密度無限大の物質が体積ゼロを占めていたことになる。ルメートルの言った原初の原子は正しかったのだ！

第二の帰結として、この比例定数によって方程式に時間を組み込むことが可能となった。ハッブルの計算では、宇宙の年齢は約一八億年となった。つまり、爆発によって宇宙が膨張をはじめたのが一八億年前だということになる。この計算値はかなり的外れだ。現代の観測と計算によれば、宇宙の年齢は一四〇億年に近い。しかしハッブルの計算は第一近似であって、宇宙の正しい年齢が導き出されるまでには、何十年もの年月と新たなデータが必要だった。

ハッブルの発見の知らせは、すぐにアインシュタインのもとにも届いた。以前にアインシュタインは不本意ながら、宇宙を静的で永遠のものにするため、宇宙定数というつじつま合わせを導入していたのだった。しかし突如として、宇宙定数は必要なくなった。フリードマンによるアイ

＊2　ケフェウス型変光星による物差しの正しさは、ある種の超新星によってさらに裏づけられた。それら爆発する恒星の固有光度はすべて同じだと考えられ、見かけの明るさからいとも簡単に距離を計算できた。

＊3　この値はハッブルの時代から今日までに何度も下方修正されていて、ハッブル宇宙望遠鏡による最良の測定値は、一〇〇万パーセクあたり秒速七一キロメートルとなっている。

ンシュタイン方程式の解が示すとおり、宇宙は実は動的であって膨張していた。アインシュタインが宇宙定数を〝わが最大の失敗〟と言い切ったのは、このときであった。一九三一年にカリフォルニアを訪れたアインシュタインは、ウィルソン山で記者に対し、静的で永遠の宇宙という考えはすでに棄てていて、膨張宇宙モデルがこの宇宙を正しく説明していると思っていると語った。ハッブルのデータがアインシュタインに勝ったのだ。

宇宙がとてつもない大きさであることが裏づけられたときと同じく、膨張する宇宙という概念と、その帰結として宇宙が激しい誕生を経験したという事実は、天文学と宇宙論にとって一つの革命だった。どんなパラダイムシフトでもそうだが、このときも科学界の主流にはなかなか受け入れられなかった。

一つの理由として、アインシュタインは宇宙定数を放棄したものの、エディントンやルメートルなどはまだ宇宙定数を含むモデルを考えていた。それどころか、今日ではその考え方が復活を見せ、多くの宇宙論学者が宇宙定数を、真空エネルギー、すなわちダークエネルギーと同等のものとして考えている。また、新たな膨張宇宙モデルに対する重大な批判の的となったのが、ハッブルの膨張則から決まる宇宙の年齢がわずか一八億年だという点だった。この値は、恒星の進化の研究から決定された宇宙の年齢の三分の一以下で、また地球上で発見されている最古の岩石の年齢の半分ほどだった。エディントンはこの厄介な問題に取り組み、宇宙は初めの頃〝ぐずぐず段階〟を経たのだと提唱した。このモデルを表わすエディントンの方程式には宇宙定数が含まれていて、その影響で宇宙の初期の膨張が遅くなり、それによって、宇宙の年齢が恒星の研究や地質学による証拠と一致するようになる。

この宇宙年齢問題のせいもあって、宇宙論学者の中には、膨張する宇宙という新たなパラダイムに嫌悪感を示す者もいた。オックスフォード大学の天体物理学者アーサー・ミルンは、宇宙はルメートルの言う原初の原子や、フリードマンの計算による特異点の爆発によって始まったのではなく、ハッブルの観測した銀河の高速な後退は、銀河のランダムな運動によるものだと説いた。天文学者のフリッツ・ツヴィッキーは、銀河の運動は錯覚だと考え、逃げようとする光を銀河の重力が引き戻すことで赤方偏移が起こるとする〝光の疲労理論〟を提唱した。しかし、それではハッブルの発見した原子スペクトルの大きな赤方偏移を説明できず、この理論はすぐに否定される。一方、アインシュタインと同じく新たなモデルに同調したエディントンは、膨張宇宙の考え方をさらに推し進めた。一九三三年には『膨張する宇宙』という一般書を発表し、将来、ハッブルの観測に基づいてより大型の望遠鏡が建設され、宇宙が確かに膨張していることが裏づけられるだろうと語った。

元素の構築とＣＭＢの予測

現在の宇宙における各元素の存在量は、きわめて偏っている。ヘリウム原子一個あたり水素原子が約一〇個存在し、残りの元素はごく微量だ。例えば、水素原子一万個あたり酸素原子はわずか六個、炭素原子（生命のもと）は一個しかない。鉄、ウラン、水銀、カルシウムといった他の元素は、炭素よりさらに少ない。宇宙論学者たちは、膨張宇宙とビッグバンのモデルを使ってこの元素の進化を説明できたのだろうか？

一九三四年にソ連からアメリカへ移住した創造力溢れる物理学者、ジョージ・ガモフは思いついた。水素からヘリウムを作るのに必要な核融合プロセスは、宇宙誕生当時の超高熱によって始まったのかもしれないと。ルメートルは原初の原子の放射性崩壊によってすべての元素が作られたと考えていたが、ガモフはそれに強く反対した。もしそうだとすれば、現在の宇宙には、鉄など周期表の中頃に位置する元素ばかりが見られることになり、現実とは明らかに食い違うと判断したのだ。

そしてガモフは、ルメートルの言う原初の原子とは対照的に、宇宙の始まりは水素と放射に支配されていたと提唱した。初期宇宙がおもに水素だけからできていたとすると、この最も軽い元素からヘリウムへの核融合が容易になると考えたのだ。物理学者のフリードリヒ・（フリッツ）・ハウターマンとハンス・ベーテの論文を調べたガモフは、恒星の内部は水素原子が核融合してヘリウムが生成するほど温度が高くないと信じた。水素からヘリウムへの核融合は宇宙の誕生のときに起こったはずで、そのときの多量の熱によって元素を作り出すメカニズムが効率よく進み、そうして現在の宇宙に見られるような元素比になったに違いない。ヘリウムと水素との比だけでなく、それらの構成成分の量も、宇宙誕生から膨張まで全歴史を通じて一定だったはずだ。この考え方は今では、〝バリオン数の保存〟と呼ばれている。つまり、宇宙誕生以来、バリオンは生成もしていないし消費もされていない。*4 ガモフは宇宙誕生のときまで時計の針を戻し、初めにあった宇宙のスープの温度を計算して、その超高温状態では現在の宇宙に見られる量の水素とヘリウムが自然と生成することを明らかにした。

一九四四年にガモフは、数学に秀でたラルフ・アルファーという学生を取った。二人は三年にわたる研究の末、宇宙誕生から数分のうちに水素からヘリウムが生成したことを、納得のいく形で証明した。宇宙は最初の爆発によって膨張しているという考え方を後押しする、きわめて重要な結果だった。水素とヘリウム、つまり宇宙に存在する全原子の九八パーセント以上を説明したことになる。

しかし一つ厄介な問題が残っていて、それが膨張宇宙モデルにとって汚点となっていた。もっと重い元素の由来を説明できなかったのだ。核融合によって原子核に陽子と中性子がつけ足されていくと、〝核子〟五個からなる原子核へ行き着く（核子とは、原子核の中にある陽子と中性子をまとめて指す言葉）。しかし核子五個の原子核は、強い相互作用の性質のために安定でない。核子四個と六個との間に開いたこの不安定性の裂け目は、階段を登っていたら一段抜けていたよ

*4　バリオンはクォーク三個からなる粒子のことで、陽子と中性子はバリオンに含まれる。

うなものだ。どうにかして不安定な核子五個の原子核を飛び越え、もっと重い元素へたどり着かなければならない。しかしどうやって？　この問題は一〇年近く解決できなかった。

第二次大戦が終わってまもなく、アルファーの研究にロバート・ハーマンが加わり、ガモフは才能豊かな二人の若手研究者の指導教官となった。三人は初期宇宙における水素＝ヘリウム核融合の計算を改良したが、やはり核子五個の障害は乗り越えられなかった。しかしアルファーとハーマンは研究の途中で、宇宙論の歴史の中でも最も重要なものに数えられる予測をする。二人の目に映った宇宙誕生の様子によれば、爆発からおよそ四〇万年後、宇宙が十分に〝冷え〟（三〇〇〇Kといまだ焼けつくような温度だが）、自由陽子と電子が結合して安定な水素原子が生じ、光が解放された。[*5] 初期の宇宙はおもに水素と放射からなっていたという、ガモフのもともとの考えを彷彿とさせた。アルファーとハーマンは、この短い期間に対して誤った呼び名をつけた。〝再結合期〟という名前だが、実際にはこのとき初めて陽子と電子が結合して水素原子が生成した。爆発による宇宙の誕生以来もっとも重要なこの時期には、〝最終散乱面〟というもっと詩的な呼び名もある。陽子と電子が結合するまで、高温のプラズマを構成する陽子と電子によって、放射は激しく散乱されて身動きが取れず、不透明な宇宙の霧を作っていた。その後、温度が十分に下がり、陽子と電子が結合して水素が生成すると、光子の散乱は収まった。そして光が解放されて自由に動けるようになり、宇宙は透明になった。

アルファーとハーマンは一九四八年の論文で、次のような劇的な予測を示した。光が宇宙全体を自由に動けるようになったとき、放射の名残が生まれ、それは現在でも実際に検出できるだろう。ビッグバンから約四〇万年後に解放されたその赤外線は、それ以降に空間が一〇〇〇倍以上引き伸ばされたせいで、大きく赤方偏移しているはずだ。現在その放射を探せば、マイクロ波として見つかるだろう。そしてこの放射——宇宙マイクロ波背景放射（ＣＭＢ）——は、至る所に存在するに違いない。

とてつもなく重要な考えで、それにより最終的に、宇宙は突然誕生して膨張してきたことが確認されることとなる。しかし、時代を先取りしすぎていた。アルファーとハーマンは宇宙論の主流派に無視され、誰もＣＭＢ放射を検知しようとはしなかった。二人とも一九五〇年代半ばに学問の世界を離れ、産業界に身を移す。プリンストン大学の天文学者ジム・ピーブルズが再発見し、ＣＭＢのアイデアが復活するのは、何年も後のことだった。

定常宇宙（あるいは動じない政治家）

一九四〇年代後半、膨張宇宙という新たなモデルは、三人のイギリス人宇宙論学者から手厳し

＊5　ケルヴィン温度目盛は一九世紀半ばにケルヴィン卿（ウィリアム・トムソン）が考えたもので、極低温の測定に役立つ。絶対零度（０Ｋ）は宇宙で最も低い温度で、摂氏マイナス二七三・一五度に相当する。水の融点は二七三・一五Ｋ（摂氏〇度）、沸点は三七三・一五Ｋ（摂氏一〇〇度）。

い攻撃を浴びる。トーマス・ゴールド、ハーマン・ボンディ、フレッド・ホイルが、すでに主流となっていた膨張宇宙信者に対して反撃を始め、思い切った仕掛けで永遠の宇宙という考えを復活させたのだ。

　ボンディ、ゴールド、ホイルは、宇宙は定常状態（ステディー・ステート）にあると論じた――そのため、宇宙論学者の間では冗談交じりに〝動じない政治家（ステディー・ステーツマン）〟（あるいは〝定常状態男（ステディー・ステーツ・マン）〟）と呼ばれていた。三人は魅力的な説として、観測どおり銀河が互いに離れつつあっても、宇宙は永遠で本質的に不変だと説いた。銀河の間の空隙で絶えず物質が生成していて、銀河が互いに離れていくにつれ、空いた空間に新たな銀河が生まれるというのだ。銀河が絶えず生まれているので、宇宙は〝定常状態〟にあり、宇宙の始まりというものを考える必要はない。

　この理論は、当時のあらゆる重要な天文観測結果、とりわけハッブルによる赤方偏移の観測結果と一致したため、すぐに膨張宇宙説の有力な対抗馬となった。特異点から宇宙全体が突如出現したと考えるくらいなら、物質が絶えず生成していると言う方がまだ説明がつくと、三人は主張した。物質が絶えず生成している原因は説明できないが、それがどうしたというのか？　ライバルたちも同じく、宇宙誕生時の爆発の原因を説明できないではないか、と。

　定常状態説にはいくつか興味深い面があって、中には検証可能なものもあった。その一つとして、ゴールドはアインシュタインの宇宙原理を拡張し、〝完全宇宙原理〟というものを仮定した。宇宙が等方的で一様だというだけでなく、宇宙の発展のうちどの時期を採り上げても、他のあらゆる時期と同じであるという原理だ。[*6] この原理を自然な形で当てはめたのが定常状態宇宙で、もしこの原理が正しいとしたら、定義上、爆発にせよ何にせよ創造の瞬間というのは認められない。

二つ目の側面として、銀河間での物質の連続生成を数学的に記述するため、ホイルは〝C場〟（〝生成〟場）というものを仮定した。この場はかつてのエーテルのように宇宙全体に広がっていて、ひとりでに物質を生成する。[注1][*7] ホイルの式によれば、都市の何ブロックにも相当する体積の中で一世紀あたり原子が一個生成する――原始の爆発に比べればとてつもなく遅い。

ホイルはまた、定常状態モデルを検証する方法も提案した。至る所に広がるC場から銀河が誕生しているとしたら、地球の近くから最も遠いところまで、宇宙全体には新しい小型銀河が一様に分布しているはずだ。それに対し、時刻ゼロの瞬間に物質が生まれたとする爆発宇宙モデルでは、銀河は均一には分布しない。最も古い赤ちゃん銀河が最も遠くにあり、さらに、きわめて初期の宇宙では銀河は形成されなかったので、ある年代より先には銀河は見られないはずだ。一九四〇年代から五〇年代には十分に強力な望遠鏡がなく、どちらのモデルが正しいかを確認できる

*6　等方的とは、どちらの方向を見ても宇宙は同じに見えること、一様とは、どこにいる観測者にとっても宇宙は同じに見えることを指す。
*7　今から考えれば、ホイルの定常状態モデルには現代のインフレーションモデルとかなりの共通点がある。しかし、初期宇宙におけるインフレーション期はきわめて短時間しか続かなかったので、創造場を持ち出す必要はない。

ほど時間を遡れなかったので、これは純粋に理論上の問題だった。

　どちらの陣営も議論に熱くなり、ときには敵意を煮えたぎらせて個人攻撃に成り下がることもあった。ローマ教皇ピウス一二世が神の存在の証拠として爆発宇宙モデルを支持すると、無神論者として知られるホイルは激怒した。そして、科学と宇宙論をだしに神の存在を説こうとし、しかも太陽中心説を信じたガリレオをいまだに赦していないとして、ヴァチカンを激しく非難した。[*8]さらに、神を認めないソ連も論争に首を突っ込んできた。創造者という考えを広めたくないソ連当局は、定常状態モデルの側についたのだった。

　天文学者が爆発宇宙モデル——より正しく言えば動的進化モデル——を支持する確かな証拠を見つけ、動じない政治家たちが打ち負かされるまでには、一〇年以上の歳月が必要だった。その間に、話術に長けたホイルは、図らずも爆発宇宙モデルに印象的な名前を与える。一九五〇年、BBCの有名なラジオ番組『ザ・ネイチャー・オヴ・シングズ』の中で、新たな宇宙論モデルを批判して、〝大き（ビッグ）なバン！〟とバカにしたのだ。

電波天文学による解決

　一九三〇年代以降、技術の進歩によって研究対象が広がり、望遠鏡は可視光を捕らえるだけでなく、電磁波スペクトルの全領域を利用できるようになった。いまや光学望遠鏡に加え、電波望遠鏡、赤外線望遠鏡、X線望遠鏡もある。第二次世界大戦中には、電波技術をもとにレーダーが発明され、イギリスはナチスの爆撃に反撃できるようになった。戦時中にイギリスでそのレーダーを研究していた何人かが、戦後、残った部品を使って電波天文学を立ち上げる。

その一人が、ケンブリッジ大学のマーティン・ライルだった。ライルは、何台もの電波望遠鏡を連動させて信号をより正確に分解する、干渉法という技術を使って天文観測をおこなうことを思いついた。そしてその新たな道具を使って、若い銀河は遠くにしか存在しないのか、あるいは比較的近くにも存在するのかを調べることで、定常状態モデルとビッグバンモデルのどちらが正しいのかを見きわめようとした。幸いなことに、若い銀河は強い電波を発するという性質を持っている。

何千もの電波銀河を調べた結果、若い銀河は天の川銀河よりはるか遠くにしか見つからず、ビッグバンモデルを裏づける結果が得られた。ホイルは反撃し、ライルの観測結果は誤差だらけで、統計解析も間違っていると主張した。しかしライルは結果の正しさを断固主張し、オーストラリアのグループによる南天の電波観測データによっても独立に確認されたと力説した。

一九六三年、アメリカ人天文学者のマーテン・シュミットが宇宙のかなたに〝恒星状電波源〟、いわゆる〝クエーサー〟を発見したことで、定常状態モデルはさらに不利な立場に追い込まれる。

＊8　一九九二年にようやく、教皇ヨハネ・パウロ二世がガリレオを公式に赦し、地球が太陽の周りを回っていると主張したガリレオとコペルニクスは正しかったと認める。

ほどなく電波天文学者たちによっていくつものクエーサーが発見され、そのどれもが宇宙の果てにあるように思われた。それらははるか昔の時代の名残であって、ビッグバン理論と進化する動的な宇宙に有利な証拠となった。こうして宇宙論学者たちは定常状態説から足を洗い、動じない政治家たちの主張は崩れはじめていった。

宇宙論の新たな標準モデルの決着

定常状態モデルに対する最後の一撃となったのが、一九六四年、ベル研究所ホルムデル拠点で働いていたアーノ・ペンジアスとロバート・ウィルソンによる、宇宙マイクロ波背景放射（ＣＭＢ）の発見だった。やはり電波天文学に基づくこの驚くべき発見によって、一六年前のアルファーとハーマンの予測が確認された。ビッグバンから約四〇万年後に最終散乱面から溢れ出た光の残光が、もともとの光の名残として実際に見つかったのだ。*9 それによって、宇宙が爆発によって始まったという考えは、その勝利を確実なものとした。

フレッド・ホイルは、新たな協力者とともに死ぬまで定常状態モデルを守りながら改良しつづけたが、図らずもビッグバンモデルに欠けていた最後のピースをはめるのに手を貸すこととなる。宇宙で重い元素がどのように形成されたのかという問題だ。初期宇宙の原初のスープから水素とヘリウムが生まれたことは、ジョージ・ガモフによって明らかとなっていた。しかし、われわれの体を形作る炭素は？　地球の核の中にある鉄は？　ホイルは、ヘリウムより重い元素はすべて、宇宙誕生からはるかのちに恒星の核燃焼によって形成されたと考えた。そして、炭素12の励起状態、すなわち〝共鳴状態〟というものが存在し、それが崩壊することで安定な炭素原子核が生成して、元素生成のプロセスが進んだのだと提唱した。[注2]生命が存在し、生命は炭素をもとにしているのだから、それを作り出す炭素12の励起状態も存在していなければならない、そうホイルは力説した。[*10]

一九五三年当時、そのような炭素共鳴状態は実験的に発見されていなかった。ホイルは、炭素12の原子核において七六〇万電子ボルトというエネルギーでそれは見つかるはずだと予測した。そしてカリフォルニア工科大学を訪れた折、核物理学者のウィリアム・ファウラーに、実験室でその共鳴状態を探してほしいと説得する。ファウラーのチームが渋々ながら実験をおこなってみると、驚いたことに、ホイルの予測からわずか数パーセント高いエネルギーに共鳴状態が見つかった。[注3][*11]重い元素はビッグバンによって生成したのではなく、何百万年ものあいだ繰り返し恒星が生まれ、核燃料を燃焼させ、超新星として爆発死を遂げる中で作り出されてきたのだ。

＊9　ＣＭＢがどんなものかを理解できたところで、テレビをつけ、ザーという音を立てるスノーノイズの画面を出せば、いつでもＣＭＢを見ることができる。

＊10　炭素12の励起状態が存在するという予測をもとに、物理学者たちは最近になって〝人間原理〟というものを提唱している。宇宙は、われわれが存在できるよう制約条件と物理的事象をきめ細かく調節しているという説だ。第六章と第八章を参照のこと。

アインシュタインやホイルと同じように多くの人は、静的で変化せず永遠に続く宇宙の方が美しく合点がいくと感じていたが、激しいビッグバンモデルは、ある昔からの問題をとても満足できる形で解決してくれた。早くも一六一〇年にヨハネス・ケプラーが、なぜ夜空は暗いのかという問題を考えていた。一八二三年、この疑問をはっきりした形で提起したのが、ドイツ人天文学者で医師でもあるハインリッヒ・ヴィルヘルム・オルバースだった。もし宇宙の大きさが無限だとしたら、夜空は光で溢れているのではないか、そうオルバースは考えた。今では〝オルバースのパラドックス〟と呼ばれている疑問だ。つまり、もしわれわれが無限の宇宙の中に住んでいるとしたら、無限の数の恒星や銀河から無限の量の可視光が放射され、見える夜空はとても明るくなるはずだ。しかし、正しいことがほぼ明らかになっていたビッグバンモデルによれば、宇宙は有限で、はっきりした始まりがあり、おそらくいつか終わる。定常状態モデルと違い、物質が絶えず生成することもない。宇宙が一四〇億年近く前に始まったとすれば、光速は有限なのだから、銀河の光がここ地球に住むわれわれのもとへと届く時間も有限のはずだ。したがって、有限の宇宙は有限量の光しか放射しないことになる。

現在の物理学者は、膨張する一様で等方的な宇宙のビッグバンモデルを、おもな考案者であるフリードマン、ルメートル、ロバートソン、ウォーカーの頭文字を並べてＦＬＲＷモデルと呼んでいる。フリードマンとルメートルによる最初の研究ののち、アメリカ人物理学者のハワード・パーシー・ロバートソンと同僚のイギリス人数学者アーサー・ジェフリー・ウォーカーが、ロバートソン＝ウォーカー計量と呼ばれるようになる、アインシュタインの場の方程式の厳密解を見つけた。このロバートソン＝ウォーカー時空計量は、アインシュタインの理論だけでなくどんな動的な重力理論にも依存していない。

ビッグバンモデルの証拠は今でも増えつづけていて、とくに、最近の宇宙背景放射観測衛星（COBE）やウィルキンソン・マイクロ波異方性探査衛星（WMAP）によってデータが集められている。これらの探査機によって、宇宙マイクロ波背景放射に刻まれた宇宙のきわめて初期の時代の様子が詳細に分かってきた。しかしのちほど述べるように、現代の一部の宇宙論学者のあいだでは、永遠に循環する宇宙が再流行を見せている。

＊11　この研究によってファウラーは一九八三年にノーベル賞を受賞したが、予測をおこなったホイルは選ばれなかった。しかし、この名高い炭素原子の状態はやがて〝ホイル共鳴〟と呼ばれるようになる。

第四章　ダークマター

アインシュタインがノーベル賞を受賞し、その過激で新たな重力の概念が広く受け入れられるようになってから一〇年ほど経った頃、銀河団内の銀河の運動に関する厄介なデータが次々と得られはじめた。アインシュタインの重力理論にもニュートンの重力理論にも合わないデータだ。そこで天文学者や物理学者は、理論に疑いを抱くのでなく、予想より強い重力が実際に観測されていることを説明するために、奇妙な〝ダークマター〟という存在を仮定した。

一九世紀の未発見惑星ヴァルカンのときと同じく、現在おおかたの天文学者や物理学者は、ダークマターが実際に存在すると考えている。誰も目にしたことのないダークマターだが、ビッグバンを含む、広く認められた物理学と宇宙論の標準モデルに組み込まれている。

ダークマターとはいったい何もので、なぜ一般的な宇宙論モデルに欠かせないものとなったのかを理解するには、銀河や銀河団の発見の歴史に触れておかなければならない。

銀河と銀河団の発見

一七七九年四月一五日の夜、フランス人天文学者のシャルル・メシエが、太陽系内を旅しながらおとめ座からかみのけ座へゆっくりと移動する一七七九年彗星を観測していた。天文学の歴史ではたびたび起こったことだが、この夜メシエも、思っていたのとは違うものを夜空に見つける。動いていないように見える暗くぼんやりした天体に煩わされ、彗星の観測から気を逸らしたのだ。結局、一〇九個の動かない光のしみを見つけるが、そのうち一三個がおとめ座とかみのけ座の境界にあった。これらの天体は、現在、銀河と超新星残骸のメシエ・カタログと呼ばれるものにまとめられている。メシエはまた、現在、かみのけ座銀河団と呼ばれている、地球に最も近い大銀河団を発見して命名した。

それから数年後、兄妹天文学者ウィリアム・ハーシェルとキャロライン・ハーシェルが、イングランドにある自宅の裏庭でメシエの〝ぼんやりした天体〟探しに乗り出す。改良された望遠鏡のおかげで二〇〇〇以上の天体が見つかり、メシエのかみのけ座銀河団の中だけでも三〇〇を数えた。メシエやハーシェル兄妹が観測した銀河は、何百万個という恒星からできていて、望遠鏡で見るとぼんやり広がって見えた。銀河が恒星の集合体であるのと同じように、銀河団は銀河の集合体だ。宇宙の階層構造の中で、銀河団は宇宙全体の一段下の階層に位置する。したがって、銀河団を調べることは、宇宙を外から見るようなものだ。銀河団には年齢も種類もさまざまな恒星や銀河が含まれていて、宇宙全体の物質の一断面と言える。そして銀河団はとても大きなスケールで重力によりまとまっているので、その進化、歴史、構造からは、宇宙全体の進化の手掛かりが得られる。

一九三三年、アメリカ人天文学者のハーロー・シャプリーが二五個の銀河団を列挙した。一九五八年には、カリフォルニア工科大学のジョージ・オグデン・エイベルが、パロマー望遠鏡掃天観測に基づく二七一二個の銀河団のカタログを発表した。この北天観測を補う南天観測によってさらに一三六一個が追加され、改訂されたエイベル・カタログには、今では四〇七三個の銀河団が掲載されている。現在、写真観測によっておよそ一万個の銀河団が発見されていて、最新の観測技術とハッブル宇宙望遠鏡のおかげでその数は増えつづけている。宇宙がいかに広大であるかを物語る数字だ。

ダークマターの登場

現代のダークマターの物語は、一九三〇年代に幕を開ける。かみのけ座とおとめ座の銀河団を研究していた天文学者のフリッツ・ツヴィッキーとシンクレア・スミスは、ドップラー偏移を使って銀河団内の銀河の速さを測定した。すると驚いたことに、銀河団が安定な天体として姿を保つとした場合に重力理論から予想される速さより、はるかに高速で動いていることが分かった。

銀河団の質量が大きいほど、それを一つにまとめる重力は強くなる。銀河団の質量は、目で見える銀河とガスの質量をすべて足し合わせることで見積もられる。端にある銀河が銀河団全体の重力に打ち勝って脱出するときの速さを理論的に計算したものを、〝脱出速度〟という。ロケットがある速さを超えると地球の重力に打ち勝つのと同じだ。[注1] したがってこの脱出速度は、銀河団が安定に保たれるときの、銀河の移動速度の上限値と解釈できる。かみのけ座とおとめ座の銀河団では、計算された銀河の脱出速度に何か重大な間違いがあったのだ。

ツヴィッキーとスミスの計算によれば、銀河団の外縁にある銀河は重力に打ち勝って一つずつ離れていき、かみのけ座銀河団もおとめ座銀河団も推定寿命よりはるか以前にばらばらになっているはずだった。銀河団の質量は中心から外側へいくにつれ直線的に大きくなっているように見え、この系が安定に保たれるには、その全質量が、目で見える銀河とガスから算出した値より何倍も大きくなければならない、そう二人は判断した。

ツヴィッキーは、この厄介な問題を回避して銀河団の安定性を説明するために、銀河団の中心付近に〝ダークマター〟というものが球形に集まって存在しているのではないかと提唱した。そう考えれば、ニュートンの重力法則に従って一個一個の銀河が感じる重力が強くなり、脱出速度が大きくなって、銀河団が観測どおり長いあいだ存在できるようになる。この提案をきっかけにツヴィッキーは、宇宙には〝見えない質量（ミッシングマス）〟が存在していて、それは望遠鏡による観測では見つけられないが、重力によって検出できるはずだと考えるようになった。決して、ニュートンの重力理論に欠陥があるなどと提案することはなかった。

銀河団

銀河団は大きな天体で、その直径は何百万光年にも達する。中でもとくに大きいものは〝超銀河団〟と呼ばれる。あまりに大きいため、一個一個の銀河の運動を正確に測定してその速度を求めるのは難しい。さらに、銀河団の中で銀河は均一に分布していない。中心にある質量の周りを惑星や恒星が公転する、太陽系や銀河のような束縛系とは違い、銀河団は、物理学で言うところの自己重力系を形成している。銀河団内の銀河の運動を解析するには、平均の運動エネルギーと位置エネルギーの推定値から平均の速さを割り出す、〝ビリアル定理〟と呼ばれる平均化の方法を使う。この方法を使えば、平衡状態にある系をニュートンの重力理論によって記述でき、多くの銀河団について、銀河の速さと、銀河団を安定させるのに必要なダークマターの量を、比較的高い精度で推定できる。

一九七〇年、アメリカの新たな観測衛星ウフル——スワヒリ語で〝自由〟を意味する——がケニアから打ち上げられた。それまで天文学では対象とされていなかったX線を観測する衛星だ。

マサチューセッツ州にあるアメリカン・サイエンス・アンド・エンジニアリングという小さな企業に属する天文学者、エドウィン・ケロッグ、ハーバート・ガースキー、そして何人かの共同研究者は、ウフルによるかみのけ座とおとめ座の銀河団の観測データを入手し、そこに銀河と同じく大量のガスが存在していることを発見する。水素とヘリウムからなるそのガスは、希薄すぎて可視光では見えないが、高温――摂氏二五〇〇万度以上――のため強いX線を発している。この高温のガスはX線を放射していて、電磁気放射のスペクトル上では〝見える〟ので、未発見のダークマターではありえない。しかし銀河団全体の質量を見積もるには、そのガスの質量を測定する必要がある。

銀河団内の恒星物質の質量を求めるには、銀河の光度質量の値を導かなければならない。つまり、銀河の重さを〝量る〟には、その銀河の中で太陽と同じ強さの光を発する質量がどれだけあるかを推定する。銀河の光度は、その銀河までの距離がどれほど分かっているかに左右されるので、それを見積もる際には慎重にならなければならない。また、どんな銀河にも太陽より暗い年老いた恒星が数多くあるので、銀河の質量は見た目よりずっと重いに違いない。天文学者が銀河の質量を推定するときには、こうした要素も計算に入れる必要がある。

銀河や銀河団には、もう一種類のガスが存在する。拡散ガスと呼ばれるもので、放射では検知できないが、銀河や銀河団の全質量を求めるにはこれも見積もらなければならない。このようなガスは、とても明るいクエーサーのような遠くの天体からの光を吸収し、それによってその質量密度を算出できる。放射スペクトルでなく原子吸収スペクトルの測定によって得られるその観測値から、この拡散ガスの質量は銀河の光度質量の推測値よりはるかに小さいことが分かっている。一方、銀河団に含まれる、X線を放射する高温のガスの全質量は、恒星による光度質量の二から三倍程度に達する。

一九七一年に始まった、おとめ座、ペルセウス座、かみのけ座の銀河団から放射されるX線の衛星観測によって、銀河団内のガスを重力で保持するのに必要な全質量を決定できるようになった。X線を放射する熱源の存在から、銀河団の中にはガスが多量に存在し、天空には高温のガスからなる巨大な〝毛玉〟が散らばっていることが明らかとなった。自己重力によって互いにまとまっている銀河の静力学的平衡からは、銀河団の全質量が決まる。ガスの静力学的平衡は、ニュートン力学の式を使い、天体物理学的圧力による反発と、ガスの質量による引力が釣り合っているとすれば決定できる。こうしたX線観測によって、ニュートン重力理論および、目に見える質量と高温ガスの質量の和が、データと一致しないことが改めて示された。銀河の脱出速度が最大速度の観測値より小さく、銀河団はいずれ蒸発することになってしまうのだ。

今ではほとんどの物理学者や天文学者が、ニュートンとアインシュタインの重力法則を守るには、恒星物質とガスを足し合わせた質量の約一〇倍に相当するダークマターが銀河団には存在しなければならないと考えている。一九三〇年代にツヴィッキーとスミスが得た結論と、基本的に変わっていない。一般的な理論による予測と天文学者による実際の観測結果が、とてつもなく食い違っているのだ。

銀河

銀河団だけでなく銀河そのものについても、ダークマターを必要とさせるような、同様の厄介なデータが出ている。銀河の中心質量の周りを回る恒星の速さは、光を発する物質やガスを構成する原子から放射されるスペクトル線のドップラー偏移から、正確に決定できる。恒星のスペクトル線が赤と青のどちら側にシフトしているかを測定することで、恒星がわれわれに近づいているか遠ざかっているかを判断でき、さらに銀河内での公転速度も求められる。銀河の回転面でわれわれから遠ざかって運動している恒星から発せられる光を望遠鏡で観測すると、スペクトルの赤い方へ向かってシフトして見える。逆に、われわれに向かって運動している恒星からの光は、スペクトルの青い側へシフトする。そのシフトは、膨張宇宙における銀河の〝ハッブル後退〟が引き起こす大きな赤方偏移に比べればはるかに小さいが、それを測定すれば、銀河の回転速度を正確に決定できる。

一九七〇年、オーストラリア人天文学者のケン・フリーマンが〈アストロフィジカル・ジャーナル〉誌に、観測された恒星の公転速度がニュートン力学と一致しないと主張する論文を発表する。銀河には、少なくとも目に見える質量と同程度のダークマターが、検出されないまま存在しているに違いない、そうフリーマンは結論した。

一九八〇年代、アメリカ人天文学者のヴェラ・クーパー・ルービンらが、もっと大規模な銀河の調査を始めた。そしてフリーマンと同じく、ニュートン＝ケプラーの重力法則と、銀河円盤や銀河中心のバルジにある目に見える恒星質量の推測値から求められる本来の速さより、渦巻銀河の実際の回転速度が大きい（〝平坦である〟）ことを発見する。銀河には、目に見える恒星物質の他に中性の水素やヘリウムのガスも含まれているが、それらは、放射スペクトルのうち赤外線の周波数で放射される光を測定する赤外線検出器を使えば観測できる。

銀河内の恒星の運動が速すぎるのがどうして問題なのかを理解するには、銀河の中心にいて、ほぼ円形軌道上を公転している恒星を望遠鏡で見たと想像すればいい。ニュートン力学によれば、円運動をする恒星に作用する遠心力は、中心の質量が及ぼす重力と釣り合っていることになる。ところが、銀河中心にある目に見える恒星物質とガスの量、およびニュートンの重力法則から予測される恒星の公転速度は、ドップラー偏移から導かれる測定値よりはるかに小さいのだ。銀河団に関するツヴィッキーの考察に倣い、ルービンも、銀河の外縁にある恒星の異常な公転速度を説明するために、銀河のコアの周りには未発見のダークマターが球状の大きなハローを形作っているに違いないと提唱した。

ルービンの研究以降、何百もの銀河の公転速度が測定され、表にまとめられてきた。それらのデータを解釈する方法は、二つしかない。まだ観測されていないダークマターが〝本来より〟強い重力場を作っているか、あるいは、ニュートンやアインシュタインの重力法則を修正しなければならないか。

宇宙論とダークマター

アインシュタインの重力理論が正しいと仮定して入念な計算をおこなうと、ビッグバンモデルにおいて、宇宙誕生から数秒後の原子核合成の際に生成する水素とヘリウムの量――陽子やクォークとして宇宙の目に見える物質の九九パーセントに相当する――は、重力理論を修正しなくても宇宙観測データと一致する。したがって、宇宙のきわめて初期には、ダークマターはほとんど役割を果たしていなかったと言える。

しかし宇宙が膨張し、ビッグバンからおよそ四〇万年が経過すると、がらりと様子が変わる。宇宙を構成する物質がすべて目に見えるバリオン物質からできていると仮定すると、最近の正確なＣＭＢ観測データはどれも説明がつかないのだ。そこで宇宙論の標準モデルでも、アインシュタインの重力理論がデータと一致するよう、ダークマターが使われている。しかしもう一つの説明として、第一三章で述べるように、アインシュタインの重力理論を修正するという方法もある。その方法を使えば、初期宇宙の原子核合成の時代に存在した陽子の数が、データと正確に一致する。

ダークマター探し

どんな種類の物質であっても、その存在を証明できるのは、肉眼、望遠鏡、あるいは放射スペクトルにおけるさまざまな振動数を持つ光子放射を検出する装置で〝見える〟ものだけだ。ダークマターは見ることができないので、もしそれが存在したとしても、電荷を持つ通常の物質と違い、光、つまり光子とは相互作用しないと結論するしかない。したがってダークマターは、電子や陽子や中性子といった通常の物質と衝突しても、きわめて弱い相互作用しか起こさないはずだ。そうでなければ、すでに実験室か、あるいは恒星の中の原子が放射するスペクトル線によって、検出できていなければおかしい。

そんな見つけにくいダークマター探しは、今や何十億ドルもの規模の国際的な科学産業となっている。この謎めいたダークマターを追いかける実験物理学者は、通常の物質とのきわめて弱い相互作用によっていずれはダークマターが検出できるだろうと考えている。肉眼や望遠鏡で見えないのは確かだが、高度な実験を使えば、ダークマター粒子が原子核と衝突したときに残す足跡をたどれるかもしれない。このように、ダークマター粒子と通常の物質とのかすかな相互作用を検出できるかもしれないという期待から、手の込んだ実験が数多くおこなわれている。そうした実験には、都市サイズの加速器と地下に設置された検出器が必要だ。イタリア、フランス、イギリス、スイス、日本、アメリカのいくつものチームが、ダークマター粒子を捕らえようと競争を繰り広げている。スイス・ジュネーヴのＣＥＲＮ（欧州原子核研究機構）にある巨大粒子加速器、大型ハドロンコライダー（ＬＨＣ）でも、ダークマター粒子を探す実験がまもなく開始される。

多くの研究室で使われているのが、液体キセノンやゲルマニウム結晶といった高純度物質だ。これを低温に冷却して地下深くに設置することで、地球大気に絶えず衝突している通常の物質粒子から検出器を遮蔽している。弱く相互作用すると考えられているダークマター粒子は、ほとんどの場合、通常の物質と衝突しないで検出器をそのまま通過し、検出されないまま終わるだろう。しかし、稀に原子と衝突するのではないかと、実験家たちは期待している。その原子から原子核がはじき出され、荷電粒子のシャワーが発生することで、検出できるかもしれない。

未発見のダークマター粒子の候補はいくつかあり、複数の研究室がそれらを検出しようと準備を進めている。最有力の一つが、ＷＩＭＰ、〝弱相互作用重粒子〟だ。これは原子核と弱く相互作用し、また少なくとも陽子の数百倍から一〇〇〇倍という大きな質量を持っていなければならない。そうでないとしたら、低エネルギーの原子核加速器実験ですでに観測されているはずだからだ。ＷＩＭＰは〝冷たい〟ダークマターと呼ばれているが、それは、重い粒子は空間中をゆっくり運動し、運動エネルギーが大きくないため、〝温かい〟あるいは〝熱い〟物質を形作らないことによる。

もう一つのダークマター候補が、真空エネルギーの副産物であるアクシオンだ。これはＷＩＭ

Ｐと逆に質量が小さすぎるため、やはりいまだ実験で検出されていない。未発見のダークマター粒子の質量が〝小さい〟とか〝大きい〟というのは、それらが検出器の目をかいくぐる幽霊のような存在だという意味に他ならない。

いっとき人気を集めたさらにもう一つのダークマター候補がニュートリノで、これは、すでに観測されていて存在が知られている唯一の候補だ。ニュートリノは質量が小さく（とは言っても仮想上のアクシオンよりははるかに大きい）、空間中を高速で運動するため、〝熱い〟ダークマター粒子と呼ばれている。ニュートリノがダークマターの一種だと考えられているのは、通常の物質と弱くしか相互作用せず、光子を放射しないためだ。しかし質量が小さく――二電子ボルト未満（電子の質量は五〇万電子ボルト）――推定密度が低いため、ほとんどの研究者は、ニュートリノでは銀河や銀河団に必要な大量のダークマターを説明できないと考えている。

ニュートラリーノというもう一つ興味深い候補があって、これはＷＩＭＰの一種かもしれない。素粒子物理学の世界で流行している超対称性理論によれば、高エネルギーコライダーで観測されている既知の粒子の種類が、実際には二倍になるという。その影のような双子粒子は、既知の粒子と反対の量子的性質を示す。超対称性理論では、例えば光子（フォトン）のパートナーとしてフォティーノがある。ニュートラリーノも超対称性粒子の一つで、電気的に中性なニュートリノの重いパートナーだ。さまざまなダークマター粒子が提案されている中で、ニュートラリーノがもっとも有力なＷＩＭＰ候補とされている。ＣＥＲＮの科学者は、新たなＬＨＣを使ってこのニュートラリーノを見つけようとしている。

このようにダークマター候補があまりに増えてしまったため、理論家は実験家に、ダークマター粒子はどこでどのようにすれば検出できるのか、さらには、〝何か〟を検出したところで本当にダークマターを発見したことになるのかを、はっきりと伝えられないでいる。ダークマターは実験的に検出されたことがなく、それでも目に見える粒子よりずっと数多く存在すると考えられているので、それがとても軽い粒子かとても重い粒子のどちらかであることは間違いないが、理論からは、どれほど軽いか、あるいはどれほど重いかは判断できないのだ。

理論家たちは、素粒子物理学における超対称性理論を焼きなおした〝超重力理論〟と呼ばれるものを使って、ダークマター粒子の性質を予測しようとしている。超重力理論では、重力、放射能をもたらす弱い力と電磁気力（二つまとめて〝電弱力〟と呼ぶ）、そして、原子核の中の陽子や中性子を構成する基本要素クォークを結びつける強い力が、一つに統一される。これは、人々が長いあいだ探している、自然のすべての力を統一する理論の一つだ。素粒子物理学と量子論の用語では、質量のない光子に相当する重力の担い手を〝グラヴィトン〟（重力子）といい、超重力理論によればさらに、その超対称性パートナー〝グラヴィティーノ〟が存在する。理論家たちは、超重力理論に登場する何種類もの未発見の超対称性パートナーについて計算をおこない、CERNのLHCで検出できるであろう超対称性WIMP候補の質量を推測しようとしている。実験家は、ダークマター粒子候補を検出するだけでなく、それが安定であることも証明しなければならない。しかしそのためには、天体物理学的システムや宇宙全体における振る舞いを観測するしかない。

そのため、大型装置でＷＩＭＰを観測できる確率を計算しようとすると、理論的な推測がいくつも入ってきてしまう。ダークマター候補探しは、まさに干し草の山の中から一本の針を探すようなものだ。しかしもし、宇宙という干し草の山の中にダークマターという針が一本もなかったとしたら？

もしかしたらダークマター探しは、エーテルを検出できなかったマイケルソン＝モーレー実験以来の、否定的結果をもたらす最も高価で巨大な実験となるかもしれない。

第五章　従来のブラックホール像

一九七九年、ウォルト・ディズニーが『ブラックホール』というSF映画を公開した。こんな話だ。宇宙船パロミノ号が、ブラックホールと、その事象の地平面の外に静止している別の宇宙船を発見する。USSシグナス号、ブラックホールがあるとされる二重星系が初めて発見された、はくちょう座(シグナス)にちなんだ名前だ。パロミノ号の船長ダン・ホランドと乗組員たちは、そのシグナス号に乗り込んだ。するとそこには、一二年前から行方不明だった有名な科学者ハンス・ラインハート博士と、博士のロボトミー手術によって半ロボット化した人間の乗組員たちがいた。するとそのとき、シグナス号に小惑星が衝突し、宇宙船をブラックホールの事象の地平面近くに静止させていた反重力発生装置が破壊された。

宇宙船はブラックホールの事象の地平面を越えたが、乗っている者たちには、衝撃や爆発などの異常は何も感じられなかった。アインシュタインの重力理論もまさに同じように、観測者がブラックホールの事象の地平面を越えても何も変わったことは感じないと予測している。しかし遠くの観測者にとっては、シグナス号はブラックホールに近づくにつれて減速していき、決してブラックホールへたどり着かないように見える。また、宇宙船が事象の地平面へ近づくにつれ、宇宙船が発する可視光がとてつもなく赤方偏移していく。

このディズニー映画の笑いどころは、シグナス号が事象の地平面を越えてブラックホール中心の特異点へ近づくにつれ、本来ならとてつもない潮汐力によって、乗っていたパロミノ号の乗組員が輪ゴムのように引き伸ばされるはずの場面だ。しかしこのディズニー宇宙船は、そのようなぞっとする結末を回避してしまう。ラインハート博士があらかじめ、ブラックホールへ入ったら別の宇宙を探すようシグナス号をプログラミングしていて、宇宙船は別の次元、別の宇宙へとくぐり抜けていく。そして邪悪なラインハート博士の体は二つにちぎれ、大聖堂の回廊を漂いながら永遠に落ちていく。現実のブラックホールは中心に密度無限大の特異点を持っていて、不幸にも中へ入ってしまったものはすべて、中心の超強力な重力によって最終的に破壊されてしまう。[注1]

ブラックホールはどのように誕生し、どのような振る舞いをするのか？

ブラックホールという概念は、一九一五年にカール・シュヴァルツシルトが、アインシュタインの重力理論の基礎をなす場の方程式から導いた解に端を発する。今ではブラックホールも、ビッグバンやダークマターと同じく、重力と宇宙論の標準モデルの一部となっている。一般相対論によれば、太陽の三倍以上の質量を持つ恒星の場合、従来の原子核物理では自身の重力に打ち勝てず、崩壊して半径ゼロ、つまりブラックホールになってしまう。*1

アインシュタインの場の方程式に対するシュヴァルツシルト解によれば、恒星が崩壊していくと初めに事象の地平面が生じ、それから恒星の全物質が事象の地平面を越えて中心に向かって潰れていき、密度無限大の特異点が生成する。事象の地平面は、真っ暗な部屋につながる、一方向にしか通れないドアのようなものだ。一度部屋に入ってしまうと、事象の地平面のドアを見つけて外に出ることはできない。この事象の地平面が生じるのは、崩壊する恒星の半径が、2×ニュートンの重力定数×恒星の質量÷光速の二乗に等しくなったときだ。この臨界半径を〝シュヴァルツシルト半径〟という。太陽のシュヴァルツシルト半径は三キロメートル、もし地球が崩壊するとしたら、事象の地平面が生じる臨界半径はわずか一センチメートルとなる。事象の地平面からは光を含めどんな物質も逃げ出せず、そのことがブラックホールをブラックホールたらしめている。アインシュタインの場の方程式から、自然界にこのような途方もない天体の存在が予測さ

*1　これより軽い恒星が死ぬと、別の種類の天体になる。太陽質量の一・五倍未満では白色矮星となり、太陽はこの運命をたどる。太陽質量の一・五倍から三倍の間では、中性子星となる。一九三〇年、有名なインド人天体物理学者スブラマニヤン・チャンドラセカールが、アーサー・エディントンに会うために乗船したイギリス行きの船の中で、この質量限界を計算した。

れるというのは、現代物理学の大きな謎の一つと言えよう。

実はアインシュタインの一般相対論からは、もとの恒星の状態に応じて三種類のブラックホールが予測される。有名なシュヴァルツシルト解からは、質量Mだけで記述できるブラックホール。一九一六年から一八年にライスナー・ノルドシュトロムが導いた解からは、質量に加えて電荷を持つブラックホール。そして一九六三年のカー解からは、質量と電荷だけでなく角運動量も持つ、つまりもとの恒星のように自転している、カー・ブラックホールが導かれる。

天体物理学者も、ブラックホールには三種類の大きさ、ミニ、中型、巨大があると考えている。ミニブラックホールは、初期宇宙で誕生して今に至る。中型ブラックホールは連星系の恒星が崩壊して生まれる。そして巨大ブラックホールは、銀河中心に潜んでいると考えられている。

多くの物理学者は、質量が地球の一〇分の一程度のミニブラックホールがビッグバンのときに形成されたと考えている。ミニブラックホールのシュヴァルツシルト半径はおよそ一ミリメートル以下、針の頭ほどしかない。

中型ブラックホールは、二個の恒星が互いに接近して公転している連星系で生まれる。連星の一方の恒星が核燃料を燃やし尽くした段階に達すると、爆発してコアが崩壊し、中性子星となる。その中性子星に相方の恒星から物質が降り積もり、やがて、太陽質量の一・五から三倍というチャンドラセカールの中性子星質量限界を超える。この時点で、縮退した中性子ガスの反発圧力では重力に対抗できなくなり、その小さな星はさらに重力崩壊し、アインシュタインの重力理論の方程式に従ってブラックホールとなる。

銀河の中心に存在する第三の種類のブラックホールは、太陽質量の一〇〇万から一〇億倍というとてつもなく重い天体だ。ブラックホールハンターたちは、銀河中心にあるこうした超重ブラックホールを、原子中心にある重い原子核になぞらえて〝銀河核〟と呼んでいる。超重ブラックホールがどのように成長したのか、それはまだ明らかになっていない。

ブラックホールは本当に存在するのか？

ブラックホールはもちろん直接見ることができないので、その質量を知ろうとしても、恒星の質量を測定するための最も一般的な方法の一つである、光度から計算するという方法は使えない。そこで、中型ブラックホールを〝見よう〟とする天文学者たちは、光学的に見える相方の恒星の運動からその質量を推測し、また理論的に予測される特徴として、ブラックホールを取り囲む降着ガスから発せられるX線などを観測しようとしている。ブラックホールでX線が観測されるのは、降着ガスが加熱され、スペクトルのX線領域の放射を発するようになるためだ。事象の地平面における重力が超強力で、吸い込まれるガスの降着円盤は超高温になる。

有名なブラックホール候補はいくつかあり、その一つがはくちょう座X１連星だ。暗い相棒の星は質量が太陽の七から一〇倍と推測されていて、チャンドラセカール質量限界を超えている。

アインシュタインの重力理論によれば、この質量限界で恒星は崩壊してブラックホールになると予測される。事象の地平面は通常の恒星の表面と違って物質的ではなく、ブラックホールに落ちていく物質はそれ以上加熱されないので、ブラックホール表面に明るく輝く物質的な表面は見られない。逆に、明るく光る表面が見られないことと、事象の地平面からX線が放射されていることが、連星系ブラックホールの証拠だと考えられている。しかしその現象の存在を裏づける計算は複雑で、しかも厄介なことに、用いる天体物理学モデルによって変わってきてしまう。

　ブラックホールはマスコミや一般の人の想像力をかき立ててきた。ほとんどの天体物理学者は、せいぜい言って状況証拠しかないというのに、アインシュタインの重力理論が示しているとおりブラックホールは確かに存在すると信じている。しかし連星ブラックホールが実際に存在するかどうかは、今でも激しい議論の的となっている。天体物理学者の中には、ブラックホールの事象の地平面を直接観測するのは絶対に不可能だと主張している者もいる。天文学者の手で見つかっている連星ブラックホール候補は、驚くほど数が少ない。宇宙に何兆もの連星系がある——恒星のおよそ半分を占める——ことを考えれば、連星ブラックホールも数多く存在していなければおかしい。しかし実際にはそうではないらしい。

　銀河中心にブラックホールが存在するかどうかについても、状況証拠しかない。天文学者は連星ブラックホールの場合と同じく、ハッブル宇宙望遠鏡などを使って、事象の地平面を取り囲む不透明なガスから放射されるX線など、ブラックホール固有の特徴を観測しようとしている。また、事象の地平面から離れたところを公転する恒星の速さも観測できる。銀河中心に巨大ブラックホールが存在する証拠を示すには、晴れた日に海岸から海を眺めていると船が水平線の向こうへ消えていくように、事象の地平面に天体が消えていくのが見られれば理想的だろう。しかし実際のところ、恒星が事象の地平面の中に消えていくかどうかは、かなりの距離離れたところにある塵、ガス、恒星の振る舞いを観測して、そこから推測するしかない。実は、遠くにいる観測者が事象の地平面を横切る物体を見るのは不可能だ。落ちていく恒星は、事象の地平面に近づくにつれて〝固まって〟しまうように見える。事象の地平面があるとされる場所の近くで観測されている現象をどのように解釈するかは、その近傍のガスの中にある恒星の運動を記述するのにどのモデルを使うかによって違ってくる。

われわれの銀河系の中心に存在すると考えられているブラックホールは、南天のいて座の中にある。地球からは約二万六〇〇〇光年離れていて、質量は太陽の約三七〇万倍と推測されている。これほどの質量のブラックホールでは、事象の地平面のシュヴァルツシルト半径は約一〇〇〇万キロメートル、三三光秒となる。思ったほど巨大ではない。地球から太陽までの距離は一億五〇〇〇万キロメートル、約八光分だ。[*2] しかし、銀河系中心にあるとされるブラックホールの事象の

＊2　天文学的な距離を測るには、その間を光（秒速三〇万キロメートル）が伝わるのにかかる時間を使えばいい。一光時は1.1×10^9キロメートル、一光日は2.6×10^{10}キロメートル、一光月は7.8×10^{11}キロメートル、一光年は9.5×10^{12}キロメートルに相当する。

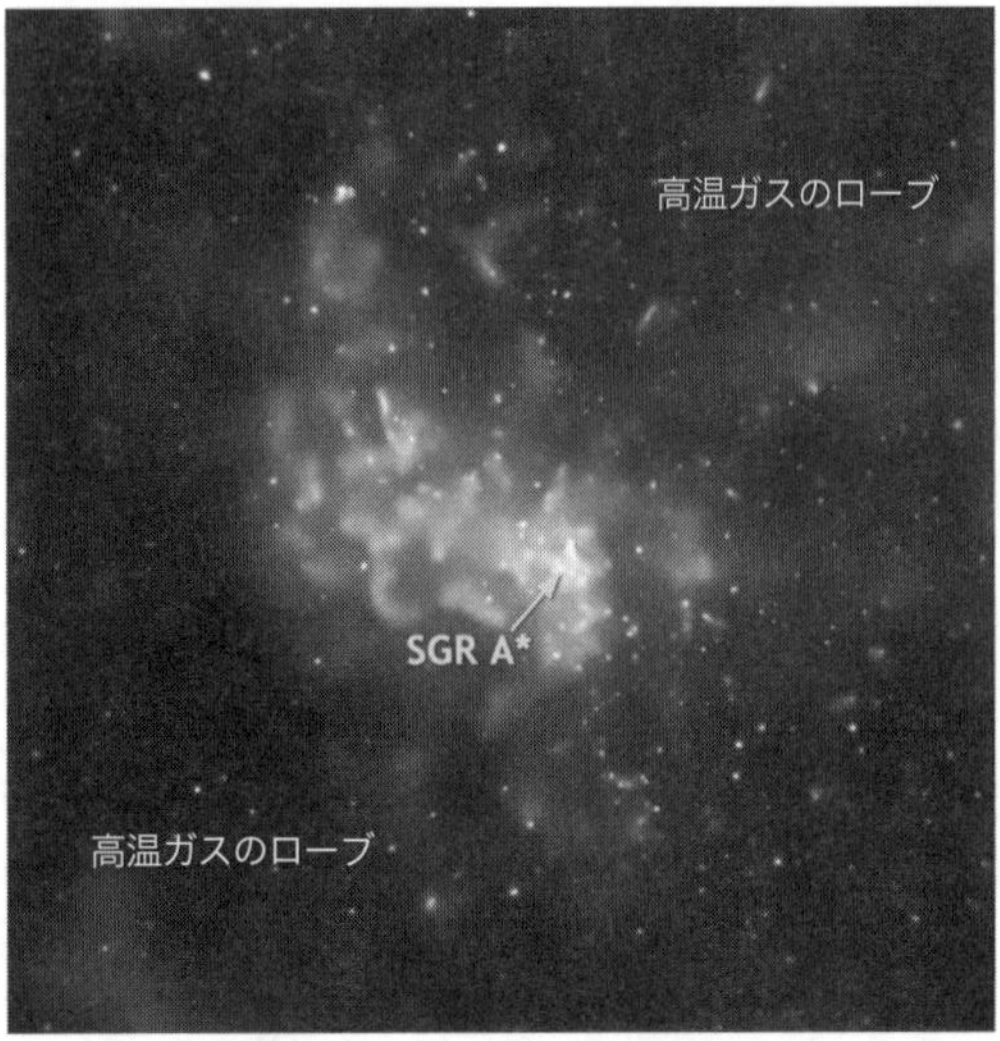

図6　いて座にある天の川銀河の中心に位置するブラックホール［出典：ハーヴァード＝スミソニアン天体物理学センター、チャンドラX線センター］

地平面は、さしわたし何光年にも及ぶ不透明なガスの巨大なカーテンに覆われていて、可視光範囲の光学望遠鏡ではその事象の地平面を直接見ることはできない。だが放射スペクトルのうち赤外線部分を観測する大型望遠鏡を使えば、その領域の像を捕らえることができる。

そうした写真からは、太陽質量以下の恒星状天体が密集して存在していることが分かる。それらはおそらく、中性子星、褐色矮星、そして初期宇宙で誕生したブラックホールなどのコンパクト星だろう。この銀河中心の天体集合体の中に、超重ブラックホールが存在していると考えられている。

高分解能の写真からこれら数多くの星の運動を調べたところ、半径わずか一〇光日、つまり2.6×10^{11}キロメートルの領域に、太陽の約三〇〇万倍の質量が存在していることが分かった。その位置は、いて座Aという小さなX線電波源の中だと特定されている。精密な望遠鏡像から、いて座A*（SGR A*、〝*〟印は〝星〟を意味する）の周りをS2という恒星が回っていて、その公転周期はおよそ二光日（5×10^{10}キロメートル）、存在が推測されているブラックホールからシュヴァルツシルト半径の五〇〇倍の距離離れていることが示された。いて座Aの高密度天体が作り出している重力場の中をこの恒星が高速で公転運動していることから判断して、そのような軌道はブラックホールでないと不可能だと推測されている。しかし、いて座Aにある恒星の巨大集合体そのものが、観測から推測される高密度巨大天体なのか、あるいはその裏に本当のブラックホールが姿を隠してるのか、それを判断するにはさらに正確な観測が必要だと考えている天文学者もいる。

ほとんどの天体物理学者は、天の川銀河中心の、事象の地平面があるとされる領域の周りを恒星が高速で公転しているという観測結果だけで、巨大ブラックホールによる強い重力の証拠としては十分だと考えている。しかし一部には、ブラックホールにしか見られない特徴は観測されていないのではないかと、声高に異議を唱えている人もいる。[注2]

ブラックホール物理の不気味な世界

存在するかどうかはともかく、私が物理学者の道を歩みはじめた頃、ブラックホールのおかげで重力の研究は再び活気づいていた。一九五〇年代、物理学者の間では、アインシュタインの重力理論の研究に対する興味が弱まりつつあった。一般相対論に関する論文の数もかなり落ち込んでいた。理論を証明する証拠は、水星の近日点移動の異常、エディントンやその後の日食時における光の湾曲の観測、シリウスの伴星など白色矮星における重力赤方偏移の観測に限られていて、しかもいずれも決定的ではなかった。若い物理学者のほとんどは、とても活発な実験研究がおこなわれている原子核物理学や素粒子物理学といった最盛期の分野を好んで選び、検証される望みも新たな物理学を生み出す望みも少ない複雑な重力方程式にじっくり取り組もうとはしなかった。一九五四年にトリニティーカレッジの博士課程に入ったとき、私はアインシュタインの理論に取り組むケンブリッジで唯一の学生だった。ヨーロッパ、イギリス、北米の大きな大学では、どこでも同じような状況だっただろう。

そんなとき、ブラックホールが世に登場する。一九五〇年代後半、一般相対論に対する物理学者の興味を呼び覚ます画期的な論文が発表された。一九五八年、アメリカ人物理学者のデイヴィッド・フィンケルシュタインが、エディントンの以前の研究に基づいてシュヴァルツシルト解の時空を拡張した座標を導入し、ブラックホールの事象の地平面をそれとは違う形で解釈した。続いて、ノルウェー系アメリカ人物理学者のクリスチャン・フロンスダールとオーストラリア系ハンガリー人数理物理学者のG・スゼッケルがそれぞれ一九五九年と六〇年に、シュヴァルツシルト解の性質に関してさらに重要な見方を示した。

最も重要だったのが、やはり一九六〇年、プリンストンの数学者マーティン・クルスカルが、現在〝クルスカル座標変換〟と呼ばれているものを導入することで、シュヴァルツシルト解を最も完全な形で記述したことだった。もともとシュヴァルツシルト解ではブラックホールの中に特異点が二個あると考えられていたが、この論文によって、特異点は一つしかないことが巧妙な形で証明された。クルスカル座標では、ブラックホールの事象の地平面には真性特異性は存在せず、一方、中心には真性特異点がどうしても残る。このクルスカルの発見によって、ブラックホール、そして一般相対論に対する興味が復活した。もしそれまでのように、ブラックホールを取り囲む事象の地平面が無限の密度を持つ特異面であると考えられたままだったら、どんなに熱心にブラックホールを擁護する人でも受け入れられなかったに違いない。

一九六〇年代から七〇年代、有名な人も含め数多くの物理学者が、ブラックホール研究に関わるようになった。ロジャー・ペンローズは、現在〝ペンローズ図〟と呼ばれているものを提唱して、クルスカルによる完全な時空を数学的に重要な形で解釈した。そうして、シュヴァルツシルト解の時空全体を本質的なところにまで還元した。この図には、〝座標の共形写像〟と呼ばれるものによって、無限の距離が圧縮されている。このようにシュヴァルツシルト時空が数学的に記述されたことで、ブラックホールがはるかにはっきりと理解できるようになったのだ。

一九七〇年代中頃にスティーヴン・ホーキングは、ブラックホールに呑み込まれたもの——シェークスピアの本、宇宙船、恒星——はすべて永遠に失われるのか、それともやがて漏れ出してくるのかを、深く考えはじめた。有名な〝情報喪失パラドックス〟だ。簡単に言うと、ブラックホールでは情報が消えてなくなるが、物理法則によれば情報が失われることは禁じられている。[*3]ホーキングは、イスラエルの物理学者ヤコブ・ベッケンシュタインによるブラックホールの熱的性質の研究に基づき、ブラックホールが完全に〝黒く〟はなく放射を発していることを証明した。この〝ホーキング放射〟は通常の放射と違い、ブラックホールの事象の地平面近くで起こる量子力学的現象によるもので、これによってブラックホール内部の物質とエネルギーはいずれすべて放射される。ブラックホールが完全に蒸発した後、その中にあった情報、シェークスピアの本の灰ははたして残っているのだろうか？

このような問題を考えること自体が、ブラックホール中心の真性特異点という概念と矛盾している。密度無限大の特異点がどのようにして蒸発してなくなるのか、理解しようがない。ブラックホール内部の物質が宇宙に漏れ出すには、光速以上の速さで運動しなければならない。しかも、その物質は実質的に時間を遡る必要がある。一般相対論のシュヴァルツシルト・ブラックホール解によれば、ブラックホールの内部では空間と時間の概念が逆転するという。われわれは、空間の方向は逆転させられるが、時間の方向は逆転させられない。未来へ進むことはできるが、過去へ戻ることはできない。特殊相対論によればどんなものも光より速く動くことはできないのだから、ブラックホールから情報が逃げていくことはありえないはずだ。

ところがホーキング放射によって、ブラックホール内の物質はとても長い時間のうちに、完全に暗号化された情報、つまり情報ゼロの状態として漏れ出す。完全に暗号化された情報とは、戦時下の秘密情報を暗号化したものの、それを解読するための鍵が永遠に失われてしまったようなものだ。ブラックホールが蒸発したとき、その中にあった情報はどのようにして失われてしまうのか？　この情報喪失パラドックスは、量子力学の基本法則と矛盾している。それを避ける方法の一つが、量子力学を修正することだ。しかし量子力学は現在までどんな実験とも合致しているので、ほとんどの物理学者はそんな解決法を好まない。

ひとたびブラックホールの事象の地平面を越えると情報が失われてしまうというホーキングの主張に、物理学者のヘラルト・トホーフトとレオナルド・サスキンドは異議を唱えた。二人の考えでは、ホーキングは重力理論と量子力学に重大な影響を及ぼす深刻なパラドックスを見つけたのだという。宇宙で情報が保存されないという考え方を、二人はどうしても受け入れられなかった。たとえブラックホールのパラドックスが正しいとしても、物質とエネルギーの保存則は物理学の基本的な教義であって捨て去ることはできない。そこで、ブラックホールに非局所性という考え方を導入することで、情報喪失パラドックスを解決しようとした。古典物理学では、粒子はある時間に空間内の決まった位置を占める。量子力学でも、空間内の電子の位置を測定すれば同じようになる。しかしブラックホールの場合、内部の観測者は決まった位置に情報を観測するが、

＊3　物理学者はブラックホールに関して、古典的な〝物質〟という言葉の代わりに、量子力学の〝情報〟という言葉を使う。そして、エネルギーや物質の保存と同じく、情報の保存という表現が使われる。

外部の観測者にとっては同じ情報が、事象の地平面のすぐ外側から戻ってくるホーキング放射という形で、異なる位置に観測される。もしブラックホールが本当に宇宙に存在するとしたら、情報が決まった位置を取るという考え方は間違っているに違いない。物体が空間内で決まった位置を占めない現象を、〝非局所性〟と呼ぶ。トホーフトとサスキンドは、非局所的物体の好例としてホログラムに基づく考え方を提唱した。

この考え方によれば、不運な宇宙船など、ブラックホールの中の情報はすべてブラックホールの二次元の壁に保存されていて、ちょうどホログラムのようになっているという。一人は内側から、もう一人は外側からと、互いに相補的な形でブラックホールを観測する二人が見るものは、同じホログラムをそれぞれ違うアルゴリズムで再現したものに相当する。ブラックホールのホログラムに暗号化された情報は、そこにレーザー光を当て、量子力学的アルゴリズムを使うことで解読できる。ホログラムの第一の再現法では事象の地平面の外側にいる観測者が見るものが現われ、第二の再現法ではその内側に落ちていった観測者が見るものが現われる。同じホログラムを二通りの方法で再現することで、互いに相補的なブラックホールの二通りの様子が得られるのだという。

スティーヴン・ホーキングは三〇年のあいだ、長期に及ぶブラックホールの蒸発の間に情報が失われ破壊されると信じていた。そして一九九七年、パサデナにあるカリフォルニア工科大学の物理学教授キップ・ソーンと組んで、やはりカリフォルニア工科大学の教授ジョン・プレスキルを相手に、ブラックホールで情報が本当に失われるかどうか賭けをした。正解をどのように決めるか、勝敗をどのように決めるかははっきりしていなかったが、ともかく百科事典から情報が失われるか失われないかを賭けることにした。ところが二〇〇四年、ダブリンで開かれていた相対論の学会にホーキングが突然姿を現わし、学会は突如マスコミの注目するところとなった。その公式講演の中で、ホーキングは自説を撤回する。ハイテク車いすから発せられた電子音声は、自分が間違っていたことを淡々と語った。ブラックホールは情報を破壊しない。約束を守る男ホーキングは、公の場でプレスキルに野球の百科事典を贈った。

　しかし、いったい何が心変わりさせたのか。ホログラム学説なのかそれとも別の説なのか、ホーキングは誰にも明かさなかったため、混乱は続いた。そして一年後、なぜ自説を翻したのかを説明する七ページの論文を電子アーカイヴに発表した。私も含め多くの物理学者は、情報喪失パラドックスに関してなぜホーキングが心変わりしたのか、いまだに完全には理解できていない。ほとんどの物理学者は今でも、ブラックホールで本当に情報が失われるのか、どちらとも決めかねている。

　二〇〇四年、プレスキルと若い量子情報物理学者ダニエル・ゴッテスマンが、「ブラックホールの最終状態」という論文を発表する。ゴッテスマンは、私がトロント大学を退職してから研究員として勤めている、オンタリオ州ウォータールーにあるペリメーター理論物理学研究所の同僚だ。ゴッテスマンとプレスキルは論文の中で、情報喪失パラドックスを、量子もつれ（エンタングルメント）の概念を使って説明した。ブラックホールの事象の地平面を越えて落ちていく荷電粒子は、事象の地平面のすぐ外側にある別の荷電粒子と量子的にもつれ合う。そしてこの二個の粒子は、量子力学の不気味な非局所性のおかげで、量子力学的スピンなどのおのおのの性質を、特殊相対論を破ることなしに瞬時に伝え合うことができる。*4 ブラックホールにおける情報喪失の問題は、ホーキングとソーンが野球の百科事典を賭ける以前の三〇年前に主張していたよりもさらに深刻だという結論に、ゴッテスマンとプレスキルは達した。二人はサスキンドとトホーフトによるホログラムとブラックホールの相補性の考え方に反対し、ホーキングのもともとの主張と同じく、ブラックホールがホーキング放射によって蒸発する際、その中にあった情報はすべて失われるか、あるいは暗号化された情報として蒸発して事実上失われてしまうという立場を取った。量子ホーキング放射によれば、ブラックホールは有限時間内に蒸発してしまうことになるが、それはアインシュタインの重力理論と相矛盾する。アインシュタインの重力理論によれば、ブラックホールが形成されるには無限の時間がかかるので、存在する前に消えてなくなってしまうのだ。

ブラックホールは必要か？

ブラックホールの情報喪失パラドックスと、ブラックホールそのものの置かれた状況について、読者は混乱されたのではないだろうか？　私も混乱している！　情報喪失パラドックスについて他の物理学者と議論するたびに、話は延々と続き、決して意見が一致することはない。誰も情報喪失パラドックスを本当に理解してはいない。このパラドックスを含めブラックホールの問題を片づける最良の方法は、ブラックホールそのものを片づけることだ！　心強いことに、アインシュタイン、エディントン、そしてシュヴァルツシルトでさえ、ブラックホール解に不満だった。物理的でなく、自然界で実際には起こらない数学的な想像の産物だと考えていた。しかしブラックホールを放棄するには、ブラックホールとなる特異点を生成しないような場の方程式を使う、別の重力理論に頼るしかない。第一四章では、ブラックホールの存在しない宇宙について論じる。

しかしほとんどの物理学者は、状況証拠しかないというのに、このように問題だらけのブラックホールを宇宙の真なる姿の一部として受け入れている。中には、ブラックホールに実用研究の価値があると言っている人もいる。例えば、ＣＥＲＮの大型ハドロンコライダー（ＬＨＣ）で、ひもなどの奇妙な物質からミニブラックホールが生成するのを、われわれ外部の観測者が検出できるかもしれないと、真面目に提唱している物理学者もいる。実験家は、ＬＨＣ建設に八〇億ドル以上が費やされたことを正当化するために、ブラックホールの存在の証明といった派手な発見を夢見ているのだ。さらに、ブルックヘヴン国立研究所でおこなわれている重イオン実験では、高次元のブラックホール物理学を使って重イオンの性質を調べられるだろうと提唱している人ま

＊4　古典物理学のレベルでは、遠く離れた〝観測者〟がブラックホール内部の観測者と意思疎通するのは不可能だが、量子的にもつれ合った粒子どうしならこの障壁を越えて意思疎通できるかもしれない。

である。

第三部　標準モデルのアップデート

第六章　インフレーションと光速可変理論（ＶＳＬ）

宇宙論におけるもともとの標準的なビッグバンモデルは、宇宙の最初期を明らかにする上で見事な成功を収めている。このモデルは等方的であるため、ビッグバン後の宇宙マイクロ波放射の温度はあらゆる方向で均一であり、どこにいる観測者にとっても宇宙は大きなスケールでは同じに見えることになる。またこのモデルによって、ビッグバンから約一分後に水素が核融合してヘリウムと重水素ができるという、核合成の過程が明らかとなる。そして、宇宙にこれら軽元素が多く存在することも予測できる。遠くの銀河は互いの距離に比例した速さで遠ざかっているというハッブルの驚くべき発見も、ビッグバンモデルと一致したのだった。

しかしビッグバンモデルにはいくつか深刻な欠陥があって、そのためこれまでも、誕生後一秒以内の宇宙を支配していた別のメカニズムを探そうという動きがあった。それらの欠陥はまとめて〝初期値問題〟と呼ばれていて、宇宙がどのように始まったのか、そのときの宇宙論的パラメータの値はどうだったのかを説明しようとすると頭をもたげてくる。スティーヴン・ホーキングとバリー・コリンズは、一九七三年に〈アストロフィジカル・ジャーナル〉誌に発表した論文の中で初めて、ビッグバンシナリオに異議を唱えた。標準的なビッグバンモデルに基づけば、時刻ゼロの瞬間から、物質の臨界密度が空間的に平坦な宇宙に必要な値となっている現在にまでたどり着く確率は、ゼロに近いというのだ。ビッグバンモデルは、鉛筆が尖った方を下にバランスを取っている様に似ている。このビッグバンモデルの大問題は、〝平坦性問題〟と呼ばれている。言い換えれば、もし時刻ゼロにおいて宇宙が歪んでいたとしたら、それから一四〇億年の間で、現在観測されているようにほぼ平坦になったことを説明できなければならない。[*1] 問題は、きわめて初期の湾曲した宇宙からどのようにして、宇宙論的データが示しているとおり空間的に湾曲していない現在の宇宙へたどり着いたのか、ということだ。物質密度が臨界密度と等しくなり、現在われわれが住んでいる空間的に平坦な宇宙になるには、ビッグバンモデルを細かく微調節しなければならない。微調節をするには、きわめて大きな数を小数点以下六〇桁まで数学的に打ち消す必要があるが、そのためには宇宙の誕生時に不自然な初期状態を仮定しなければならず、ほとんどの物理学者はそれに納得していない。

もう一つ深刻なのが、〝地平面と平滑性問題〟だ。物理学者の一致した意見によれば、初期宇宙が温度や物質密度に関して均一になるには、宇宙の各部分が〝コミュニケート〟する、つまり観測者が互いを〝見て〟相互作用し、パラメータを合わせる必要がある。コーヒーにミルクを入れると、かき混ぜなくてもやがて全体が均一に白っぽくなる。玄関を開けて冷たい風を入れれば、数分のうちに部屋全体の温度が均一に下がる。成長途中の赤ちゃん宇宙も同じように一様になって、温度分布がかなり均一になるが、そのためには、原始銀河や恒星が互いにコミュニケートできなければならない。しかし、宇宙の各部分どうしは光速という限られた速さでしかコミュニケートできないので、ビッグバンモデルによれば、初期宇宙でそのようなことは起こりえない。宇宙の最初の数秒間では、膨張する新たな宇宙の一部分から離れた場所へ光が届く余裕がなく、一つ一つの原始銀河の視界はそれぞれの地平面によって制限を受ける。ところが、一九六〇年代前半のアーノ・ペンジアスとロバート・ウィルソンによる宇宙マイクロ波背景放射（ＣＭＢ）のデータによれば、電波望遠鏡を空のどの方向へ向けてもマイクロ波の温度は驚くほど均一であり、初期宇宙は均一で一様だったことが分かっている。温度分布がそのようになっていることは、ビッグバンモデルでは説明できないのだ。

インフレーションという助け船

一九八一年、ＭＩＴの物理学者アラン・グースが、改良したビッグバンモデルを提唱する。そ

＊1　〝平坦性問題〟という言い方は、一九七八年にプリンストン大学のロバート・ディッケが名づけた。〝空間的に平坦〟とは、三次元空間の幾何がユークリッド的であることを意味する。

して経済学の用語を拝借し、それをインフレーション宇宙モデル、あるいは単に〝インフレーション〟と名づけた。この新たなシナリオでは、標準的なビッグバンモデルが抱えていた平坦性、地平面、平滑性の問題をきちんと処理できる。指数関数的にインフレーションを起こす宇宙という同様のアイデアは、完全ではないものの、一九七九年から八〇年にロシア人天体物理学者アレクセイ・スタロビンスキーが、一九七八年にベルギー人物理学者のフランソワ・アングレール、ロベール・ブルート、エドゥアール・ギュンツィックが、また日本の佐藤勝彦も発表していた。スタロビンスキーのモデルは、地平面と平坦性問題を解決するためでなく、ビッグバンの際の特異点を取り除く目的で編み出された。このモデルがインフレーションに適用できることが分かったのは、一九八四年になってからだった。アングレール、ブルート、ギュンツィックも、インフレーションの考え方を部分的に示していた。

簡単に説明すると、インフレーションによって初期宇宙の時空は、ごく短い時間のうちにもとの大きさから約10^{50}倍へととてつもなく膨張した。ビッグバン直後に起こったこの指数関数的インフレーションによって、時空は地平面を越えて引き伸ばされた。グースによれば、われわれが観測して住んでいる宇宙がこれほど大きく、空間的に平坦で、平滑かつ均一である理由は、このインフレーションによって説明できるという。

宇宙がまだ一〇〇万歳に満たなかった若い頃のことを考えてみよう。その宇宙に一〇〇万光年離れた二人の観測者がいたとすれば、現在測定されている光速は有限であるため、二人はコミュニケートしあえないどころか互いの存在も知らなかったはずだ。その場合、よくかき混ぜたコーヒーのように宇宙の温度が均一になって、宇宙マイクロ波背景放射がどの方向でも同じように観測されることは、はたしてありえるだろうか？　遡って一九八一年にグースは、時刻ゼロから数秒のうちに宇宙が指数関数的に膨張するとすれば、宇宙は瞬時にインフレーションを起こし、ゴムのように引き伸ばされて、しわのない平滑な状態になることに気づいた。このインフレーションによって、新たな宇宙の地平面は至る所でとてつもなく広がり、それによって仮想上の観測者が、遠くにいる観測者に自分のところの温度を伝えられるようになって、平滑性問題は解決する。つまり、宇宙のある場所からの放射が遠く離れた別の場所に届き、温度が平衡に達する。また、この新たなシナリオによって平坦性問題も解決できる。時空が突然インフレーションを起こすことによって宇宙の湾曲が消え、ビッグバンモデルに欠かせないがどうしても受け入れられなかったとてつもない微調節が必要なくなるのだ。

きわめて初期の宇宙では、アインシュタインの謎めいた宇宙定数、つまり真空エネルギーも舞台に加わってくる。真空エネルギーは反発力だ。インフレーションシナリオによれば、この反発力が重力に打ち勝ち、時空を突然膨張させる。宇宙論学者たちは今では、真空エネルギーは空っぽの空間が持つ一定の性質であって、時空が膨張しても真空エネルギーの密度は宇宙全体で変わらないと考えている（通常の物質の密度は、周りの空間が膨張して宇宙が歳を重ねるにつれ小さくなっていく）。

インフレーションシナリオによれば、初期宇宙では宇宙定数が何桁も大きく、宇宙の大きさが二倍になるのにごく短時間しかかからなかったという。瞬きするよりはるかに短い時間のうちに、宇宙は陽子の大きさから、現在われわれが見ている宇宙よりはるかに大きなサイズへと成長したことになる。宇宙に存在した物質は光速を超える速さで遠ざかり、地平面のかなたへ消えていく。このインフレーションシナリオによれば、超光速膨張は地平面より遠くでしか起こらず、自分の地平面の中にいる観測者はそれに気づきさえしない。

宇宙定数、すなわち真空エネルギーは、定義からいって一定だ。だとしたら、現在は小さな値なのに、インフレーションの起こった一四〇億年前にはそれよりはるかに大きかったというのは、いったいどのように理解したらいいのだろうか？　きわめて初期の宇宙には、とてつもなく大きな反重力の圧力があったに違いない。

インフレーションモデルの支持者の中には、数学的に少々難解な比喩を持ち出す人もいる。そこでは、インフラトンという仮想的な粒子を使わなければならない。想像力豊かな物理学者は、光子が電磁気力を、重力子が重力を伝えるのと同じように、ある実在の粒子がインフレーションを引き起こしたのだと提唱している。きわめて初期の宇宙、あるいはインフラトン粒子そのものをボールに見立てると、このボールは山を転がりながら谷を探し、ポテンシャルエネルギーが最小となる谷底を見つける。ポテンシャルエネルギーが最大である山頂では、真空エネルギーの反発力が大きい。そのときボール宇宙はとてつもないインフレーション膨張をするが、ボールがポ

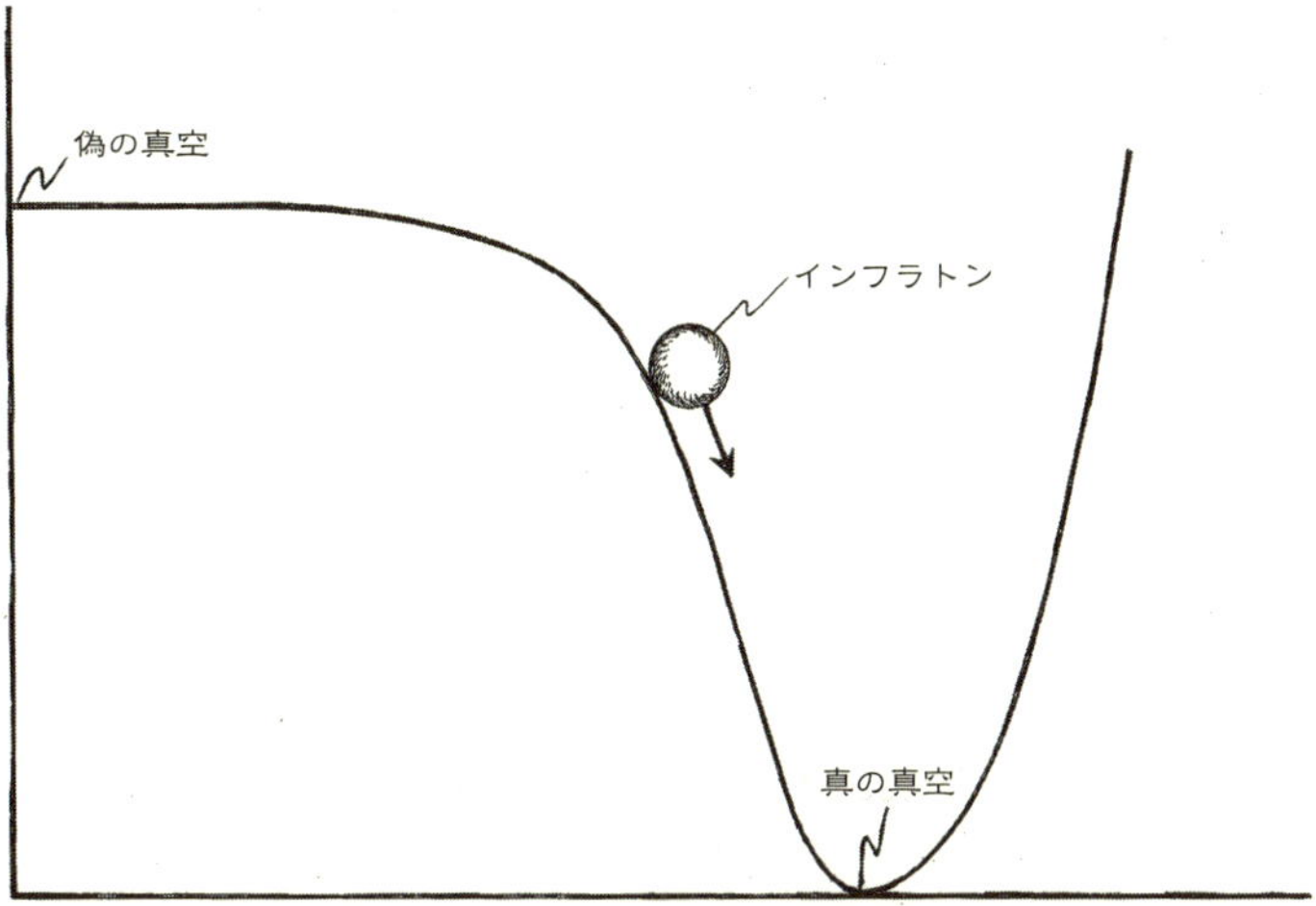

図7　偽の真空から真の真空へ転がり落ちるインフラトン粒子

テンシャルエネルギー最小の谷底に転がり込むとインフレーションは終わる。

　ある未知のメカニズムによって、ボールは平らな台地の上をきわめてゆっくりと転がりながら谷を探し、その間に真空エネルギーはほとんど変化しない。物理学者はこの台地を〝偽の真空〟と呼んでいて、インフレーション期にはこの偽の真空が存在していたという。ボールがゆっくり転がる期間が十分に長ければ、宇宙がとてつもなく大きくなったのちに、ボールが険しい谷を転がり落ちてインフレーションが終わる。そしてボールが谷底に近づいた頃には、ＣＭＢのデータが示すように、宇宙は平坦で均一になっている。宇宙定数、つまり真空エネルギーが十分に小さく、谷底の標高がほとんどゼロであれば、インフレーション期が終わってわれわれの住む宇宙が出現し、銀河、恒星、惑星、そして生命が進化できる。今日の宇宇定数が生命の進化を可能にするほど小さいのはなぜか、どうしてそれほど小さくなったのかというのは、現代物理学や宇宙論において最も悩ましい難題の一つと言える。

平滑で均一なCMBから、いったいどのようにして宇宙の構造が形成されたのか？　CMBのゆらぎから銀河の種が生成する様子を計算した初めての結果が、ケンブリッジ大学で一九八二年六月から七月にかけて開かれた、きわめて初期の宇宙に関するナフィールド・ワークショップの場で、グース、ソーヤン・ピ、ホーキング、スタロビンスキー、ジェームズ・バーディーン、マイケル・ターナー、ポール・スタインハートによって発表された。一九八一年にはV・F・ムカーノフとG・V・チビソフも、スタロビンスキーのモデルを使って、こうしたゆらぎが重要だろうと提唱していた。これらの計算結果から、物質の小さな塊やCMBにおける温度の違いが、宇宙の膨張とともに銀河の種になることが示された。そうした小さな塊は量子力学の極微小領域で生まれ、それが時空のインフレーションによってとてつもなく引き伸ばされたのだという。

真空中の量子場は、空間の各点でゆらいでいる。ハイゼンベルクの不確定性原理により、このゆらぎは宇宙が膨張する間も絶えず生成しているので、インフレーションが起こってもゆらぎが消えることはない。時空の膨張によって、このゆらぎは最終的に地平面を越える範囲にまで大きくなる。そして時空の中へ〝凍結〟し、最終散乱面に痕跡を残す。原初の宇宙スープの中には、クォーク、電子、光子といった古典的な物質やエネルギーが存在していた。しかしインフレーション理論によれば、それらはインフレーションによって一掃され、あらゆる物質がほぼ完全に薄められて宇宙は空っぽになる。インフレーション後に物質とエネルギーを取り戻さなければ、われわれの現在の宇宙は生まれない。それを可能にするのが、宇宙の〝再加熱〟と呼ばれているプロセスだ。

ボールの比喩に立ち返ると、インフラトン粒子は台地を転がっていったかと思うと、突然、ポテンシャルエネルギー最低の谷底へ向かって落ちていき、それからしばらく谷を行きつ戻りつしたのちに、最終的に動きが収まり別の粒子へ〝崩壊〟する。インフレーションによって極低温になっていた宇宙は、この崩壊プロセスによって再加熱され、物質がクォークや電子の形で再びこの宇宙に姿を現わすというわけだ。

インフレーションの問題点と改良型

一九八〇年代後半には、さまざまなインフレーションモデルを編み出しては改良するという研究が盛んにおこなわれていた。しかし細部にどれだけ手を加えようが、インフレーションには理論的な問題が存在していた。

一つの問題が、インフレーションを素粒子物理学で解釈するには、インフレーションを引き起こす〝インフラトン〟という粒子、あるいは場が必要なことだ。この想像上の粒子は、質量がとても小さい。そのため素粒子物理学の標準モデルでは他の粒子と相容れず、しかも質量が驚くほど小さいので事実上検出しようがない。

第二の問題として、宇宙スケールで指数関数的なインフレーションを引き起こすには、宇宙定数に関係するとてつもない真空エネルギーが必要となる。ところが、現在の宇宙で測定されている真空エネルギーは、一立方センチメートルあたりおよそ10^{-29}から10^{-30}グラムと、絶妙なバランスにある。この値は、現在われわれが住んでいる空間的に平坦なユークリッド宇宙を生成させる臨界密度に等しい。きわめて初期の宇宙において、宇宙スケールで激しい指数関数的膨張を引き起こすのに必要な真空エネルギーは、現在の宇宙で観測されている真空エネルギーの臨界密度のおよそ10^{70}倍だ。この真空エネルギーは、いったいどうやって生まれたというのだろうか?

インフレーションが直面している第三の問題は、インフレーションに関係するポテンシャルエネルギーが長時間——初期宇宙のごく短時間に比べて長時間——にわたりほぼ一定でないと、地平面問題や平坦性問題を解決してくれるようなインフレーションが起きないことだ。このようにポテンシャルエネルギーを〝平坦〟にするには、物理を不自然なまでに微調節し、大きな数を小数点以下何桁までも打ち消さなければならない。これがインフレーション理論のアキレス腱となっている。

最後にホーキングとコリンズの批判に立ち返れば、インフレーション理論の一番の問題は、初期宇宙でインフレーションが実際に起こる確率がきわめて低いことだ。実は、インフレーションが起こるような初期条件は、きわめて生じにくい。

グースは一九八一年の論文の中で、大統一理論（ＧＵＴ）に基づくインフレーションモデルを提唱した。当時人気のあった研究で、理論家たちは、強い力、弱い力、電磁気力という、重力以外の既知の力をすべて統一しようとしていた。理論によれば、これらの力は、約10^{25}電子ボルトという超高エネルギー、そして約10^{28}Ｋという超高温で統一される。インフレーションはこのとてつもないエネルギーレベルで始まり、その直後に収まったという。しかし、加速器や実験室でこれほどの高エネルギーと高温は達成できないので、この説を直接検証することはもちろんできない。

次の論文でグースは、この最初のモデルでは現在の宇宙にとてつもない非一様性が生じてしまうが、今日のＣＭＢデータによれば宇宙は比較的平滑なので、このモデルは完全に矛盾していてうまくいかないことを示した。一九八二年、ペンシルヴァニア大学のポール・スタインハートと学生のアンドレアス・アルブレヒトは、この問題を解決しようと、〝新インフレーション〟という改良型のインフレーションを提唱した。グースのモデルにおける大きな不均一性の問題は、これによって解決できるように思われた。しかしこのモデルも問題に突き当たり、一九八三年にスタンフォード大学のロシア系アメリカ人物理学者アンドレイ・リンデは、〝カオス〟、〝自己増殖〟、あるいは〝永久〟インフレーションと呼ばれるものを提唱した。[*2] リンデのモデルによれば、

＊2　スタインハートと、それとは独立にやはりロシア系アメリカ人のアレクサンダー・ヴィレンキンが、一九八二年に〝永久〟泡宇宙を初めて提唱した。またヴィレンキンは、永久インフレーションがインフレーションモデルの一般的性質であることを証明した。

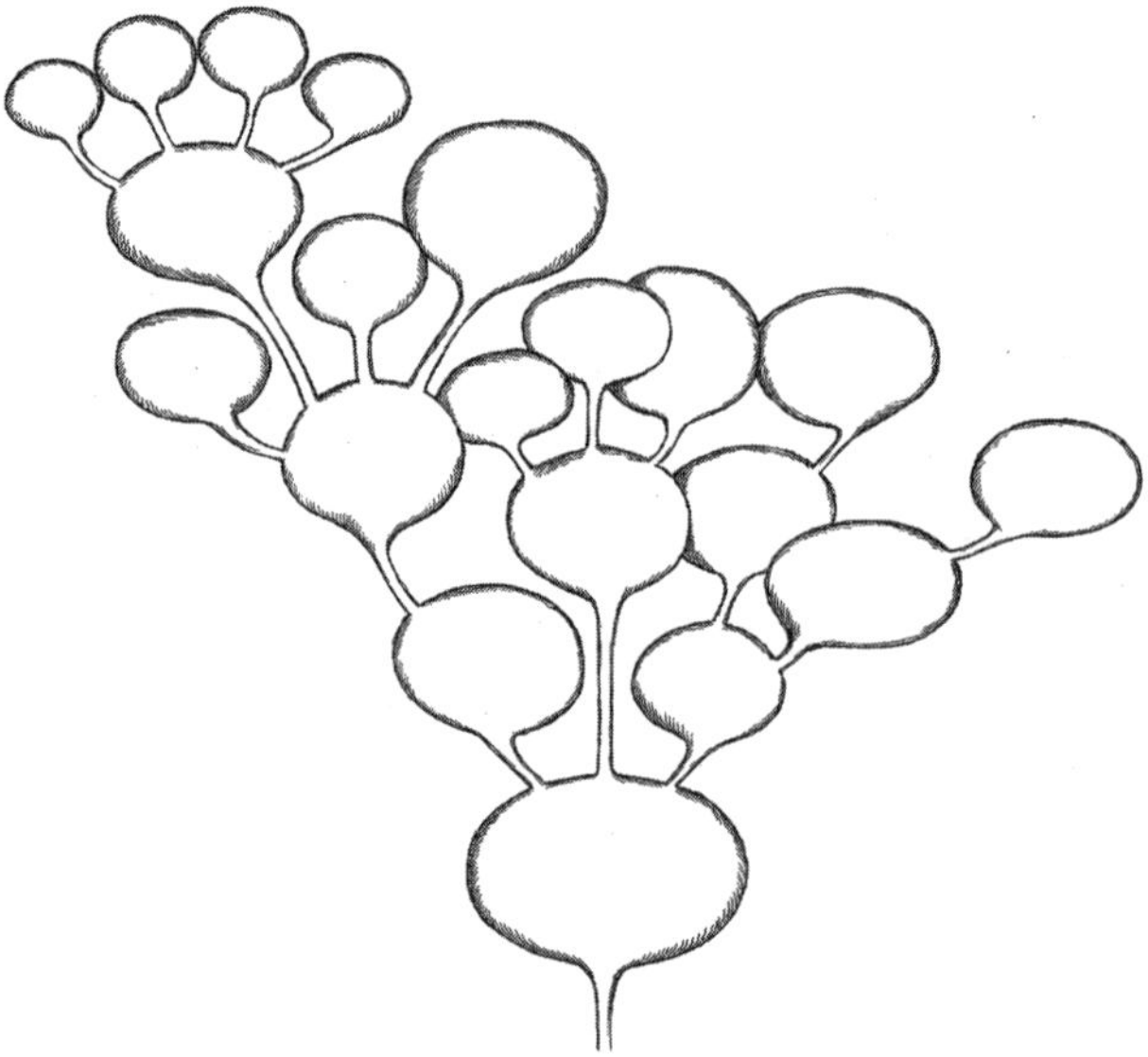

図8　永遠に続くインフレーションによって生じるインフレーションポケットを持つ泡宇宙

きわめて初期の宇宙では数多くの小規模なインフレーションが起こったという。この膨大な数の小さなインフレーション宇宙のうち少なくとも一つが、条件にぴたり当てはまり、われわれの宇宙における初期値問題を解決してくれたのだという。

この改良型インフレーションは、グースによるもともとのモデルの問題と、スタインハート＝アルブレヒトモデルの欠陥を克服している。

泡とランドスケープ

独創的で想像力に富んだ多くの人が、宇宙は最初の段階でどのような姿をしていてどのように振る舞ったのかを、あれこれ考えてきた。インフレーション宇宙の考え方からは、〝泡〟や〝ランドスケープ（地形）〟といったものが出てくる。そしてリンデによる自己増殖宇宙モデルからは、インフレーションに必要となる、微調節されて平坦なインフレーションポテンシャルが生じる。リンデは多数の宇宙を球状の泡に喩え、そのすべてがインフレーションのためのインフラトン機構を持っていると考えた。この考え方によれば、こうした泡宇宙のうち一つではインフラトンのポテンシャルエネルギーが十分に平坦で、初期条件を超微調節しなくても指数関数的なインフレーションが起こるという。このモデルからはまた、ＣＭＢに見られる時空の平滑性も説明できる。

リンデのモデルによれば、泡宇宙のインフレーションは地平面を越えて永遠に続き、いま現在も起きているという。この考え方は、宇宙が膨大な数、または無限個存在するという、人間原理あるいは多宇宙描像ときわめて近い。[*3] この永久インフレーション説を、グース、リンデ、そして人間原理の発展に手を貸したヴィレンキンは支持しているが、それ以外の人たちは批判している。永久宇宙や多宇宙という考え方では無限個の解が可能になるので、予測能力が失われてしまうというのだ。

泡やランドスケープという考え方は、しばらくの間うまくいっていた。遡る一九七七年、プリンストン高等研究所のフランク・デルッチアとハーヴァードの著名な理論物理学者シドニー・コ

＊3　人間原理によれば、いくつかの定数や物理法則がこのようになっているのは、そうでないとこの宇宙に生命が存在できないからだという。

ールマンが一篇の論文を発表し、その中で、真空の量子ゆらぎによって真空のポテンシャルエネルギーのランドスケープの中に泡が生じ、それがやがて宇宙のランドスケープの中の障壁をすり抜けて（トンネルし）現実の宇宙になるのだという仮説を出した。

一九七〇年代後半、膨張宇宙における泡の生成という考え方は、現在インフレーションと呼ばれるものとは無関係な形で、液体の挙動との類推に基づいて数学的に定式化された。液体を融点以下に冷却しても、固体にならないことがある。このような液体は〝過冷却〟されているという。過冷却した水に小さな氷を入れると、その周りの水が急速に結晶化する。稀に過冷却水の中でひとりでに大きな氷の結晶が生成し、それがとてつもなく成長して、過冷却水が凍結することもある。この氷結晶の生成は泡の膨張として取り扱うことができるため、この現象は〝泡核形成〟と呼ばれている。

コールマンとデルッチアは、真空の環境の中では泡の表面張力が膨張力を上回り、泡は押しつぶされて消えてしまうと考えた。しかし時折、十分に大きく成長してしばらくのあいだ生き長らえる泡が生じる。膨張する宇宙の中でそのような泡が生成する速度を計算したところ、その速度はきわめて小さいものの完全にゼロではないことが分かった。

インフレーションする真空は絶えず空間を作り出していくので、ある意味で自己増殖していると言える。泡の成長速度と空間のインフレーション膨張率は、互いに競合する関係にある。量子レベルで見ると、この膨張する時空の中で時折、泡がそばに聳える高い山を〝トンネル〟し、標高、つまりエネルギーの低い谷に入ることがある。このプロセスが際限なく繰り返されると、谷や山を持ち成長しつづけるエネルギーのランドスケープの中に、インフレーションを起こしうる真空エネルギーのポケットが膨大な数、あるいは無限個生まれる。やはりスタンフォードの物理学者レオナルド・サスキンドは、ひも理論のランドスケープでもあるこの型破りな宇宙のランドスケープを生物の進化になぞらえ、宇宙定数が十分に大きいときに生成してインフレーションを起こすポケット宇宙が、ダーウィン進化を起こすのだと考えた。最も適応したポケット宇宙が生き残るというわけだ。サスキンドらは、このランドスケープに無数の谷や山が指数関数的に生じる様子を、ひも理論、中でも最も大規模なＭ理論によって説明できると主張している。

このような奇妙なシナリオは突飛で空想的な推測でしかなく、実験や観測では決して検証できないのではないか？　泡とランドスケープに対する批判は日に日に増している。きわめて初期の宇宙が永久にインフレーションを起こしたと説く、勇み足の宇宙論に比べれば、時間が始まったときには光速が今より大きかったとする考え方など、しっかり地に足がついているように見えるのではないだろうか？

インフレーションの代案――光速可変宇宙論

一九九二年に私は、標準的なインフレーション理論に代わる説として、宇宙スケールでインフレーションが起こったのでなく、ビッグバンから一〇〇〇〇分の一秒程度ののちの初期宇宙では光速がきわめて大きかったとする理論を提唱した。どれくらい大きかったかというと、現在測定される光速の約10^{29}倍だ！　こうすることで、ビッグバンモデルの数々の初期値問題――地平面問題、一様性問題、平坦性問題――を、インフレーション理論と同じく有効に解決できる。赤ちゃん宇宙では光速がはるかに大きかったとすれば、膨張しているがインフレーションはしていない宇宙のあらゆる部分へ光が即座に届くので、地平面問題を解決できるとともに、CMB放射の温度の全体的な平滑性も説明できる。さらにこの光速可変理論（VSL）によれば、光速が初めとても大きく、その後急速に小さくなって現在の光速になったことで、宇宙は平坦になったと予測できる。標準的なビッグバンモデルと違い、パラメータをとてつもない精度で微調節する必要もない。

VSLの中核をなす考え方としては、アインシュタインの相対論を修正して、特殊相対論の対称性であるローレンツ不変性を破る。こうすることで、光速を変えられるようになる。第二章で述べたように、ローレンツ不変性とは基本的に、等速度運動をするある慣性系から別の慣性系へ移っても物理法則が変わらないことを意味する。アインシュタインの特殊相対論では、運動しているどの観測者が見ても光速は絶対に一定だ。したがって、光速が変わるようにするには、特殊相対論の基本的対称性であるローレンツ不変性が自発的に破れると仮定しなければならない。[注1]　そうだとすると、ある座標系から別の座標系へ移ったとき、物理法則は同じにならない。私はアインシュタインの重力理論をさらに修正して、初期宇宙で光速が変化するようにした。その結果として、アインシュタインの相対論における基本的仮定に反し、光速は静止しているある特定の座標系でしか一定でなくなる。しかし、アインシュタインの重力理論をこのように修正することで、初期宇宙におけるＶＳＬの考え方を一貫した枠組みの中に収めることができた。[注2]

初期宇宙で光速が突然変化したというのは、過冷却水が突然氷になるのと同じ不連続相転移の一つだ。実はこの相転移が、ローレンツ対称性の自発的破れを引き起こす。初期宇宙における光速の劇的な変化は、水や空気などの媒質中で屈折する光に喩えられる。光が水面に当たると、減速して方向が変わる。光が水の中に入ると、光速が実際に変わるのだ。

もちろん初期宇宙には、光速を変化させる水や空気といった媒質はなかった。しかしいま論じているのは、物理量がある臨界温度で相転移を起こすという点だ。きわめて初期の宇宙で温度が臨界点に達すると、温度の関数である光速が突然、きわめて高い値から現在観測される値へと不連続に変化する。この現象が起こったのは、宇宙が膨張しはじめてから一秒も経っていない、温度とエネルギーがきわめて高い初期状態のときだった。ビッグバン直後の初期宇宙では光速がとてつもなく大きかったが、その後急速に、現在観測される秒速三〇万キロメートルという値まで下がったのだと、私は考えている。

言い換えれば、光速が相転移することで、インフレーションに相当するシナリオが導かれる。光速が超光速であれば、時空のうち地平面よりはるかかなたの部分どうしが因果関係で結ばれる。時空がインフレーションを起こして表面のしわが伸ばされ、初期宇宙の地平面が広がると考える

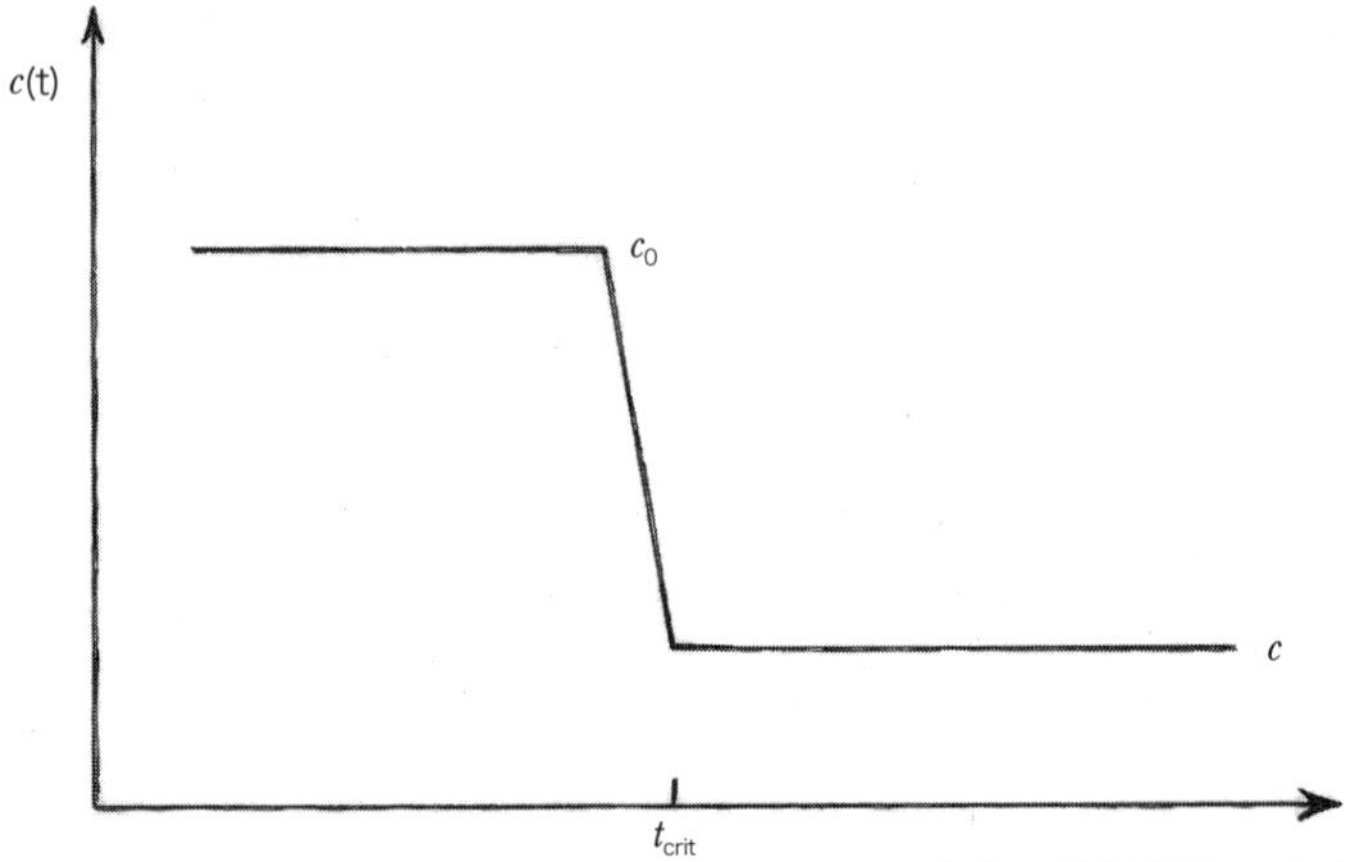

図9　VSLモデルでは、初期宇宙におけるきわめて大きな光速c_0が臨界時間$t=t_{crit}$に相転移し、現在の測定値へ変わった。

代わりに、同じ時期に光速が今より大きかったとすれば、やはり地平面が取り払われて宇宙全体が見えるようになって、同じことが起こる。考えてみれば、インフレーション理論にも、宇宙のインフレーションという超光速現象があった。インフレーションそのものが、測定されている光速より高速で進んでいくのだった。しかし、この超光速現象は初期宇宙の地平面の向こうで起きるので、特殊相対論に矛盾する現象として観測されることはない。一方ＶＳＬでは、地平面の内側で光速が変化し、特殊相対論をあっさり破ることになる。

私はＶＳＬの論文を、「超光速宇宙──宇宙論における初期値問題の可能な解」というタイトルで〈フィジカル・レヴューＤ〉誌へ投稿した。査読者の報告が戻ってくると、インフレーションの代案を作るために相対論に手を加えるというアイデアそのものに二人の査読者が腹を立てていて、編集者は論文を却下した。そこで同じ論文をヨーロッパの〈インターナショナル・ジャーナル・オヴ・モダン・フィジックスＤ〉誌に投稿すると、査読者と編集者にそのまま認められ、一九九三年に掲載された。

トロント大学の私の大学院生たちは、光速可変宇宙論の追究に協力してくれ、とても役に立つ批判や提案をしてくれた。しかし、物理学界で他に私のＶＳＬ研究に注目してくれる人はほとんどいなかった。論文は無視され、私は別の研究計画に鞍替えした。

それから五年後の一九九八年、ロスアラモス研究所の電子アーカイヴで論文要旨集をスクロールさせていると、アンドレアス・アルブレヒトとジョアオ・マゲイジョの書いた「宇宙論における初期値問題の解としての光速可変」というタイトルの論文に目が止まった。論文を読んでみると、二人の考えは私の説と驚くほど似ていながら、私の論文が引用されていなかった。二人の論文におけるＶＳＬモデルの基本的構成は私が提案していたものと同じだったが、私の方が重力理論をもっと根本から修正しようとしていた。見てみると、二人の論文は、六年前に私の論文を却下した保守的な〈フィジカル・レヴューＤ〉誌に掲載を許可されていた。

マゲイジョと何度かＥメールをやりとりしたところ、どうやら二人は本当に私の論文を知らなかったようだった。六年後に独自にＶＳＬの考え方へたどり着いていたのだ。そうして私はマゲイジョと友人になった。マゲイジョは二年間の研究休暇でロンドン大学インペリアルカレッジからペリメーター研究所へやってきていて、私は互いの研究についてマゲイジョと何時間も議論した。そして最近、二人でVSLに関する論文を発表し、その中で、宇宙論学者ジョージ・エリスによるVSLの批判的総説に対して反論した。アルブレヒトとマゲイジョの論文、そしてケンブリッジのジョン・バローによる関連の論文が発表されて以降、私の最初の論文に対する引用数が激増し、今では宇宙論における〝有名な〟論文と見なされている。

マゲイジョは二〇〇三年、『光速より速い光』という一般向けの科学書を出した。その本には、マゲイジョとアルブレヒトが、異端な理論が物理学界にばれるのを二年間恐れつつVSL理論を編み出し、大変な苦労をして〈フィジカル・レヴューD〉誌に掲載を認めさせた矢先に、私が六年前にそっくりな説を発表していたことを知って呆然とした経緯が描かれている。ジョアオ曰く、「他の物理学者が先にそこへ到達していたのを知ったときの、私のショックを想像してみてほしい。月面に着陸したところ、そこには旗がひらめいていたのだ」

バイメトリック重力とVSL

知的優先権をめぐるこの小競り合いで一つよかったのが、他にVSLに興味を持つ人が現われたこのときこそ、それをさらに深く掘り下げるのに絶好の機会だと悟ったことだった。一九九八年に私は、元大学院生のマイケル・クレイトンと協力し、バイメトリック幾何に基づいてVSLをさらに発展させた理論を大急ぎで発表した。

アインシュタインの一般相対論では時空の計量テンソルを一つしか使わないが、バイメトリック理論では二つ使う。その一つは物質と結びついていて、もう一つは時空の純粋な重力的性質を決める。バイメトリック幾何に基づく重力理論を初めて提唱したのは、一九三〇年代にプリンストン時代のアインシュタインの助手だったネイサン・ローゼンだ。しかし実験データから、この理論は物理的に不可能であることが分かった。一九八〇年代にはヤコブ・ベッケンシュタインが、重力レンズ効果――時空の歪みによる光線の湾曲――の問題を解決する目的で、モルデハイ・ミルグロムが提唱した修正ニュートン動力学（ＭＯＮＤ）に代わる重力モデルとして、別のバイメトリック理論を提唱している。クレイトンと私は、光速と重力波の伝わる速さが等しくなく、一方は変化するがもう一方は一定のままだというシナリオを考えた。

アインシュタインの重力理論では、重力波の速さと光速はまったく等しい。実を言うと、重力波の速さ――重い物体が重力によって別の物体とコミュニケートする速さ――は、太陽系の中では五から一〇パーセントの精度でしか決定されていない。太陽系天文学からは、重力波の速さは光速に近いと推測されているにすぎないのだ。

われわれの考えたバイメトリック理論で使われる基準座標系は、一つがＶＳＬ座標系、もう一つが重力波速度可変（ＶＳＧＷ）座標系だ。ＶＳＧＷ座標系では、光速は一定で重力波の速さが時間とともに変化する。つまり、きわめて初期の宇宙において光速が一定だとしたら、重力波の速さはきわめて小さくなり、そのため宇宙はインフレーションを起こす。逆の場合として、ＶＳ

Ｌ座標系の中で重力波の速さが一定であれば、初期宇宙では光速はきわめて大きくなる。これによって、宇宙のある部分が別の部分とコミュニケートできないという問題が取り除かれ、地平面問題が解決する。[*4]

重力波座標系では光速は一定に保たれ、バイメトリック重力場方程式の解からは、インフラトンのポテンシャルエネルギーを微調節しなくてもインフレーション宇宙が導かれる。要するにバイメトリック重力理論からは、どちらの座標系を使うかに応じて、インフレーション宇宙か光速可変宇宙のいずれかが予測される。インフレーション時空が生まれたのは、ビッグバン直後に重力波の速さが無視できるほど小さかったためで、それによって宇宙はとてつもないインフレーションを起こしたということになる。

こうして、一九九三年に発表したローレンツ不変性を自発的に破るＶＳＬ理論と、一九九八年にマイケル・クレイトンと発表したバイメトリック重力理論という、二つのＶＳＬ理論を手にした。しかし、そのどちらが正しいかはどうやって見きわめればいいのだろうか？　どちらが好ましいか、私はいまだに決めかねている。

可変定数

定数が変化するというアイデアは古くからある。一九三七年には量子力学の発見者の一人ポール・ディラックが、〈ネイチャー〉誌に発表した有名な論文「宇宙定数」の中で、ニュートンの重力定数Gが初期宇宙では違っていたのではないかと提唱している。この論文には次のように書かれている。

光速c、プランク定数$\hbar$、電子の電荷eと質量m_eなどの物理基本定数は、距離、時間、質量などの絶対的測定単位を決める。しかしその目的に必要な数より多くの定数が存在し、そのためそれらからは無次元量を構築できる。

ディラックは、すべての〝定数〟を定数として保つ必要はないと考えたのだ。問題視したのは、ある物理法則を時間とともに発展させる上で、特定の物理量を〝定数〟と呼ぶ必要があるという点だった。特殊相対論が登場するまで何百年も、ニュートンの重力理論やエーテル理論によって、光速は一定でないと考えられていた。だから、この定数だけとくに変えてはならないなどと考える理由はない。同様に、ニュートンの重力定数Gやプランク定数$\hbar$といった他の物理〝定数〟も、宇宙の歴史上絶対に一定だったとは限らない。宇宙の進化のうちある時期に、一定であるように見えるというだけだ。しかし、〝可変定数〟という矛盾した言葉を使わ

＊4　同様のバイメトリック重力理論のアイデアが、ケンブリッジ大学のイアン・ドラモンドによって独立に提唱されている。マット・ヴィサーとステファノ・リベラティらも、ＶＳＬバイメトリック理論を発表している。

なければならないというのは、何とも奇妙だろう。問題なのは、cやGといったいわゆる定数が、マクスウェルの電磁気の方程式やアインシュタインの特殊相対論、あるいはアインシュタインの重力理論など、ある特定の理論の中においてでしか一定でないことだ。これらの理論では、光速と重力定数はいつでも一定だと仮定されている。それが正しいとすれば、これらの定数を一と定義し、距離、時間、質量を測るための特別な単位を選ぶことができる。

誰かが定数を変えようとすると、物理学者は本能的に疑ってかかるらしい。アルブレヒトとマゲイジョの論文が出た後、光速可変宇宙論の考え方全般が批判を浴びたのは、おもにそのためだ。二〇〇一年、さまざまな物理学者の間でEメールや論文によるつばぜり合いが始まった。その論争の縮図と言えるのが、二〇〇二年にマイケル・ダフ、レヴ・オークン、ガブリエル・ヴェネツィアーノが〈ジャーナル・オヴ・ハイ・エナジー・フィジックス〉誌に発表した「基本定数の個数に関する三者対談」だ。この論文で三人の著者は、基本定数を変えることの意味を論じ合っている。ダフは、変化するかどうか論じる意味があるのは、電磁場と荷電物質との相互作用の強さを表わす微細定数αのような、無次元の自然定数だけだと強く主張した。光速や重力定数のような基本定数は次元を持っていて、変化するはずはない。光速の次元は、距離割る時間だ。こうした定数の一つが変化すると考えることさえ認められない、と、ダブは断言している。

二〇〇一年、ニューサウスウェールズ大学のジョン・ウェッブ率いるオーストラリア人天文学者と、ケンブリッジ大学の理論家ジョン・バロー（三年前にあるタイプのVSLを発表していた）のチームが、〈フィジカル・レヴュー・レターズ〉誌に発表した論文の中で、微細構造定数αは変化していて、宇宙の膨張とともに大きくなっていることが観測で明らかになったと主張した。つまり宇宙誕生時まで遡れば、αは小さくなるはずだというのだ。

αは、電子の電荷の二乗を、プランク定数と光速の積で割った値に等しい。したがって、もし初期宇宙では光速 c が大きく、その後に現在測定される値まで小さくなったとすれば、オーストラリアの天文学者が観測したとおり、宇宙が現在の大きさへ膨張するまでにαは大きくなってきたはずだ。[*5] しかし、その後に他の天文学者のチームが同様のデータを解析し、αが時とともに変化するという考え方に疑問を呈した。また、西アフリカのガボンにあるオクロ鉱山の珍しい天然核反応炉でもαが測定されたが、やはり時間変化は認められなかった。だが、宇宙の歴史の中でもこれらの測定に対応する時代は、オーストラリアのチームが調べた時代と食い違っているため、αが変化するかどうかという疑問にはまだ決着がついていない。[*6]

物理量が変化するという問題は、物理系に二つの速さのスケールを導入することで根本的に解決できる。バイメトリック重力理論から二つの速さが自然と導かれるのは、このためだ。光速と重力波の速さとの比は無次元量なので、それを変えたからといって、物理単位が変わってしまう

＊5　電子の電荷とプランク定数の値は、時間とともに変化しないと思われる。
＊6　ウェッブらが新たにクエーサーの分光学的データを解析したところ、αが変化するという主張がさらに裏づけられたように思われる。

ことを気にする必要はない。むしろ、光速可変理論を論じる際には重力も考慮しなければならないので、この比を表わす無次元量を作る方が自然な流れだと言える。

インフレーションかVSLか

実際のところ、きわめて初期の宇宙ではインフレーションとVSLのどちらが起こったのだろうか？　シカゴ大学のステファン・ホランズとロバート・ウォールドは、二〇〇二年に発表した論文の中で、初期宇宙においてインフレーションが始まった確率はゼロに近いと論じている。二人は喩えとして、目隠しをした神がダーツを的に投げるようなものだと言っている。ダーツが的の中心に当たって、現在の宇宙を生むような大きなインフレーションが起こる確率は、ほとんどゼロだというのだ。このダーツ確率問題は、ホーキングとコリンズがビッグバンモデルそのものを、尖った方を下にしてバランスを取る鉛筆に喩えて批判したのを思い起こさせるような話だ。この問題を解決するためにアンドレイ・リンデは、〝永久カオティックインフレーション〟シナリオというものを説いた。多宇宙のランドスケープの中に十分な数の宇宙があれば、そのうち少なくとも一つではインフレーションが起こるはずだというのだ！

永久インフレーションによって、それぞれ異なる物理法則を持つ無数の泡宇宙、つまりポケット宇宙が生じる。現在のところ、われわれの宇宙に似たポケット宇宙が誕生する相対確率を求める確実な方法はない。ランドスケープや多宇宙という概念を持ちだしたところで、問題がさらに複雑になるだけだ。

初期宇宙においてインフレーションが起こる確率はごくわずかで、この現象は超微調節しなければ起こりえないという話を聞けば、鋭い読者なら次のように尋ねてくるかもしれない。インフレーションも、もともとのビッグバンモデルに比べれば優れているのではないか？　インフレーションの微調節は、ビッグバンモデルの微調節に比べて八〇パーセント優れているのか？　四〇パーセント優れているのか？　あるいは一〇パーセント優れているだけか？　インフレーションの問題をこのような形で考えると、宇宙の初期条件を解決しようという、インフレーションを導入した本来の動機が霞んできてしまう。

宇宙の物理モデルはすべて、間接的にしか証明できないであろう基本的仮定に基づいている。ニュートンの重力理論でさえ、空間は三次元だと仮定する必要があるが、なぜ空間が三次元なのかは説明できない。同じようにＶＳＬ理論でも、なぜ初期宇宙では光速がとても大きかったのかは説明できない。それは、ＶＳＬモデルを作る上で必要な基本的仮定にすぎない。

私の最初のＶＳＬモデルからも、のちのバイメトリック重力モデルからも、宇宙背景放射データの平滑性と一様性に一致する結果が予測される。しかしどちらのモデルでも、標準的なインフレーションモデルと違って、アインシュタインの重力場方程式を修正する必要がある。アインシュタインの理論には、インフレーションを可能にするような解は含まれるが、光速可変に相当する解は含まれないからだ。一九一一年、アインシュタインも光速可変重力理論を提唱していたのだが、特殊相対論の対称性と一般共変性を考えると光速が変化する可能性は否定されたため、のちの一般相対論と張り合って生き長らえることはなかった。

データによってインフレーションとVSLの正否は決まるか

インフレーションは、長年にわたって問題や批判はあったものの、きわめて初期の宇宙で何が起こったかを現実的に描き出すものとして受け入れられている。インフレーションの代替案であるVSLも、地平面問題と平坦性問題を解決し、量子ゆらぎのスケール不変スペクトルを実験データと一致する形で予測する。それなのにどうして関心を集めないのか？　それは科学的というより社会的な理由だろう。インフレーションはVSLより十数年昔から存在していて、わざわざ挑戦者の資格を詳しく調べるよりも、現職を支持しておく方が簡単なのだ。

しかしはたして、実験データや観測によって、インフレーションとVSL、あるいは宇宙論の初期値問題を解決する別のシナリオの正否を判断し、どのシナリオが自然界と一致するのかを示すことは可能だろうか？[注3]　最終散乱面は不透明で、ビッグバンからおよそ四〇万年後以前の物理的事象を観測することはできないので、時刻ゼロに近いきわめて初期の宇宙ではインフレーション膨張が起こったのか、あるいはVSLモデルの言うように光速がきわめて大きかったのか、それを直接観測することは決してできない。したがって、インフレーションとＶＳＬのどちらを信じるかは、特定の教義を信仰するかどうかに近いものがある。だが、最終散乱面を乗り越えるある強力な間接的情報によって、ＶＳＬとインフレーションのどちらが正しいかを判断できるかもしれない。その情報とは、原初の重力波だ。

光、すなわち光子と違って、重力波は不透明な最終散乱面をそのまま通り抜け、初期宇宙の姿をわれわれに伝えてくれるに違いない。それは、重力を伝える粒子である重力子が、陽子や光子ときわめて弱くしか相互作用しないためだ。重力は、幽霊のように物質の中をすり抜ける。インフレーションモデルからもＶＳＬモデルからも、きわめて初期の宇宙で生じた重力波のゆらぎのスペクトルが予測されるが、それらは互いに違っている。したがって、重力波のゆらぎの特徴を検出できれば、初期宇宙の説明としてどちらが正しいのか、あるいはどちらも間違っているのかを、実際に判断できるかもしれない。

重力波を検出できるのは、二個のブラックホールの衝突やビッグバンのように、大激変によって生じた場合に限られる。重力はあまりに弱いため、検出できるほど強い信号を発生させられるのはそのような激しい出来事しかない。このような大激変によって時空のさざ波が放射されるが、その振幅はきわめて小さい。はるか昔に発生した重力波が長さ一メートルの物体を通過しても、その物体は10^{-13}メートル、つまり水素原子の一〇〇〇分の一しか動かないのだ！　現実的にどのようにして重力波を検知するにしても、原子核の一万分の一のずれを検出できる感度が必要となる。

一九六〇年代、メリーランド大学の物理学者ジョーゼフ・ウェーバーは、重力波を検出する研究計画を立ち上げた。重力波を検知するために考案した装置は、単純な代物だった。大きな金属の塊に、どんな振動でも検知できる電子機器を取りつけたものだ。残念ながらこのウェーバーの棒は感度が低く、音波による背景雑音よりかなり大きなとても強い重力波しか検出できなかった。一九六〇年代にウェーバーは、この棒によって重力波を検出したことを示す信号を観測したと主張した。しかし大きな異論が巻き起こり、最終的にその主張は否定される。悲しいことに、重力波を発見するという今日の国際的大事業の端緒を開いたウェーバーの功績が、その生前に認められることはなかった。

一九六〇年代のウェーバーの研究よりのちに、レーザー干渉計と呼ばれる新たな検出装置が発明された。数百メートルや数キロメートル離れて二個の物体が置かれ、それらがウェーバーの棒の両端と同じ働きをする。中でも最も高感度なのが、レーザー干渉計重力波天文台（ＬＩＧＯ）だ。地上に設置された検出器の抱える問題として、地震による雑音、列車や自動車の通過、さらには数百キロメートル離れた海岸線に打ちつける波といった低周波の音波によって、重力波の検出感度が制限を受けてしまう。ＬＩＧＯではこうした雑音を補正するため、三本の〝アーム〟のうち一本をルイジアナ州に、他の二本をワシントン州に設置している。しかし、低周波の重力波を検出するには、宇宙空間の方がはるかに適しているはずだ。そうしたシステムの一つが、ヨーロッパ宇宙機関（ＥＳＡ）とＮＡＳＡの共同プロジェクトとして二〇一一年に打ち上げが予定されている、レーザー干渉計宇宙アンテナ（ＬＩＳＡ）だ。ＬＩＳＡでは、二個の試験物体を別々の宇宙船によって五〇〇万キロメートル離して設置し、その間でレーザーを走らせる（ＬＩＳＡも、太陽風や宇宙線といった別の雑音源に影響を受ける）。宇宙でおこなわれるＬＩＳＡ計画は規模が大きいため、きわめて低い振動も検出でき、重力波を見つけられる可能性は高まるはずだ。

ＬＩＧＯやＬＩＳＡでも力不足だった場合に備え、月を巨大な重力波検出器として使おうと提案している科学者もいる。重力波によって月の形がごくわずかに歪み、巨大なウェーバーの棒のように振る舞うだろうというのだ。

現在のところ、ＬＩＧＯやその改良型であるイタリア＝フランスのＶＩＲＧＯなどでも、重力波は検出されていない。これらの装置が、あるいは宇宙空間でＬＩＳＡが検出に成功すれば、きわめて重要な発見になるはずだ。重力波の存在を予測する、アインシュタインの重力理論のもう一つの証明となる。また、標準的なインフレーションモデル、ＶＳＬ、あるいは別のシナリオのうちどれがきわめて初期の宇宙を正しく記述しているのかを、教えてくれるだろう。宇宙論の標準的なビッグバンモデルを〝修正〟してそこに組み込むには、どのシナリオが適しているのかが、重力波を検出することで明らかとなるはずだ。

第七章　新たな宇宙論的データ

グースなど初期のインフレーション理論学者にとって、きわめて初期の宇宙に関する知見を与えてくれる宇宙論的データは、一九六四年にアーノ・ペンジアスとロバート・ウィルソンが電波天文学で得た宇宙マイクロ波背景放射（ＣＭＢ）のデータだけだった。そのデータによれば、ＣＭＢの温度は天空全体にわたって驚くほど均一だった。しかし一九八九年以降、ＮＡＳＡの探査機ミッションや天文観測によって新たに刺激的なデータがもたらされ、初期宇宙の理解が進む。物理学者たちはそうした新たな情報に取り組み、どのようにすれば標準的な宇宙論モデル——アインシュタインの重力理論、ダークマターとダークエネルギー、ビッグバンモデルとインフレーション——とつじつまを合わせられるかを見きわめようとしている。しかしもしかしたら、新たなデータによって、そのモデルを修正、あるいは放棄しなければならないのではないか？

赤ちゃん宇宙のスナップショット

ジョン・メイザーとジョージ・スムート率いるNASAのプロジェクト、宇宙背景放射探査衛星（COBE）が、一九八九年一一月に打ち上げられた。そして宇宙から、一九六四年にペンジアスとウィルソンが発見したCMBが撮影された。その驚くべき貴重な写真は、目に見える最も古い宇宙の姿を捕らえたスナップショットだ。この初期宇宙の名残――〝最終散乱面〟、〝再結合時代〟、〝脱結合〟などさまざまな名前で呼ばれている――は、天空に広がる巨大な球体のようにわれわれを取り囲んでいる。一四〇億年近く前に化石化したこのCMBは、ビッグバンが残した光の残光だ。この光は宇宙全体に広がっていて、今日では可視光として見ることはできない。時空の膨張によって波長が引き伸ばされ、今ではマイクロ波放射となっているからだ。この宇宙最古の光は、最終散乱面以降、宇宙の膨張とともにあらゆる方向へ広がってきた。天空全体におけるこの放射のパターンには、最も初期の宇宙の形、大きさ、中身、そして宇宙の究極の運命に関する膨大な情報が刻み込まれている。

一九九〇年代前半にCOBEによって撮影された最初の頃の写真から、天空全体にわたって温度は絶対温度約二・七Kで平滑かつ均一であり、壊れたテレビのスノーノイズのようであることが明らかとなった。ビッグバンから四〇万年後に天空の化石が形成されて以来、時空と光は一〇〇〇倍以上赤方偏移しているため、当時の若い宇宙の温度は約三〇〇〇Kだったと計算される。

図10　宇宙誕生から約40万年後に生じた宇宙マイクロ波背景放射（CMB）のWMAPによる姿。温度の異方性と小さなしみが見られる。［出典：NASA、WMAP科学チーム］

自由電子と陽子が結合して水素やヘリウムが生成する温度だ。

一九九二年にCOBEチームがおこなったさらなる観測によって、CMBのスノーノイズは実は完全に均一ではなく、宇宙論学者たちが一九八〇年代前半に予測していたとおり、背景放射の均一性を約一〇万分の一だけかき乱す小さなまだら状の斑点が存在することが明らかとなった。この小さな斑点の発見によって研究者たちの気分は高揚し、スティーヴン・ホーキングもCOBEチームの発表を受けて「史上最大とは言わないものの、今世紀最大の発見だ」[注1]と語った。宇宙論学者が考えていたとおり、CMBの小さな斑点、つまりゆらぎは、宇宙の膨張とともに銀河や銀河団が成長する種となったのだ。[*1]

COBEに続き、同じくNASAの驚くべき取り組みとして、ウィルキンソン・マイクロ波異方性探査衛星（WMAP）が打ち上げられ、COBEによって発見された小さなゆらぎがさらに詳しく調べられた。そして、ＷＭＡＰミッションが送信してきた何枚もの写真が天文学者の手で解析され、これまでになく鮮明な赤ちゃん宇宙の姿が得られた。ＷＭＡＰによるしみだらけのＣＭＢの画像からは、天空の各領域で温度がわずか一〇万分の一度違っているという予測が裏づけられた。ＣＭＢの温度を示したその楕円形の図には、まだら状の青緑色の中に密度が高く高温の黄色やオレンジ色の点が散らばっていて、この図は現代を象徴するものとして、アポロミッションで送信されてきた地球の写真に劣らず人々の知るところとなった。

ヨーロッパやアメリカのさまざまな研究室でいくつもの天体物理学者グループが、毎日膨大なプログラムコードをコンピュータに打ち込み、〝洗浄された〟ＣＭＢデータを導き出してデータの信頼性を高めようとした。最終散乱面を観測するには、〝前景混入〟を取り除かなければならない。銀河やボイドなど、地球と最終散乱面との間にある、もっとのちの時代にできた構造によるデータの混入だ。ありのままに洗浄された宇宙背景放射の画像を得るのは、とても難しい。初期宇宙の観測の邪魔をするのちの時代の非一様領域をどのように記述するか、そのモデルに左右されるためだ。

＊1　メイザーとスムートは、ＣＯＢＥミッションを指揮したことにより二〇〇六年にノーベル賞を受賞した。

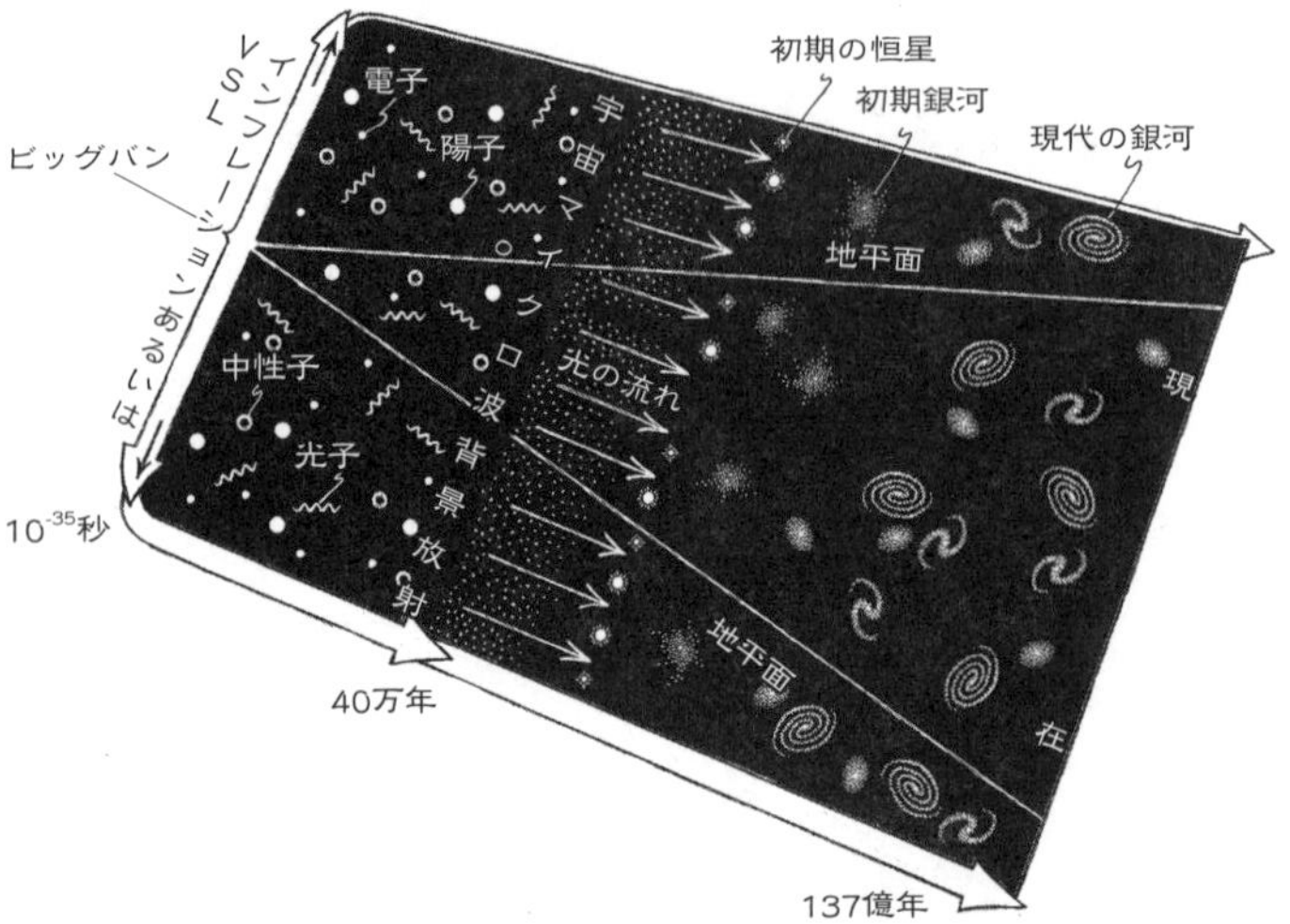

図11　従来のビッグバンから現在までの宇宙の進化を表わした宇宙年表

新たな宇宙写真の解釈

宇宙論の新たな標準モデルによれば、理論的にはインフレーションとその粒子、インフラトンが銀河の種を作り出したとされる。ビッグバン直後のインフレーション期、インフラトン場に量子ゆらぎが生じ、それが指数関数的に引き伸ばされて地平面の先まで広がり、時空の中で〝凍結〟した。インフレーションが終わると宇宙はもっとゆっくり膨張しつづけ、凍結したゆらぎに地平面が追いついて、それが最終散乱面のＣＭＢに刻み込まれた。そしてこのゆらぎが重力によって成長して、銀河になったのだという。[*2]

標準モデルにおける初期宇宙のシナリオをもっと詳しく見てみよう。インフレーション期からまもなくして、宇宙は高温の放射に支配された。それが約四〇万年続いたのち、最終散乱面で放射と物質が脱結合した。脱結合までのこの時期、物質はイオン化した水素のプラズマ――自由陽子と電子――の形を取り、それが光子と相互作用していた。素粒子物理学の標準モデルによれば、陽子は互いに結合したクォークからできている。原子核物理学や素粒子物理学から明らかになっているとおり、超高温で電子と陽子が相互作用していると、光子は自由に動くことができず、短い距離進んだかと思うと散乱されたり吸収されたりする。

銀河がどのように成長したのかを理解する上で、インフレーション後のこの高温プラズマ――宇宙スープ――の時期はきわめて重要だ。プラズマの中の陽子（あるいはその成分であるクォーク）は、静電引力を担う光子と強く相互作用する。そのプラズマは重力収縮によって凝集し、どんどん大きな天体を形成しはじめる。プラズマは光子圧も持っていて、それにより重力に対抗する。しかし最終的には重力が上回るようになって、プラズマの中により大きな塊が数多く作られ、それが光子圧の反発力によって膨張と収縮を繰り返す。そうして高温流体の中に音速で伝わる波が生じ、初期宇宙にある種の音楽が響き渡る。今ではその音楽を聴くことはできないが、その証拠はＣＭＢデータの中に音波振動として見られる。

高温プラズマの中の塊は、ＣＭＢの画像の中に温度ゆらぎとして認められる。ゆらぎの程度はプラズマ全体の温度に比べて微小なため、数学的に小さな摂動ゆらぎとして取り扱うことができ、

＊2　インフレーションに代わるメカニズム、光速可変宇宙論（ＶＳＬ）では、このゆらぎは放射優勢の時代に時空そのものから誕生したとされる。

そうすることで厳密解ではなく近似解が得られる。プラズマの中でいつ重力が光子圧に打ち勝ったかによって、音波振動の間にゆらぎの塊がどれだけ大きくなったのかが左右されるので、それを理解するのは重要だ。

塊の重力がその拡散圧を上回るようになったのは、なぜだろうか？　言い換えれば、最終的に銀河や恒星となる塊が成長するかしないかを決めたのは何か？　重力が支配的になったのは、重力落下時間、つまり塊が収縮するのにかかる時間が、塊の端から端まで音波が届くのにかかる時間より短くなったときだ。この二つの時間のバランスは、ジェームズ・ジーンズ卿が二〇世紀前半に恒星の進化を研究していたときに発見した、ジーンズ長さ、あるいはジーンズ時間によって決まる。ジーンズ長さより大きな塊は成長し、それより小さい塊は成長しない。銀河が形成されるには、非一様な塊が現在観測されている銀河の大きさにまで成長する必要があるが、それには一〇億年以上の時間がかかる。

角度パワースペクトルにおける音波の追跡

赤ちゃん宇宙に探りを入れる上で重要なツールが角度パワースペクトルと呼ばれるもので、これはＷＭＡＰのデータからかなりの精度で決定できる。[注2]〝角度〟とは、地球上の観測者が見る天空中の角度を指す。〝パワー〟とは、この場合には、宇宙スープを伝わる音波の強度を指す。角

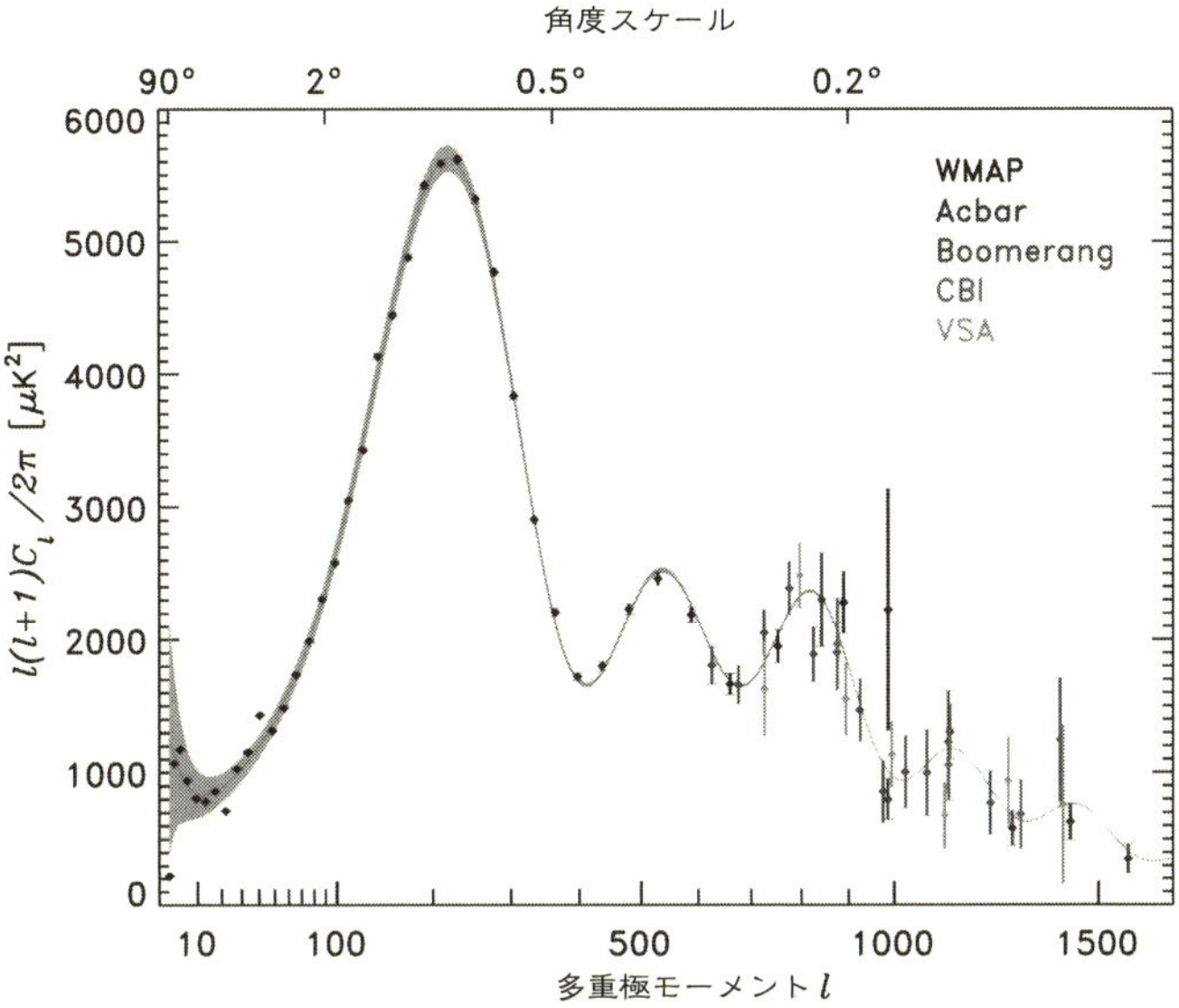

図12　ウィルキンソン・マイクロ波異方性探査衛星（WMAP）による角度音響パワースペクトル　［出典：NASA、WMAP科学チーム］

度パワースペクトルから読み取れるのは、ＷＭＡＰ衛星が測定した最終散乱面上の音波だ。

要するにこの角度パワースペクトルは、音波が高温プラズマ中を伝わるときに生じた一連の音響振動、山や谷の連なりと言える。それが化石化した波となって、ＣＭＢのスナップショットとして捕らえられている。図12のグラフでは、縦軸が音響パワースペクトルの強度——つまり波がどれだけ大きいか——を、横軸が観測されるＣＭＢの中での角度の大きさを表わしている。この角度パワースペクトルのデータには初めに大きなピークがあるが、これは天空の広い角度を観測すれば見られる。この最初の大きなピークの次には、より小さな角度に相当する第二、第三のはっきりしたピークがあり、さらに小さなさざ波が続いている。ここで目にしているのは、最終散乱面から放射された光子が示す、一四〇億年近く前に生じた初期宇宙の音波の形だ。

このＷＭＡＰデータによる角度パワースペクトルは、高高度気球によって収集されたもっと最近のデータによって改良されている。二〇〇五年に実験家の国際チームが、〝ブーメラン〟と命名した気球実験の解析結果を発表した。ＷＭＡＰやＣＯＢＥ衛星ミッションと同じく、気球を大気圏より高くまで上げ、宇宙マイクロ波背景放射を記録した。この気球のデータでは、パワースペクトルの三番目のピークがＷＭＡＰのデータより強く出ている。

これらのピークの大きさとグラフ上での位置から、誕生四〇万年後の宇宙に関してどんなことが分かるのか？　標準モデルを採用するなら、ＷＭＡＰデータにおける最初のピークの位置からは宇宙の形が分かる。そしてここからは、時空の幾何が空間的に平坦だということが読み取れる。このピークのグラフ上での位置は、空間がどのように歪んでいるかによって決まるからだ。ＷＭＡＰの角度パワースペクトルは、宇宙が数パーセント以内の精度で空間的に平坦であることを物語っている。宇宙論における昔からの疑問、宇宙は平坦なのか、開いているのか、あるいは閉じているのかという問題に答が出たことになる。今日われわれが知っている三次元宇宙は、三次元ユークリッド幾何構造を取っていて、平行線はどこまで行っても平行で交差することはない。もし宇宙がこの平坦な空間幾何のまま膨張を続ければ、やがて無限に広がり、宇宙に存在する物質は最終的に希薄になって消えてしまうだろう。[注3] しかし、宇宙が平坦だという発見は、まったく驚くようなことではなかった。最も単純なインフレーションモデルでもＶＳＬでも、空間的に平坦な宇宙が予測されるからだ。

この角度パワースペクトルからは、宇宙の形に加え、宇宙に存在する物質とエネルギーの量に関する情報も得られる。冷たいダークマターもダークエネルギーも存在しないというモデルを採用すれば、再結合前の高温プラズマは目に見えるバリオンと光子だけでできていることになる。ここでアインシュタインの重力理論のみを使って解析すると、第一のピークの位置がデータと一致せず、第二と第三のピークは消えてしまう。アインシュタインの重力理論および目に見えるバリオンと光子だけを使うと、重力が大幅に弱くなってしまうからだ。したがってＣＭＢのデータからは、大量のダークマターとダークエネルギーをつけ加えてアインシュタインの理論を守るか、あるいはアインシュタインの重力理論を修正してダークマターを排除し、ダークエネルギーに説明を与えなければならないことが分かる。ダークマターを使わずにこの音響パワースペクトルデータと一致させることが、すべての修正重力理論の大目標となっている。

物質パワースペクトルと宇宙の物質の量

もう一つのパワースペクトル、物質パワースペクトルは、宇宙における物質とエネルギーの量や分布についてさらに多くのことを教えてくれる。このデータは、ＣＭＢだけでなく天空上の銀河の数にも左右される。宇宙に物質がどれだけ存在するかという基本情報が、宇宙の大規模構造を決めるのだから、それを知る必要はある。物質とエネルギーが時空を歪め、宇宙の形を決定するからだ。宇宙論学者たちは実際に、この物質パワースペクトルをもとに、アインシュタインの重力理論を使って宇宙を記述するために必要となる、標準モデルにおけるダークマターとダークエネルギーの量を見積もっている。スローン・デジタル・スカイ・サーヴェイ（ＳＤＳＳ）のデータによる物質パワースペクトルのグラフは、ダークマターのあるアインシュタインの重力理論による予測と、重力がより強くダークマターのない修正重力理論（ＭＯＧ）による予測との正否を判断する上で、きわめて重要になるだろう。両者の違いと、ＭＯＧ対ダークマターの勝敗の決し方については、第一三章で詳しく述べよう。

物質パワースペクトルからは宇宙における物質とエネルギーの統計的分布が分かり、そこからそれぞれの実際の量を計算できる。空間に物質が一様に分布している場合と、非一様に分布している場合との違いを考えてみよう。一様で均一に分布している場合、もしここに物質の小さな塊があれば、同じような塊が空間全体に均一に分布していることになる。逆に非一様に分布している場合、物質の塊は不均一に見える。ニューヨーク上空をヘリで飛べば、真下のマンハッタンの方が遠くのロングアイランドより多くの人の姿が視界に入る。郊外より都市の方が多くの人が住んでいるからだ。ある国における人間の分布のパワースペクトルを作れば、統計的に田園地域より都市の方が多くの人間がいることになる。物質パワースペクトルの〝パワー〟とは、対象、この場合は音波でなく銀河の数と統計的分布を指している。初期宇宙の物質パワースペクトルでは、銀河が形成される場所に数多くの塊が見られ、ボイドへと進化する領域には塊がほとんど存在しないことになる。

天空全体の姿を捕らえ、宇宙に存在する銀河などの目に見える物質を描き出すには、平らな地図でなく天球として捉えるという方法がいい。そうしたデータは、地上の望遠鏡、ハッブル宇宙望遠鏡、探査機ミッションによって収集できる。ここ何年かで、観測天文学者の二つのチームが中心となって、この天球の姿が徐々に明らかにされてきた。ニューメキシコ州で進められている計画では、一四の機関からなるチームが二・五メートルの望遠鏡を使っている。そして一九九八年以降、スローン・デジタル・スカイ・サーヴェイのデータを収集している。現在までに二〇〇万個以上の銀河までの距離を測定し、天球の北半分のうち四分の一の地図を作製した。もう一つの大規模調査、オーストラリア・ニューサウスウェールズ州のアングロ・オーストラリアン天文台で進められている2dF（角度二度視野）計画では、南半球の統計的分布の地図が作製されている。こうした観測によって、何百万個もの銀河の統計的分布を表わした地図ができあがる。その物質パワースペクトルを解析すれば、現在の宇宙に存在する物質の量と分布だけでなく、暗い銀河を数えられる限り昔の、初期宇宙における物質の量も知ることができる。物質パワースペクトルは、再結合から恒星や銀河の形成、さらに今日まで、ＣＭＢの塊がたどってきた歴史を追い

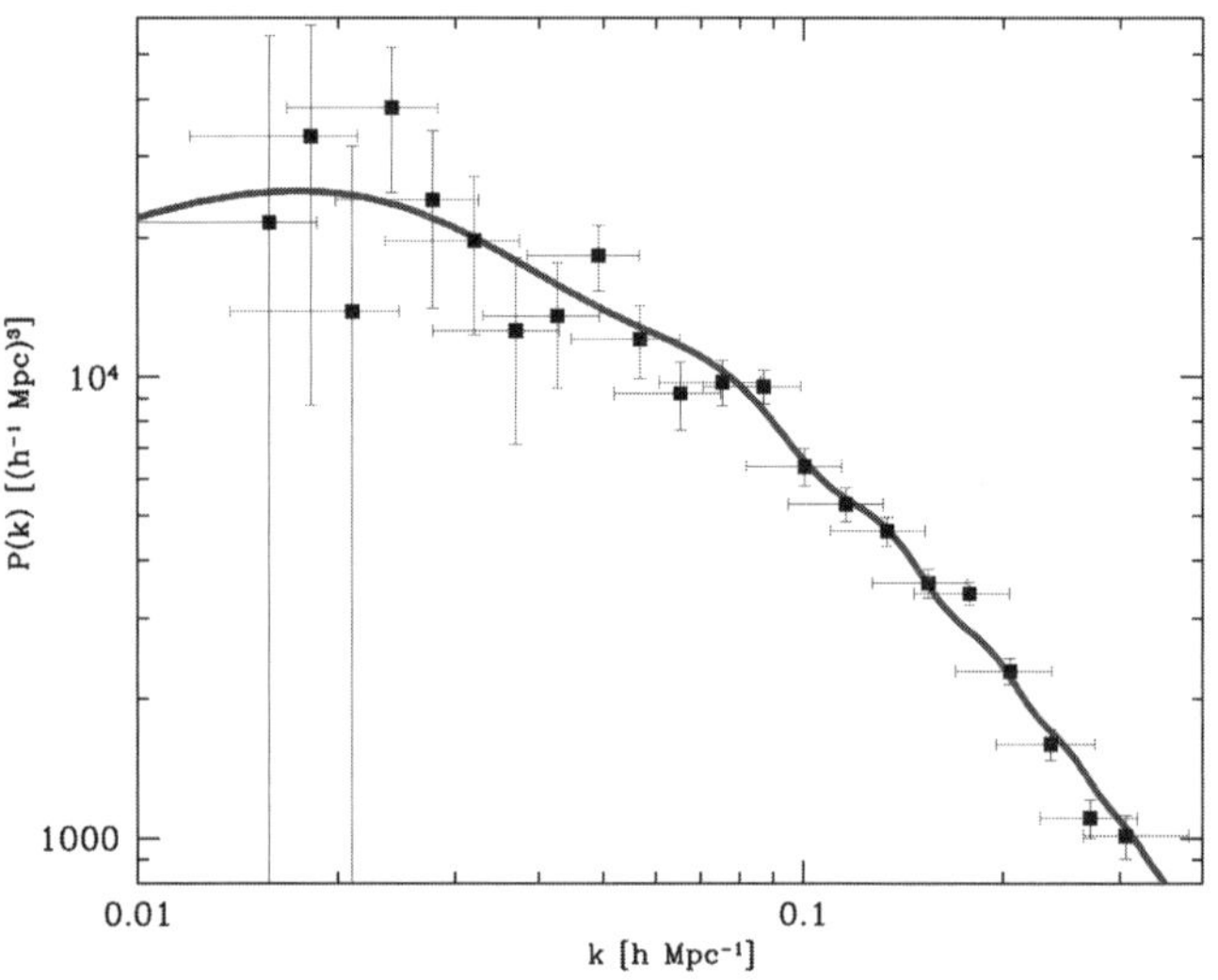

図13　スローン・デジタル・スカイ・サーヴェイによる物質パワースペクトル
［出典：マックス・テグマーク／SDSSコラボレーション］

かけているといえる。

最近になって、ＣＭＢの宇宙論的測定と恒星や銀河の分布の測定が相次いでいる。図13に、そのパワースペクトル、つまり物質の分布を波長kに対してプロットしたグラフを示した。kは、われわれが見ている天球上の距離の逆数に相当する。その距離の三乗が、天球上のある特定の部分の体積となる。グラフの横軸上でkが左端のゼロに近づくにつれ、天空上で観測される距離スケールの大きさ、つまり体積が大きくなり、最終的には目に見える宇宙全体の体積に等しくなる。逆に横軸上で右の方、すなわちkが大きくなるにつれ、天空上の距離スケールと体積は小さくなり、やがて銀河団どうしの距離、さらには一個の銀河に相当する距離スケールまで小さくなる。銀河分布のデータはエラーバーつきの点で表わされている。曲線は、〝ラムダCDM〟モデルと呼ばれる宇宙論の標準モデルから予測されるデータをフィッティングさせたものだ。ちなみにラムダは宇宙定数、CDMは冷たいダークマターを意味する。

標準モデルによれば、このグラフのデータ以前（グラフより左側の領域）に起こったインフレーションの間に時空は風船のように指数関数的に膨張し、宇宙スープの中の摂動ゆらぎも引き伸ばされた。その原初のゆらぎは大きさを増し、結果生じるパワースペクトルはどんなスケールでも同じに見えるようになった。その部分の曲線が右上がりの直線になっていることは、グラフのその部分でゆらぎの分布がスケール不変的であることを意味する。

このいわゆるスケール不変スペクトルがインフレーションモデルのおもな予測の一つで、それはWMAPのデータによって正しいことが確認されている。[*3] 一般的にスケール不変性というのは、分布している空間を大きくしても小さくしても、物体の分布の形が変わらないことを意味する。スケール不変性のよい例が、フラクタルパターンだ。図14のいわゆるフラクタル・カリフラワーをよく見ると、観察する細かさのレベルを変えても同じ形とパターンが繰り返される、スケール不変性が見て取れる。

物質パワースペクトルのうちCMBの部分も同じで、ゆらぎの物質分布をどのように見ても分

＊3　天体物理学者のエドワード・ハリソンとヤーコフ・ゼルドヴィッチが、初期宇宙におけるスペクトルのスケール不変性を初めて予測したのは、インフレーションモデルが発表されるより前のことだった。

図14　フラクタル・カリフラワー。初期宇宙の物質パワースペクトルと同様に、距離スケールにかかわらず同じように見える。［撮影：ジョン・ウォーカー］

布のパターンは変わらない。注4

図13を見ると、原初の原始銀河の分布を表わすデータ点はいつまでも上昇しつづけるのでなく、下降に転じてグラフに山を作り、その後はkが大きな値になるまで、つまり天空のうち小さな体積になるまで連続的に減少していく。この小さなスケールでは、銀河団やさらには銀河のパワースペクトル分布が見えてくる。グラフに山が現われ、その後減少しているのは、ゆらぎが成長して恒星や銀河や銀河団が生まれたためだ。

宇宙の物質の構成を理解する上で、物質パワースペクトルはどのように役立つのだろうか？　標準モデルによれば、初期宇宙も含め、宇宙の物質の少なくとも九〇パーセントは〝ダーク〟だ。ダークマターは光子の形で放射を発しないので、見ることはできない。では、その量はどのようにして測定したらいいのだろうか？　標準モデルを発展させている宇宙論学者がダークマターの量を見積もろうとすれば、その観測に関してかなり強い仮定を置かなければならない。その一つとして、銀河の周りにはダークマターのハローがあって、その分布は銀河の光から判断できると仮定している。そこで、銀河の数が分かれば、宇宙に存在するダークマターの量を見積もれることになる。もちろん決定的な値は得られない。だが、目に見える銀河団や銀河の物質パワースペクトルの形はどれもほぼ同じであるという仮定、さらに、目に見える物質が存在していれば必ずダークマターが多量に存在しているという仮定に基づき、宇宙論学者たちは、銀河の種類が違ってもダークマターのパワースペクトルの形は同じだと考えている。ところが、天文学的データでは必ずしもそれが裏づけられておらず、激しい論争が巻き起こっている。

すべてまとめると

一九六〇年代にフレッド・ホイルらが、原子核物理学に基づく驚くほど正確な計算によって、初期宇宙の原子核合成期におけるバリオンの密度――および総量――を導き出した。その時期は時刻ゼロの一秒後から一〇〇秒後までに相当し、宇宙スープの温度は約一〇億K、そのとき重水素、ヘリウム、リチウムといった、単純な水素より重い同位体や元素が形成された。[注5]宇宙の初期の歴史におけるこの時期は、現在ではおよそ一〇〇億という赤方偏移を示しているはずだが、最終散乱面より以前であるため〝見る〟ことができない。CMBのカーテンで覆い隠されているのだ。宇宙の一生にわたってバリオンは保存されるので、ホイルが導いた値は、現在の宇宙に存在するバリオンの数に等しい。

現在の宇宙論学者が取り組んでいる大きな課題が、物質パワースペクトルと角度パワースペクトルの両方を、ホイルらによる宇宙のバリオンの量の計算値と一致させられるようなモデルを編み出すことだ。データに見事一致する宇宙論的モデルであれば、宇宙の大規模構造を正確に記述できるだろう。標準的なモデルであるラムダCDMモデルを使い、CMBFASTというコンピュータプログラムに基づいた計算に従ってWMAPのデータを解析すると、宇宙の約四パーセントがバリオン（陽子や中性子という形を取るクォーク）、二四パーセントがダークマター、七二パーセントがダークエネルギーでできているという結論が得られる。宇宙の幾何が空間的に平坦だとすれば、この物質とエネルギーの割合は、物質パワースペクトルや角度パワースペクトルときわめてよく一致する。念を押しておくが、アインシュタインの重力理論に基づく標準モデルをデータと一致させようとすると、どうしてもこれらの値が必要となる。別のモデルでは違う値が出て、MOGでは風変わりなダークマターの値はゼロとなる。これについては第一三章で述べよう。

ダークエネルギーという呼び名はシカゴ大学の宇宙論学者マイケル・ターナーの命名によるが、

これは天空全体に均一に分布している。一方、およそ三〇パーセントを占めるバリオン物質と推測上のダークマターは、均一に分布していないという点でそれと違う。ダークエネルギーは重力で凝集できない。もし凝集できたとすると、初期宇宙における銀河形成モデルと深刻な矛盾をきたしてしまう。これほどの量のダークエネルギーが初期宇宙で凝集すれば、銀河の形成は止まっていたはずだからだ。

加速膨張する宇宙とダークエネルギー

ダークエネルギーが存在する証拠はあるのだろうか？　一九九八年、カリフォルニア州にあるローレンス・バークレー国立研究所とキャンベラにあるオーストラリア国立大学の二つの天文学者チームが、数十個のⅠa型超新星からやってくる光を調べていた。超新星には、大きく分けて二種類、細かく分ければもっと多くの種類がある。ここで採り上げるⅠa型超新星とは、連星系を構成する白色矮星で、宇宙の物差しとして使われる。この白色矮星は相棒の恒星から徐々にガスを引き寄せ、やがて重くなりすぎて崩壊し、熱核爆発を起こす。Ⅰa型超新星はすべて同じ絶対光度を示すと考えられている。したがってケフェウス型変光星と同じように、宇宙における距離を決定するのに役立つ。だが超新星はとても稀だ。われわれの銀河系の近くで最も最近出現したのは一九八七年、銀河系内ではケプラーが観測した一六〇四年のものが一番新しい。現在観測されている超新星は、すべて他の銀河の中にある。

一九九八年、ソール・パールマター率いるカリフォルニアのグループとブライアン・シュミット率いるオーストラリアのチームは、光度距離の測定によって、超新星からやってくる光が距離の算出値に基づく〝本来の〟明るさより五〇パーセント暗いことを発見した。これは、誰もが考えていたとおり宇宙が膨張しているとして計算した場合の距離よりも、この超新星が遠くにあるためだと解釈された。そして、宇宙は実は加速膨張しているという結論が導かれた。仰天の結論だった。

この結論に疑問を抱いた人たちは、地球と超新星との間に星間塵があるため暗くなっているか、あるいは超新星の進化過程について何か間違っているためだと指摘した。だが二つのチームは、観測結果をあらゆる面から入念にチェックしなおし、宇宙が加速膨張しているとする解釈は正しいと改めて主張した。さらに、物質の重力は宇宙の膨張を減速させるほど強いというのに、宇宙の膨張は五〇から八〇億年前に加速しはじめたと提唱した。

宇宙論の標準モデルによれば、ダークエネルギーは宇宙に均一に分布しているとされるため、過去のある時点では物質の量が上回っていて、宇宙の膨張は減速していたに違いない。しかし、宇宙の膨張とともに物質の密度が下がり、まだ分かっていない何らかの理由によって、五〇から八〇億年前という比較的最近に物質の密度がダークエネルギーの密度を下回った。そしてダークエネルギーが物質の密度を上回るにつれ、宇宙の膨張が加速しはじめたのだと考えられる。

ダークエネルギーの素性については、最近になってもさまざまな推測がなされるに留まっている。誰もその由来を知らず、宇宙が時刻ゼロから膨張するにつれてそれがどのように進化してきたかも分かっていない。実験室や望遠鏡でダークエネルギーを直接検出することもできない。ある解釈によれば、ダークエネルギーは真空のエネルギーだという。現代の素粒子物理学では、真空は〝何もない〟のではなく、陽子と反陽子、あるいは電子と陽電子（反電子）といった仮想粒子が生成しては消滅している状態を、われわれは真空だと解釈しているという。つまり、陽子や電子などの粒子の生成と消滅のバランスが完全に取れていて、宇宙は最小エネルギーの状態にあり、それをわれわれは真空と呼んでいることになる。真空エネルギーは一定であり、宇宙に反重力を導入したアインシュタインの宇宙定数と同じものだと考えられている。真空エネルギー、ダークエネルギー、宇宙定数という言葉は、実際上すべて同じ意味だ。[注6]

しかし前に述べたように、宇宙定数は長く厳しい歴史を歩んできたし、また天体物理学的観測結果と一致させるには、計算にとてつもない微調節が必要となる。だからほとんどの物理学者は、ダークエネルギーをアインシュタインの宇宙定数として解釈するのを嫌がり、代わりとなるダークエネルギーの解釈を数多く提案している。私の解釈を含め、そうした解釈については、第一五章で論じよう。

その一方で驚くことに、宇宙を平坦にするために必要で、また新たな標準的宇宙論におけるフリードマン方程式と一致するようなダークエネルギーの量を計算してみると、その値はＷＭＡＰ

データの音響ピークとも一致する。つまり、ＷＭＡＰによるＣＭＢデータは、宇宙の膨張の加速を示す超新星の観測結果とつじつまが合っている。ほとんどの物理学者や宇宙論学者は、ダークエネルギー自体が宇宙の膨張を加速させているという点で一致している。

念を押しておくが、この新たな宇宙像は根拠のない推測によるものではなく、ＷＭＡＰによるＣＭＢの正確なデータから明らかとなった厳然たる事実を解析した結果だ。超新星観測により得られた宇宙の加速に関するデータと、銀河の大規模観測、銀河団の分布、重力レンズ効果などを組み合わせることで、宇宙に存在する物質とエネルギーの量も明らかになる。

しかし、目に見えないその奇妙なエネルギーと物質が宇宙の大部分を構成していることに対して、説得力のある理論的説明を探す必要がある。なぜほとんどの物理学者は、目に見えるバリオンが宇宙のわずか四パーセントにすぎないと信じているのだろうか？　二四パーセントの未発見の物質、ダークマターの素性はどんなものなのか？　ダークマターを観測することは可能なのか？　それとも、私のＭＯＧ理論が示しているとおり、データに表われている効果は実際には重力が強いためであって、ダークマターは実在しないのだろうか？

さらに、七二パーセントを占めるとされるダークエネルギーの由来と特徴はどんなものなのか？　なぜ宇宙は、われわれが住んでいるこの時代に加速膨張しているのか？　この疑問からは、奇妙な〝偶然性問題〟が浮かび上がってくる。加速の時期が一二〇億年前や八〇億年後でなく、われわれが住んでいる現在だというのは、不自然に思えるということだ。われわれが宇宙の中で特別な場所と時間を占めているという、反コペルニクス的な危険な立場に置かれてしまうことになる。

現在、理論面と観測面の両方で数多くの物理学者、天文学者、宇宙論学者が、こうした疑問に答を出そうと競い合っている。ダークマター、ダークエネルギー、宇宙の加速膨張が、現代の物理学者や宇宙論学者の直面している三大問題だと言えよう。

第三章からこの第七章までで述べた宇宙論の新たな標準モデルを、大部分の天文学者や宇宙論学者は、宇宙の正しい記述だと考えている。アインシュタインの一般相対論に基づき、データに一致するようダークマターの存在を仮定し、特異点であるビッグバンとインフレーションによる有限の宇宙の誕生を受け入れ、ブラックホールを実在のものと考え、アインシュタインの宇宙定数を表わすダークエネルギーを仮定している。この標準モデルの方程式は、天文学者や宇宙論学者のデータ解析に組み込まれている。そのためデータの解釈は標準モデルに大きく依存していて、標準モデルに有利になるようバイアスがかかっている。

ここで、次のような問いかけをしたくなる。アインシュタインの理論を修正して新たな重力理論を発見し、それによってダークマターを取り除き、ダークエネルギーを説明したら、いったいどうなるだろうか?　新たな標準モデルとまったく同じようにあらゆる観測データと一致しながらも、検出できず、おそらくは想像上にすぎないダークマターを大量に持ち出す必要のない宇宙論を導けるかもしれないではないか。

第四部　新たな重力理論を探す

第八章　ひも理論と量子重力

ここまではおもに、宇宙の大スケールで作用する古典的な重力について説明してきた。ここからは、10^{28}電子ボルトという巨大なプランクエネルギーに対応する、約10^{-33}センチメートルという想像できないほど小さな距離、プランク距離のスケールにおける重力に注目しよう。原子より小さなレベルでは重力は取るに足らないが、この微小なプランク距離になると、自然界の他の力より再び優位に立つ。[注1] 理想を言えば、宇宙の端までの距離から、想像できる最小の微小な距離まで、すべての性質を記述できる重力理論が欲しい。この章で述べるひも理論と量子重力理論は、どちらもそれを目標に掲げている。

何十年も前から物理学者の世界では、現代物理学の二つの大黒柱、一般相対論と量子力学を統一しなければならないということで意見が一致していた。どちらの理論も、首尾一貫した理論的枠組みを見事に作り出した。そしてどちらも、正確な実験によって検証されてきた――量子力学は極微小なレベル、一般相対論は天文学において。しかし両者を組み合わせてより大きな一つの理論を作ることに、天才たちは六〇年以上も頭を悩ませてきた。

多くの物理学者の共通意見として、一般相対論と量子力学を統一するには、ジェームズ・クラーク・マクスウェルの有名な場の方程式で表わされる古典的な電磁場を〝量子化〟したのと同じような方法で、アインシュタインの理論により表わされる重力場を量子化しなければならない。つまり、電磁場に対して光子という量子エネルギーの塊を考えたように、重力に対しては重力子を考える必要がある。そして、エネルギーの塊として量子化すべきは重力波であると、ほとんどの物理学者は考えている。時空そのものを量子化しようとしても、物理的に意味のある解釈を導くには、どうにかして重力波の量子エネルギーの塊を重力子として考えなければならない。そのような理論が発見されれば、重力の量子論と呼ばれることになるだろう。

この量子重力理論の目標よりさらに野心的なのが、自然界のすべての力を統一する万物理論探しだ。これらの目標を巡り、理論物理学者の社会は二つの陣営に分かれている。大きな方の陣営は、ひも理論によって万物理論に到達でき、そこに量子重力理論も含まれると考えている。もっとずっと小さな陣営は、万物理論を探さなくても正しい量子重力理論にたどり着け、量子重力理論そのものが大きな成功になるはずだと主張している。

第一の陣営——ひもとブレーン

ひも理論は、一九六〇年代、陽子や中性子の中でクォークを結びつけている強い相互作用を理解しようという試みから生まれた。当時は、重力がひもの描像に含まれるとは考えられていなかった。ガブリエル・ヴェネツィアーノ、南部陽一郎、ホルガー・ベック・ニールセン、レオナルド・サスキンドといった物理学者が、原子核を一つにまとめている強い力を説明するには、原子核の中に存在する粒子をひもとして表わせばいいと提唱した。しかしこのモデルは結局うまくいかなかった。強い力のひも理論は短命に終わったが、ひもという数学的アイデアは生き残ることとなる。[注2]

一九七〇年代前半、さまざまな量子重力理論が考え出されたが、いずれも有限で予測可能な結果を導き出せなかった。そのため多くの物理学者は、物理学は深刻な袋小路に陥っていると感じていた。そんな中、量子重力の問題を解決し、同時に重力と、素粒子物理学の標準モデルに含まれている他の力とを統一する新たな方法を探しはじめる人が出てきた。一九七四年にジョン・シュワルツとジョエル・シェルクは、ひも理論に登場する無数の振動するひものうち一つを使えば、質量ゼロで量子スピン2の重力子を記述できることに気づく。強い核力を記述するためだけにひも理論を使うという古い考えを棄てたシュワルツとシェルクは、重力を含めすべての力を統一する理論を発見し、ひものサイズは無限小に近いプランク長さだと主張した。

ひも重力子を含め微小なひもを使うというシナリオを思いついた二人は、次のように考えた。

ゼロ次元の点を大きさのある一次元のひもに置き換えれば、点粒子につきまとう無限大を取り除ける。だから、標準モデルにおいて重力子と粒子が関係する計算に非物理的な無限大が登場するという問題を、このひも理論によって克服できるのではないか。そうして二人は、重力と量子力学を組み合わせる方法として矛盾をきたさないのはこの方法だけだと確信する。さらに、もしニュートンがひも理論を知っていたら、重力子の存在も予測していただろうとまで言い切った。

振動するひものモデルを最初に発表したのは、日本人物理学者の南部陽一郎と後藤鉄男だった。続いて一九八〇年代前半に、プリンストン大学のロシア系アメリカ人物理学者アレキサンダー・ポリヤコフが振動するひもの数学モデルを編み出し、南部と後藤による研究を一般化した。ピアノの弦をフェルトのハンマーで叩くと振動するように、ポリヤコフのひもも振動して音色のモードを生み出す。その最低振動数の音色モードを、標準モデルにおいて観測されている粒子と同じものと見なせるかもしれない。魅力的な考えだが、残念ながらまだ成功していない。

シェルクとシュワルツが提唱した最初のひも理論〝革命〟は、理論物理学者の間で初めは有望な研究計画としては受け入れられなかった。その理由の一つが、考えられるひも理論があまりにも多すぎることだった。さらに第二の理由として、ひも理論を一貫した形で記述するには、高次元の時空、つまりわれわれが毎日目にして住んでいる三つの空間次元と一つの時間次元より多くの次元が必要だという事実に、疑いの目を向ける物理学者もいた。高い次元を導入すると、ひも理論に存在しうる物理的自由度が、四次元だけに頼った理論に比べて大幅に増えてしまう。そして理論の自由度の数が大幅に増えると、技術的にとてつもなく複雑になってしまう。しかし一九八四年にシュワルツとマイケル・グリーンが、一篇の画期的な論文の中で、ひも理論によって四つすべての力とすべての物質を統一できるだろうことを示した。さらに、ひも理論と量子物理学との間にあった厄介な矛盾も解決してしまった。

ひもによってボゾン（光子、メソン、重力子など整数スピンを持つ粒子で、〝フェルミオン〟と呼ばれる物質粒子の間に働く力を伝える）を記述するだけでも、特殊相対論と矛盾せず、物理的に意味をなさない負のエネルギーの振動モードが含まれないようにするには、少なくとも二六次元が必要だ。さらにフェルミオン（電子、陽子、中性子、クォークなど半整数のスピンを持つ粒子）を記述するには、ひも理論の枠組みに超対称性を導入しなければならない。超対称性理論は、素粒子物理学において最も単純な対称性と考えられていて、すべてのボゾンに対してフェルミオンの超対称性パートナーが、すべてのフェルミオンに対してボゾンの超対称性パートナーが存在すると説く。素粒子物理学では、この対称性により、宇宙に存在するとされる粒子の数が二倍に増える。超対称性粒子の大規模な探索が、ＣＥＲＮの大型ハドロンコライダーによってまもなく始められることになっている。

この超対称性ひも理論は〝超ひも理論〟と呼ばれ、一〇次元――九つの空間次元と一つの時間次元――を必要とする。[*1] つまり、われわれが日常の現実として認識している空間次元の他に、六つの余分な次元が存在することになる。この余分な六つの空間次元を見た者は一人もいない。想像力たくましい理論家たちはその事実を隠し、余分な次元が見えないのは、約10^{-33}センチメートルというプランク長さに丸まっている、つまり〝コンパクト化〟しているためだと説明する。あまりに短い長さで、それを物差しとして原子の直径を測ると、端から端までで10^{25}個、つまり一兆の一〇兆倍個並ぶことになる。言うまでもなく、これほど小さい空間が近いうちに検出されることはないだろう。この分野における初の論文が発表されてから三〇年以上経った本書の執筆時でも、ひも理論から検証可能な予測は一つも導かれていないし、逆にひも理論が間違っていることを証明する方法を思いついた人もいない。

ここ三〇年でひも理論はさまざまな発展段階を経てきて、その様子はまるで一八世紀後半から一九世紀前半にかけてのフランス史のようだ。二度や三度の革命を経験し、そのたびにひも理論学者の間には新たな熱狂の波が押し寄せた。グリーンとシュワルツによる〝万物理論〟探しに大勢の物理学者が一斉に加わり、理論の発展に莫大な資金と人的資源が投入されたことで、ひも理論はマスコミにも好んで採り上げられるようになった。ひも理論の特徴でおそらく最も人目につくのが、〝超〟という単語が使われている点で、物理専攻の学生やマスコミはそこに惹きつけられるのだろう。最近になって、ひも理論を批判する著名な人たちが注目を集めるようになり、この理論の魔力はようやく陰りはじめた。

第二のひも理論革命が起こったのは、一九八五年、数多く考えられるひも理論のうち五つだけが、有限で一貫した計算値を与えることが明らかとなったときだった。それまでとてつもない数あった超ひも理論が片手で数えられるまでに減ったことになり、大きな勝利だと受け止められた。さらに、ひも運動のリーダーで、現在の物理学界において最も影響力を持つ理論家の一人であるエドワード・ウィッテンが、ひも理論は実際には一一次元の理論であると提唱した。このウィッテンのアイデアは、〝M理論〟と命名された。Mが何を表わすかについては、さまざまな説がある。一〇次元における首尾一貫した五つのひも理論すべてを含む、〝原（マスター）〟理論の意味だろうか？　現段階では、正真正銘のM理論はまだ完成していない。M理論の解釈のしかたがいくつも提唱されているが、いずれも成功とは言えない。M理論の定式化を待つのは、地上に救世主（メシア）が現われるのを辛抱強く待つのに似ているので、Mは〝メシア〟の意味かもしれない。一九八六年からアンドリュー・ストロミンガーらは、ひも理論に基づく解の数学的重要性を次々に示している。しかしその重要性が注目されるようになったのは、二〇〇〇年、一〇次元や一一次元の理論から四次元時空の理論を導く方法が無数にあるせいで、ひも理論の解は片手で数えられるほどではなく、膨大な数、もしかしたら無限個存在するかもしれないことが明らかとなってからだった。そしてそれらの解は、真空、すなわちエネルギー最低の状態が膨大な数、もしかしたら無限個存在すると解釈できる。

＊1　のちの超ひも理論には、（六つの余分な次元をコンパクト化した結果として）アインシュタインの一般相対論を修正した理論が含まれる。この重力理論では、スピンゼロの場など新たな場が使われる。したがって超ひも理論は、修正重力理論の一つと捉えるべきだ。

ひも理論の歴史上それから時を置かずして、一次元のひもを拡張し、〝膜(メンブレン)〟を縮めた〝ブレーン〟というより高次元の物体を考えつく人が現われた。ひも理論にブレーンを導入するというアイデアを一九九〇年代に最初に思いついたのは、カリフォルニア州サンタバーバラにあるカヴリ理論物理学研究所の教授ジョーゼフ・ポルチンスキーで、それを支持したのが、当時ミシガン大学教授だったイギリス人物理学者のマイケル・ダフだった。

しかしそれよりかなり以前の一九五〇年代に、ポール・ディラックは、ミュオン粒子を電子の励起状態とするモデルを提唱する際に、ブレーンに関する論文を初めて発表していた。電子に似ているがはるかに重く、電子とニュートリノと反ニュートリノに崩壊するその粒子が存在するのはなぜか、物理学者たちは頭を抱えていた。そこでディラックは、四次元時空の中に二次元のブレーンを埋め込むというアイデアを考えついた。そのアイデアを使って、ミュオンを電子の励起状態として説明しようとしたのだった。

ブレーンがひもと共存することになり、枠組み全体がはるかに複雑になった。ひも理論学者たちはまもなく、ブレーンが電荷を持っていて、ブレーンが動くとその上の電荷密度が電束を生み出すと提唱した。現在では、ひも理論のパラダイムにとってブレーンは欠かせない理論的仕掛けとなっている。

ひものランドスケープ

真空状態、つまり量子力学で言う基底状態は、量子力学と場の量子論において基本的な役割を果たしているのだった。これはエネルギー最低の状態で、その中に粒子は一個も存在していないが、絶えず生成しては消滅する粒子と反粒子で充満していて、そのため真空は激しくゆらいでいる。素粒子物理学の標準モデルによれば、真空状態は一つしかなく、そのおかげで確実な予測ができ、それを実験によって検証できる。しかしひも理論では、〝ランドスケープ（地形）〟と呼ばれる、おそらく無限個の真空状態が生じる。造園家が言うランドスケープとは違い、これは、無数の真空状態、つまりひも理論の解におけるエネルギー極大や極小を、丘や谷を使って比喩的に表現したものだ。その谷の最低地点が、エネルギーゼロの量子力学的基底状態を表わす。

場の量子論によれば真空はエネルギーを持っていて、重力場の場合、そのエネルギーがアインシュタインの宇宙定数の示す反発的なダークエネルギーに相当する。宇宙の膨張が加速しているという最近の観測結果から、空っぽの空間には何らかのダークな反重力エネルギーが存在していて、それが加速を引き起こしているのだと考えられる。この宇宙の加速膨張は、真空エネルギーに対応するアインシュタインの宇宙定数を使えば単純に説明できる。宇宙定数、すなわち真空エネルギーの大きさの上限は加速膨張の観測データによって決定できるが、その値は、場の量子論の計算に基づく宇宙定数の算出値に比べたらとてつもなく小さい。宇宙論的観測によって決定される真空エネルギーは、一立方メートルあたり約10^{-26}キログラムと、とてつもなく密度が低い。一方、場の量子論による自然な予測から導かれる宇宙定数の値は、宇宙論的データによる許容値の10^{122}倍にもなる。科学史上最悪の予測だ。このようにばかげた予測が導かれるため、理論家にとって、宇宙の加速を宇宙定数で説明しようという考えは受け入れがたい。この重大な難問を解決する責任は、場の量子論や超ひも理論の専門家にある。現在のところ物理学界の共通認識として、ひも理論を使ってこの問題を解決しようという試みはすべて失敗している。

はたして、ひものランドスケープに含まれる谷の一つから、われわれの宇宙と、観測されている微小な宇宙定数が導かれるのだろうか？　著名なひも理論学者たちは現在のところ、ひものランドスケープには何兆もの、あるいは無限個の真空状態があるので、間違いなくそのうち一つがわれわれの宇宙で観測される状態を表わしているはずだと考えている。もちろんこれでは予測になっていない。一つの理論に十分多くの解を提供すれば、どんな問に対する答も見つけられるからだ。

もつれたひも——多宇宙と人間原理

物理学界ではようやく、ひも理論に対するいらだちが表面化してきている。遠慮のない批判を繰り広げるコロンビア大学のピーター・ウォイトと、オンタリオ州にあるペリメーター研究所で私の同僚であるリー・スモーリンは、最近、ひも理論を批判する本を出版した。二人の主張によれば、無限個の解を含むあばただらけの忌まわしいひものランドスケープが、ひも理論を死に追いやろうとしているという。ひも理論が長生きするには、もう一度革命が必要だ。ランドスケープを小さくして、膨大な数、あるいは無限個の解、すなわち真空の数を減らしてくれるような、何らかの原理を見つけなければならない。そしてひも理論によって、「これこそが、宇宙定数の正しい値と素粒子物理学の標準モデルを導く真空状態だ」というように、意味のある予測ができるようにしなければならない。

興味深く、美しく、素晴らしいアイデアはあるかもしれないが、自然界と一致するものはほとんどない。理論物理学における第一級の難問だ。超ひも理論には膨大な数、あるいは無限個――もちろん手に負えない数――の解があるので、検証はおろか、どんな予測も導かれていない。アインシュタインの一般相対論のような理論も、かなり多数の――おそらく無限個の――解を持つと考えられる。しかしひも理論との大きな違いとして、測定される一連の定数（太陽質量や重力定数など）を使ってアインシュタインの方程式を解き、解に決まった境界条件（重力源から無限の距離では解が平坦なミンコフスキー時空にならなければならないといった条件）を課せば、解はただ一つに決まる。そのため、水星の運動といった具体的な予測をおこない、また観測データによって検証できる。

ひも理論において解が膨大な数、おそらく無限個あることが問題となるのは、解のランドスケープをコントロールする方法がないためだ。ひも理論では、どの解、つまり真空状態が、われわれが自然界で観測するものに対応するのかを教えてくれる原理は知られていない。ひも理論の解のうちどれを使って観測データと比較すべきなのか、それを教えてくれる一連の方程式も解くことはできない。つまり、ひも理論とその親戚であるブレーン理論は、正否を検証できるような予測を持たない数学モデルだ。[注3] ウォイトとスモーリン曰く、明らかに現実から乖離しているこの数学ゲームが、ひも理論の現在の危機を生み出しているのだという。

著名なひも理論学者たちは、ひも理論の死を避けるために、科学の進め方を変えようと説いて回っている。現在まで科学では必ず、理論的仮説を実際のデータによって検証し、その概念的なモデルが自然界に当てはまることを確かめてきた。しかし今日、名高いひも理論学者の中には、ひも理論を救い、三〇年間の努力、資源、経歴を無駄にしないようにと破れかぶれになって、ガリレオ、ケプラー、ニュートンの時代から続けられてきたような方法ではもはや科学を進められないと説いている人もいる。理論の正否は気にするな、宇宙定数のような基本定数は結局決定できないと認めよ、というのだ！　そうなると、宇宙定数の計算が、「なぜ惑星は太陽の周りを決まった軌道を描いて公転しているのか」という質問と同じようなものに成り下がってしまう。そして、物理学に厄介なランダム性が持ち込まれてしまう。

このような過激な形で方法論を変えること――時の試練を経た科学的方法を投げ捨てることに他ならない――を正当化するには、当然ながら何か原理が必要だ。ひも理論学者にとっては幸いなことに、一つ原理がある。〝人間原理〟というその呼び名は、一九七三年、パリ近郊にあるムードン天文台の物理学者ブランドン・カーターによって提案された。この原理によれば、われわれ知的生物が存在することで、宇宙はわれわれの観測しているような姿を取らされるのだという。つまり、もし基本自然定数のうち一つでも違っていたら、生命は誕生せずわれわれも存在していなかっただろう、ということだ。ジョン・バローとフランク・ティプラーは一九八六年の著書『人間宇宙論原理』の中で、この人間原理の概念をさらに発展させた。そして、人間原理には二種類あると主張した。弱い人間原理によれば、あらゆる物理量や宇宙論的な量は、取りうる値をすべて同じ確率で取るわけではなく、炭素を基にした生命が進化できる場所がなければならないという制約条件に縛られるのだという。一方、強い人間原理によれば、宇宙はその歴史のどこかの段階で生命が進化するようにできているのだという。物理学者のよく使う言い方を真似れば、物理定数や物理法則が今のようになっているのは、もしそうでなければ人間は存在せず、この宇宙と物理法則を理解する意識も持っていなかったはずだからだ。人間原理というのは、アリストテレスによるコペルニクス以前の地球中心説のように、宇宙を人間中心に染め上げてしまうことに他ならない。

スティーヴン・ワインバーグは一九八七年に〈フィジカル・レヴュー・レターズ〉誌に発表した論文の中で、宇宙定数が観測値よりはるかに大きかったり小さかったりしたら、銀河の形成や生命の進化は起こりえなかったと主張した。この論文とアレクサンダー・ヴィレンキンによる同様の論文を受け、物理学者の間では、宇宙の姿を探る上でどこまで人間原理に頼るべきなのかを巡って熱い議論が巻き起こった。私も含め多くの物理学者は、物理学では異端とも言える人間原理を使うのは、どんな犠牲を払ってでも避けなければならないと考えている。私に言わせれば、人間原理は無意味な同語反復でしかなく、宇宙を理解するための基本的土台としてそれを推し進めても行き詰まってしまうはずだ。人間原理からどんな予測とやらを導いても、それを証明も否定もできず、物理学を研究して自然界を理解する根本的な目的が覆されてしまう。

ひもの話に戻ろう。きわめて大きい、あるいは無限に広がるひものランドスケープも、無限個の宇宙――〝多宇宙〟、あるいはサスキンド曰く〝メガヴァース〟――が存在するのだと考えればもっともらしく思えてくる。ひも理論学者によれば、われわれの宇宙はその中の一つにすぎず、この宇宙が存在するのはそこにそれを観測するわれわれがいるからだという。人間原理に従えば、もし宇宙定数や重力定数といった定数の一つが、実験室や天文観測により測定されている値と大きく違っていたとしたら、われわれの知るような宇宙もわれわれ自身も存在しなかっただろう。多宇宙が実際に存在するとしても、そこに含まれる無限個の宇宙は互いに因果関係で結びついていないだろうから、他の宇宙がどんな姿なのかを知ることは決してできない。[注4]

現在のひも理論の危機は、インターネット上での〝ブログ合戦〟にも波及している。人間原理、多宇宙、ランドスケープに対する賛否両論が、ブロガーの間で日々交わされている。ひも理論に反対する人の多くが感じているところによれば、もし物理学者がひものランドスケープなどという反科学的方法を取れば、インテリジェントデザイン説など宗教的で反ダーウィン的な運動を進める者たちがその疑似科学的方法論を横取りして、科学的事実に対するわれわれの見方を劇的に変えるべきだなどといった、いいかげんな主張を繰り広げるだろうという。

量子世界を多宇宙として解釈するのがよいか、あるいは〝一つの宇宙〟として解釈するのがよいか、その議論は詰まるところ科学哲学者たちに任されることになる。おそらくその判断は、バニラアイスクリームが好きかチョコレートが好きかくらいの話なのだろう。

失われた世代

聡明な物理学者の中には、二〇年から三〇年を費やして、ひも理論を予測可能な理論にする方法を探し、この理論が理にかなっていて自然界を記述していることを実験的に納得のいく形で証明しようとしてきた人がいる。しかし、それほどの年月と才能を費やしておきながら、今では、ひも理論は成功しそうにないと考えている。数学に覚えのあるひも理論学者たちは、統一場理論と量子重力を目指す別の道へと、あっさり関心を移していった。

彼ら天才たちは、〝失われた世代〟の理論物理学者と呼ばれている。過去二〇年間、理論物理学に対する財政支援の大部分はひも理論につぎ込まれてきた。そして、政府交付金や大学の雇用方針によって、物理学はひも理論の発展へと導かれてきた。過去何世紀もの科学的取り組みと比べても、無駄になった才能は信じがたいほど大きい。いくつもの大規模なグループがひも理論に全身全霊を捧げたためだ。それに比べて量子力学は、二〇世紀前半の一〇年以上にわたって、アインシュタイン、シュレーディンガー、ボーア、ハイゼンベルク、パウリ、ボルン、ディラック、ジョルダンなど一握りの物理学者の手で発展した。今日では、つねにおそらく一〇〇〇から一五〇〇人の理論物理学者が、ひも理論を研究し、論文を発表している。そして互いの論文を引用することで、文献引用頻度を水増しして、現在ではひも理論学者たちが最も重要な論文を生み出しているのだと見せかけている。

何世紀にもわたって科学的探求の頼みの綱となってきた一つの真理として、検証可能な理論だけが実験科学による綿密な検討に耐えられる。検証にそぐわない試みは、いずれ実を結ばずに枯れる。ひも理論がどのような運命をたどるか、それは時が教えてくれるだろう。

第二の陣営――ループ量子重力（ＬＱＧ）と、重力を量子化する他の方法

ひも理論が成功するか失敗に終わるか議論が繰り広げられる中、ペンシルヴァニア州立大学のアブヘイ・アシュテカー、フランス・マルセイユ大学のカルロ・ロヴェッリ、カナダ・ペリメーター研究所のリー・スモーリンをはじめとする理論家たちは、統一理論という大目標を目指すことなしに量子重力を定式化しようという試みを始めた。彼らが注目しているのは、一般相対論や一貫した修正重力理論では時空の幾何が動的に発展するという点だ。

現在定式化されているひも理論では、背景の時空を固定された静的な幾何として記述している点が問題とされている。ひもは、背景の時空の幾何に対して振動すると考えられる。ひも理論信者曰く、現段階では、固定された時空を相手にして結果を導かなければならない。そしてやがて誰かが、一般相対論の要求どおり、背景の時空の幾何にまったく依存しないひも理論を導く方法を見つけるだろうという。一方、基本的な量子重力理論を提唱する人たちに言わせれば、ひも理論は、アインシュタインの重力理論が持つ最も重要な特徴、すなわち時空の幾何が動的であるという特徴に当てはまらないのだから、すでに失敗しているのだという。そして彼らは、固定された背景時空に依存しない量子重力理論の構築を第一目標と考えている。

前に述べたように、量子重力理論の狙いの一つは、アインシュタインの重力理論から予想される重力波を〝重力子〟というエネルギーの量子へ還元することだった。量子重力の研究者はその出発点として、時空を量子化する方法をいくつか考え出している。一般相対論では重力は時空の幾何に他ならないのだから、重力を電磁場と同じように扱うのでなく、時空そのものを量子化しなければならないのだと言う。スケートリンクを走るホッケー選手を思い浮かべてほしい。選手が標準的な場の理論における粒子、氷が時空に相当する。選手を量子化すれば、大成功を収めている素粒子物理学のモデルが得られる。しかしそれに加え、氷そのものも何とか量子化して、最小単位へばらばらにしなければならない。つまり重力子は、ホッケー選手の一人としても、またアイスリンクの基本単位としても表わせるということだ。量子化された時空の幾何は、マクロスケールに当てはめた場合、アインシュタインの一般相対論か、あるいは物理的に納得できる修正理論を導くようでなければならない。

最もよく知られている量子重力理論の一つが、ループ量子重力（ＬＱＧ）理論だ。一九八二年に物性物理学における臨界現象の研究でノーベル賞を受賞した、コーネル大学のケネス・ウィルソンが、一九七〇年、現在ではウィルソンループと呼ばれているものを提唱した。専門用語で説明すれば、この数学的なループのおかげで、場の量子論におけるゲージ対称不変性と、一般相対論や修正重力理論における一般共変対称性が、計算において厳密に保たれるようになる。[注5]

ＬＱＧで時空を記述するのに使われるのは、〝スピンネットワーク〟という、辺をある数学的な群の表現によって、頂点を絡み合い演算子によって、それぞれラベルづけしたグラフだ。このスピンネットワークと、それに関連した〝スピンフォーム（泡）〟の形式が、ＬＱＧの土台をなす直感的に説得力のある描像となっている。これらの形式をもとにすれば、時空の幾何の量子力学的記述が得られるかもしれない。一般的にスピンフォームをどんなふうに切断しても、その切断面はスピンネットワークになっている。[*2]

考え方としては、きわめて小さいプランク長さになると、時空はわれわれが日々の生活で見ているような姿と違ってくる。ジョン・ウィーラーは時空を拡大したときの様子を、詩的に「海岸に打ち寄せて泡立つ波」と表現している。スピンネットワークという数学的な言い回しは、この無秩序に揺れ動く泡に何とか意味を持たせようとした表現だ。

残念ながらその物理はあまりに理論的すぎて、〝泡〟の性質を突き止めたくても、実験室で可能な実験とは完全に無縁だ。この泡仮説を、日常や実験室でのもっと大きな距離スケールまで外挿すると、はたしてわれわれの知る時空に似たものが現われてくるのだろうか？

量子重力に向けたこの計画には、いくつか問題点がある。一つに、スピンネットワークとスピンフォームによる時空の記述から、はっきりした極限として、水星の異常な近日点移動のようなマクロな観測結果と一致する正しい古典的重力理論が導かれることを証明するのは、今のところきわめて難しい。ループ量子重力と時空の泡というシナリオでは、時空を表現するのに、プランク長さに等しい微小な稜を持つ不連続なセル（胞体）を使う。この極微小なセルを見るには、とてつもなく巨大な虫眼鏡が必要だろう。ちょうど、銀河系の中心から、地球に生えている木の葉の上を歩いているハエを見ようとするようなものだ。この極微小なセルから古典的な重力理論を導くには、セルが事実上見えなくなるまで遠ざかっていかなければならない。技術的に容易にできることではない。時空の幾何を量子化して量子重力理論を手にしたと主張することはできるが、だからといって、マクロな領域で、太陽系、天体物理学、宇宙論の古典的な観測と一致する一般相対論、あるいはその修正理論を導くような正しい量子重力理論であると証明したことにはならない。

＊2　量子重力は、おそらくその現代的解釈がまだ発展途上であるため、数学的物理的に深く考えないと理解できない。

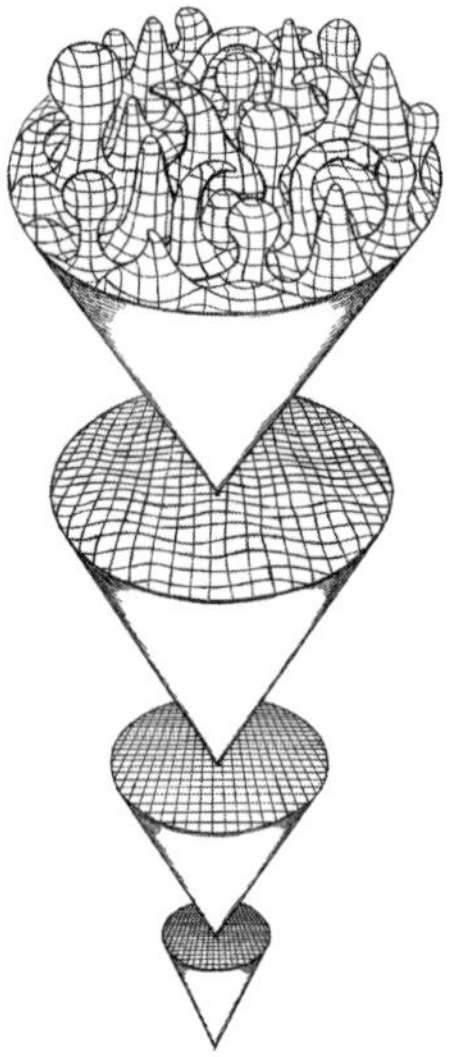

図15　時空を拡大していくと、プランク距離で量子泡が見えてくる。

スティーヴン・ワインバーグは一九八〇年代に、量子重力へ至る別の方法として、〝漸近的に安全な量子重力〟というものを提唱した。この理論は、時空そのものでなく、重力場、つまり重力波を量子化しようとするものだ。漸近的安全性、あるいは他の人たちが〝漸近的自由〟と呼んでいる考え方は、素粒子物理学において、クォークどうしの間で働いて原子核を一つにまとめている強い力を場の量子論によって解釈しようとしたことに端を発している。クォークのエネルギーが大きくなって互いの距離が小さくなるにつれ、クォーク間の強い力は弱くなり、さらにとても高いエネルギーでは力がなくなって、クォークは自由粒子となる。クォークを自由粒子にするのに必要な莫大なエネルギーを地上の加速器で達成するのは不可能だが、きわめて初期の宇宙には自由クォークが存在していたかもしれない。

〝漸近的〟とは、どんどん近づいていくという意味だ。今の場合は、エネルギーが高くなるにつれて、クォークが相互作用のない状態へ近づいていく。つまり〝漸近的に自由になる〟。とてつもなくエネルギーが高くなり、強い力の結合強度がゼロになったとき、その状態に達する。加速器で自由クォークを観測できないのは、クォーク間の距離が大きくなるにつれ、つまり加速器程度の低いエネルギーになるにつれ、強い力によってクォークが陽子や中性子の内部に閉じ込められるようになり、自由粒子として実験室で姿を現わせなくなるためだ。この直観に反する状態を、〝クォークの閉じ込め〟という。[注6] 強い力の場の量子論において漸近的自由を発見したのは、デイヴィッド・グロス、フランク・ウィルチェック、デイヴィッド・ポリッツァーで、三人は二〇〇四年にノーベル物理学賞を受賞している。

　ワインバーグは、量子重力にも漸近的安全性を当てはめられるのではないかと推測した。そして、エネルギーが増すにつれて強い力の結合強度が弱くなるのと同じことが、ニュートンの重力定数Gにも起こりうると考えた。Gが変化するとしたら、天体物理学や宇宙論には重大な影響が及ぶ。Gがエネルギーの関数だとすれば、重力を及ぼす二つの物体間のエネルギーが無限大へと大きくなるにつれ、つまり物体間の距離がゼロに近づくにつれ、Gは漸近的にゼロになる。逆に距離が大きくなり、物体のエネルギーがゼロに近づくにつれ、重力の強度は大きくなる。

　第一〇章で述べるように、距離とともに重力が強くなるというこの性質がＭＯＧの大きな特徴であって、この性質のために天体物理学や宇宙論のデータと一致する。つまり、銀河レベルの大きな距離における状況はミクロなレベルにおける状況ときわめて似ていて、重力の閉じ込めによって、ダークマターを持ち出さなくても、渦巻銀河の平坦な回転曲線やX線銀河団の安定性を説明できることになる。ワインバーグはまた、漸近的に安全な量子重力理論では、量子重力の計算に登場する無限大の問題がすべて取り除かれ、正しい量子重力理論が導かれるだろうと推測した。ここ二〇年、何人かの物理学者がこの方法を精力的に追いかけている。そのリーダーが、ドイツ・マインツ大学のマルティン・ロイターらだ。

時空の幾何を量子化するもう一つの方法が、時空の座標を非可換と仮定して、量子力学を当てはめるというやり方だ。時空内の一点における四つの座標を別の一点における四つの座標と掛け合わせると、ある答が出てくる。この二組の座標を逆の順序で掛け合わせると答が違ってきて、二つの積の差を取るとゼロでない値が出る。これが、時空の非可換性の意味するところに他ならない。[注7]

量子力学では、二つの物理量を掛け合わせる順序が重要だ。例えば、空間内で一個の粒子が占める位置の座標をその粒子の運動量と掛け合わせ、それとは逆の順序で掛け合わせた値を引き算すると、古典的な粒子の位置と運動量の場合と違い、結果はゼロにならない。これは量子力学の最も基本的な特徴の一つで、ここから、電子などの運動量と位置は観測によって無限大の精度で決定できないという、有名なハイゼンベルクの不確定性原理が導かれる。非可換量子重力の場合、座標の非可換性によって自然と有限の長さが導入され、それを使って時空を量子化できれば、計算に無限大が現われない有限な量子重力理論が導かれるだろうと考えられている。

データはどうなっているのか？

私は何度か量子重力への取り組み――いわゆる有限非局所量子重力理論と非可換量子重力理論[注8]――に関わったが、そこには深刻な問題がいくつかあると考えている。一つに、私の非局所量子重力理論を含めどの量子重力理論に関しても、それらを検証（あるいは否定）するために提案された実験で決定的な結果が出ているものは、現段階で一つもない。もっと厄介なのが、それらの検証実験のどれを使っても、数ある量子重力理論の中から一つを選び出せないことだ。こうした問題がひも理論をも悩ませているのは、言うまでもない。

第二の問題として、いずれ重力子を検出できるかどうか、きわめて疑わしい。重力と量子力学を組み合わせた理論を構築する上で、そのことがとても大きな障害になっている。厄介な点は、重力が大きな質量と距離で作用するのに対し、量子力学は想像もできないほど小さい奇妙な世界で作用することだ。原子や原子核の距離スケールでは、重力の強さは電磁気力の10^{40}分の一でしかない。つまり、電子と原子核との間に働く重力は、電磁気力に比べておよそ一〇億の一〇億倍の一〇億倍のさらに一万倍小さい。現在のあらゆる実験と一致する標準的な素粒子物理学モデルで重力が無視されているのは、そのためだ。原子や原子核のスケールにおける計算では、数値的にまったく問題にならない。量子重力、つまり極微小レベルでの重力の効果を見るには、プランクエネルギー、つまり約10^{28}電子ボルトというとてつもないエネルギーに達しなければならない。このような莫大な量のエネルギーを達成するには、一周が銀河系の大きさ程度の巨大な高エネルギー加速器を建設しなければならないだろう。そんなとてつもないエネルギーでようやく、重力が電磁気力と同程度になり、実験によって重力子を検出できるようになるのだ。

重力がいかに弱いかを感じるもう一つの方法として、水素原子に対する重力の影響を考えてみよう。水素原子の電子と陽子との間で、強い電磁気力に加えて重力が働くことで、水素原子のエネルギーはわずかに変化する。量子力学によれば、水素原子の波動関数のエネルギーは、振動数にして毎秒約10^{16}回に相当する。この水素原子のエネルギーに対する重力効果が目に見えるようになるまでには、とてつもなく長い時間がかかるだろう。宇宙の年齢の一〇〇倍だ！　原子物理学において、重力はきわめて小さい影響しか与えない。

地上のもっと月並みな実験で重力子を見つけることによって、量子重力理論を検証するというのはどうだろうか？　光子の存在は、アインシュタインの一九〇五年の光電効果によって証明されたのだった。金属中の電子をはじき出すX線の振動数から、光がエネルギーの〝微粒子〟、現在で言うところの光子であることが証明された。光子と電子が一定の断面積を持って散乱することは、実験によって証明できる。[*3]

重力子の存在を証明するために同様の散乱実験をおこなうというのは、ほとんど想像もできない。重力はとても弱いため、重力子が電子と衝突するときの断面積も驚くほど小さく、およそ10^{-66}平方センチメートルでしかない。この小ささはわれわれの理解力を完全に超えている。重力子と電子との衝突頻度で言えば、おそらく宇宙の寿命のうちに数回衝突するのがせいぜいだろう。重力子の検出は事実上不可能だ。

ではなぜわれわれは、決して検出できなさそうな重力子と呼ばれるエネルギー量子に基づいて、量子重力理論を構築しようとしているのか？　どんな量子重力理論も検証不可能なのだろうか？　検証する方法として唯一考えられるのが、エネルギーがプランクエネルギーに達していたきわめて初期の宇宙における、実験的な痕跡を探すことだ。物質の密度、エネルギー、温度がきわめて高かった初期宇宙の宇宙論的観測に量子重力が及ぼす影響について、物理学者たちはあれこれ推測している。しかし今のところ、決定的な痕跡は見つかっていない。

理論家の中には、重力が観測され、量子力学的効果が観測されるのだから、量子重力理論が必要だという実験的証拠としてはそれで十分だと主張している人もいる。量子重力理論探しに人生

＊3　この研究に対しては、三度のノーベル賞が与えられた。一九二一年のアインシュタインに続き、一九二三年にはトーマス・ミリカンが実験による光電効果の証明で、一九二七年にはアーサー・コンプトンが電子や陽子との衝突によるX線の波長の変化に関する研究で、それぞれ受賞している。このコンプトン効果によって、電磁波と粒子という二重の性質が証明された。

を賭けているそんな理論家たちが言うには、哲学的な根拠だけで、重力場を量子化し、成功している量子力学や場の量子論と一貫させなければならない。そしていつか何らかの形で、その理論が正しいことを示す証拠が現われてくるだろうという。もし現われなかったとしても、証明は必要ないというのだ。

第九章　それ以外の代替重力理論

前の章では、重力を量子力学で記述することによって、きわめて小さなミクロスケールにおける重力を探る方法について考えた。とくに、エネルギーが10^{28}電子ボルトというプランクエネルギーに達するか、距離が10^{-33}センチメートルというプランク長さに等しくなると、量子重力が重要になってくると考えられる。ここからは、太陽系やそれより遠くに通用する、マクロな古典的スケールにおける代替重力理論に話を移すことにしよう。

私は一九七九年に、初めての修正重力理論（非対称重力理論、ＮＧＴ）を発表した。古典的な重力理論であるアインシュタインの理論を修正しようという考え方は、目に見えないダークマターやダークエネルギーの厄介な謎のせいで、最近になって人気を集めている。私のような物理学者に言わせれば、修正重力理論を探す理由としては、アインシュタインの理論を天体物理学的データと一致させるのに、大量の目に見えないダークマターが必要だというだけで十分だ。また、宇宙の膨張が加速しているという主張も、量子的でなく古典的なアインシュタインの重力理論の改良版を見つけようという新たな原動力を生んでいる。もしダークマターが検出されなかったら、そして、もし宇宙の加速膨張に関係するダークエネルギーを説明できなかったら、マクロな古典レベルにおける修正重力理論を受け入れるしかないだろう。その新理論も、重力の量子論の土台となりうるはずだ。

この章では、他の物理学者たちによる、アインシュタインの重力理論を修正しようという試みを紹介する。そして次の章では、修正重力理論ＭＯＧに焦点を当てる。

挑　戦

ここではっきり言っておかなければならない。アインシュタインの重力理論を修正しようという試みを成功させるのは、とてつもなく難しい。いくつもの修正重力理論が墓地に埋葬されている。この墓地を歩き回れば、失敗に終わった理論を提唱した人の名が刻まれた墓石が、いくつも目に飛び込んでくる。

修正重力理論もアインシュタインの重力理論と同様、少なくとも数学的物理的に矛盾があってはならない。そうでなければ初めから失敗の烙印を押される。修正重力理論が直面する重大な難題の一つが、理論の基本方程式から何らかの物理的不安定性が出てくることだ。こうした不安定性からは、太陽が二週間しか輝かないとか、宇宙が10^{-26}年、つまり三兆分の一ミリ秒しか存在しないなどといった、困った予測が導かれてしまう。あるいは、場の方程式の解が負のエネルギーを取るなど、他にもさまざまな症状がある。負のエネルギーは決して観測されないので、一般的にタブー視されている。修正重力理論のほとんどは、不安定性を理由に斥けることができる。

修正重力理論における不安定性は、致死性のウイルスのようなものだ。医者には治療法がないと告げられる。やがてウイルスの影響が弱まりはじめ、患者は小康状態になってしばらく生き長らえる。しかしどこかの時点で物理的に不可能な状態に切り替わり、最終的に患者を死に至らしめる。はたしてアインシュタインは、自分の構築している一般相対論がとても丈夫であることを自覚していたのだろうか？

修正重力理論が成功するには、次のような観測データと一致しなければならない。

1．アインシュタインの等価原理の地上における測定（エトヴェシュによる実験）や、カッシーニ探査機による電波の時間遅延の測定[*1]を含め、太陽系の惑星に関するあらゆる正確な観測データ。

2．連星パルサーPSR1913＋16のデータ。

＊1　カッシーニは土星を周回するNASAの探査機で、得られたデータより、時間によるGの変動の上限値が決定された。

3. 銀河の回転曲線。
4. X線銀河や銀河団の質量分布。
5. 銀河や銀河団によるさまざまな強さの重力レンズ効果。
6. 合体しつつある銀河団による重力レンズ効果のデータ。
7. 宇宙マイクロ波背景放射のデータ、とくにCMBのパワースペクトルにおける音響波。
8. 大規模な銀河探索による物質パワースペクトルで明らかとなった、初期宇宙で始まった銀河の形成と成長。
9. 超新星のデータにより決定された、宇宙膨張の加速の観測値。

ダークマターを使わずにこれらの観測データをすべて記述することに失敗した修正重力理論は、すべて放棄すべきで、その提唱者は自分の墓石のデザインを考えはじめるべきだ。

ジョルダン＝ブランズ＝ディッケの重力理論

代替重力理論の草分けと言えるのが、パスクアル・ジョルダンが一九五〇年代に、カール・ブランズとロバート・ディッケが一九六〇年代前半に発展させたジョルダン＝ブランズ＝ディッケ理論だ。三人が理論に取り組んだ動機の一つが、重力にマッハの原理を組み込むことだった。前に述べたように、マッハの原理とは、物体の慣性質量は宇宙に存在するすべての物質によってもたらされるというものだ。物体の慣性とその由来を基本的な形で説明できれば、重力理論にとって魅力的な特徴となるだろう。第二章で述べたように、アインシュタインも一般相対論にマッハの原理を組み込もうとしたが、結局はあきらめた。ジョルダン＝ブランズ＝ディッケ理論にマッハの原理を組み込めるかどうかについては、いまだに議論が続いている。

ともかく三人は、自分たちの修正重力理論にマッハの原理を組み込むために、重力定数が変化するという考え方を導入せざるをえなかった。一九三七年にポール・ディラックが〈ネイチャー〉誌上で、重力定数Gが時間変化するというアイデアに基づいて重力の弱さを説明しようとしたのに触発され、ドイツ人物理学者のパスクアル・ジョルダンは、一九四九年に同じく〈ネイチャー〉誌に修正重力理論を発表した。そして一九五五年には、ドイツで出版した『重力と宇宙』の中で、その理論をより詳しく説明した。ジョルダンの重力理論では、単純なスカラー場によって、ニュートンの重力定数の空間および時間変化を記述していた。しかし、マルクス・フィールツやヘルマン・ボンディなど定常状態理論の提唱者たちには、この理論では物質＝運動量テンソルとエネルギーが保存されないと批判された。そうした批判を真面目に受け止めたジョルダンは、一九五九年に改良した理論を発表するが、やはり物質の取り扱いにいくつか問題があった。

プリンストン大学のカール・ブランズとロバート・ディッケは、重力定数の変化を組み込んだもっと完全な重力理論を、一九六一年に〈フィジカル・レヴュー〉誌で、さらに翌年にディッケ名義の二篇目の論文で発表した。物理学の文献において〝ジョルダン＝ブランズ＝ディッケのスカラー＝テンソル＝重力理論〟と呼ばれているこの修正重力理論では、重力定数Gがスカラー場の逆数に置き換えられ、そのスカラー場と物質との結合強度は、ωで表わされる定数によって決まる。ここ半世紀に重力実験の精度が著しく向上したおかげで、この定数の現在の測定値は一万以上になっており、重力場の方程式に登場するその逆数はとても小さい。さらに最近になって、スカラー＝テンソル＝重力理論の変形版として、質量にスカラー場を適用させたものや、物質との相互作用が短距離のみで顕著であるとしたものなどが提唱されている。

今ではジョルダン＝ブランズ＝ディッケ理論は、太陽系における観測に関する限り、代替重力理論における有力選手とは見られていない。余分なスカラー場の大きさを決定する結合定数がきわめて小さくなければならず、太陽系内では検出できないためだ。しかし、宇宙論学者が初期宇宙を記述するための手段としては、ジョルダン＝ブランズ＝ディッケのスカラー＝テンソル＝重力理論は今でも人気がある。[注1]

ミルグロムのMOND

一九八三年、イスラエルの物理学者モルデハイ・ミルグロムが、ニュートン重力理論を修正する現象論的なモデルを発表した。物体に働く重力加速度が、地上でわれわれが経験する値（毎秒九・八メートル毎秒）より一〇桁程度小さいある臨界値を下回ると、ニュートンの重力法則が修正されるというモデルだ。ミルグロムの修正ニュートン力学（ＭＯＮＤ）の非相対論的な公式によれば、物体の加速度が臨界値 $a_0=1.2\times10^{-8}\mathrm{cm}\cdot\mathrm{s}^{-2}$ より大きいとニュートンの重力法則が通用し、それ未満だとＭＯＮＤの公式が働いてくるのだという。

ミルグロムがこの研究を始めた動機は、ニュートンの重力法則を修正して奇妙なダークマターを使わずにすむようにすることだった。ＭＯＮＤを銀河に当てはめてみたところ、驚くことに、銀河内にある恒星やガスの公転運動に伴う回転速度のデータと見事一致した。データと一致させるのに、ダークマターはまったく必要なかった。ミルグロムは引き続く何篇かの論文で他にいくつか予測をおこない、観測データとの比較によってある程度は正しいことを示した。

しかし、ＭＯＮＤには理論上の問題があった。第一に、このモデルは完全に相対論的な重力理論ではない。アインシュタインの一般相対論とつじつまが合わないということだ。第二に、ミルグロムのもともとのモデルでは、粒子の運動量、つまり質量と速度との積が保存量でない。物理学で神聖視されている基本的原理、運動量とエネルギーの保存則を放棄することに他ならない。だが一九八〇年代前半、イスラエルの物理学者ヤコブ・ベッケンシュタインとアメリカ人物理学者ロバート・サンダースが、運動量の保存則に反しない非相対論的なＭＯＮＤを導くことに成功している。ＭＯＮＤの第三の問題は、他の物体が作る加速場の中で運動している物体の加速度が確定しないことだ。例えば、ある粒子が惑星の加速場の中を運動しているとする。しかしその惑星自体も、太陽系全体の加速場の中を運動している。どちらの加速度をＭＯＮＤの公式に使ったらいいのか？　物体の加速度がＭＯＮＤの臨界加速度を超えたり下回ったりするのは、いったいいつなのだろうか？

このようにいくつか問題はあるものの、銀河の回転曲線とよく一致することでこのミルグロムのモデルには大いに注目が集まり、ＭＯＮＤは多くの天文学者の関心を惹いた。現象論的モデルであって相対論的重力理論でないため、その数学は容易に理解できる。最近になって、何らかの形のダークマターを使わないと銀河団にはまったく当てはまらないことが示されたが、ヨーロッパ、イギリス、北アメリカの大勢のポスドク研究員が、ＭＯＮＤを天文学的データと一致させようと奮闘している。

メリーランド大学のステイシー・マッゴーは、もともとＭＯＮＤにとても熱心な天文学者の一人だった。五年前に私は、ペリメーター研究所を訪れてきたステイシーと初めて会って話をした。大学院生のときは、銀河内にある恒星の運動の問題をダークマターによって解決しようと懸命に取り組み、ダークマターの存在を疑っていなかったという。「ところが九〇年代半ばに、ダークマターの描像が微調節問題に悩まされるようになった」たまたまミルグロムのＭＯＮＤに関する講演を聴いたステイシーは、疑ってはいたものの原論文を読んでみた。すると驚いたことに、ステイシーが見いだしたことを、ミルグロムはそれより前に予測していたことが分かった。「神が現われたかと思った！　ダークマターの混乱を、ＭＯＮＤは自然な形で説明していた。厄介な点や調節可能なパラメータを使わなくても、ダークマターでは決して叶わなかったくらいに、銀河のデータと一致するのだと思い知らされた。それで私の研究の方向性が変わった。MONDをやってみる価値はある。これこそが、検出できないダークマターを使わずに銀河の問題を解決する方法だ。そう思った」MONDにはいくつか問題があることも知ったが、いつか解決できるだろうと考えていたという。

MONDが重大な困難に直面したのは、二〇〇六年、いわゆる弾丸銀河団のデータが発表され、ダークマターを使わずにそのデータと一致させるのが不可能だと分かったときだった（第一〇章で述べる）。それ以前にも、オランダのフローニンゲンにあるカプタイン天文台の上級研究員で、MONDを支持するロバート・サンダースが、衝突していない通常のX線銀河団の質量分布をミルグロムによるMONDの加速の式と一致させるには、どうしても何らかの形のダークマターが必要となることを示していた。ニュートリノが質量を持つと考えればこの状況を改善できるだろうと、サンダースは提唱した。しかしデータと一致させるには、安定な電子ニュートリノの質量が二電子ボルトでなければならず、現在のニュートリノ実験や宇宙論的観測により得られている上限ぎりぎりだ。私も大学院生のジョエル・ブラウンシュタインと一緒に、ミルグロムのMONDの式をX線銀河団に当てはめようと試みたが、相当量の暗い非バリオン物質を仮定しないとデータに一致しないことが分かった。京都大学の高橋龍一と千葉剛による最近の研究でも、ダークマターを使わないと、ミルグロムのMONDはX線銀河団の質量分布にも重力レンズ効果のデータにも一致しないことが確かめられた。さらに、ミルグロムの臨界加速度定数の値を変えたり質量を持つニュートリノを導入したりしても、この状況は救えないことも示された。

ＭＯＮＤの支持者たちは、もしダークマターを使わずにこうした問題を解決する方法を見つけられないのであれば、ＭＯＮＤの墓石のデザイン作りに移るべきだ。

ベッケンシュタインの相対論的ＭＯＮＤ

ヤコブ・ベッケンシュタインとロバート・サンダースは、ＭＯＮＤに関するミルグロムの初の論文が世に出てから二〇年以上にわたって、ミルグロムによるＭＯＮＤの現象論的公式をもとに首尾一貫した相対論的重力理論を作り出そうと取り組んでいる。そして、このモデルの根本的な問題を克服しようとしている。ダークマター問題を解決できる——風変わりなダークマターをまったく必要としない——重力理論を構築するには、きわめて遠いクエーサーにおける光線の屈折と重力レンズ効果を説明できなければならない。前に述べたように重力レンズ効果とは、クエーサーや明るい銀河からやってくる光が、もっと近くにある銀河や銀河団といった強い重力場の近くを通過するときに、その光の経路が曲がることによって、大きな天体がレンズのように作用する現象だ。重力レンズ効果を完全に説明するには、アインシュタインの重力理論のような相対論的重力理論がどうしても必要となる。また、新たな重力理論を作る上でのもう一つの難題として、宇宙の大規模構造――銀河や銀河団の作る構造――を説明し、年々増えている正確な宇宙論的データと一致させるにも、やはり完全に相対論的な重力理論でなければならない。

二〇〇四年、ベッケンシュタインは〈フィジカル・レヴューD〉誌に発表した論文の中で、MONDをもとにした首尾一貫した相対論的理論をついに編み出したと主張した。テンソル＝ベクトル＝スカラー（TeVeS）重力理論と呼ばれるこの理論は、時空の計量を二つ使っており、第六章でVSLに関連して説明したいわゆるバイメトリック重力理論となっている。この理論には、さらに二つのスカラー場と一つのベクトル場が含まれている。[*2] スカラー場のうち一つは任意な関数の中に姿を現わしていて、その関数を選ぶことでミルグロムのMONDの公式が導かれる。そのためこのベッケンシュタインの理論は、非相対論的なMONDの加速法則へと還元できる。

MONDをもとにしたベッケンシュタインの修正重力理論は、理論上の難点として、数学構造の一部をなしているベクトル場がいくつか物理的に異常な結論を導くという問題を抱えている。光をアインシュタインの重力理論から予測される程度以上に曲げ、ダークマターを使わずに銀河や銀河団のレンズ効果現象を説明するには、このベクトル場が必要だ。専門用語を使って言えば、結論の一つとしてこのベクトルは時間的ベクトルでなければならず、そのためにベッケンシュタインは、作用原理に〝ラグランジュ乗数場〟というものを導入した。それによる直接的影響とし

＊2　電荷が作るクーロン場ポテンシャルのようなスカラー場は、三次元空間の中で方向を持たない。しかし、マクスウェルの電磁気方程式で統一される電磁場のようなベクトル場は、方向を持つ。

て、この理論は局所ローレンツ不変性を破り、基準座標系として他より優先されるものが存在することになる。したがってこのＴｅＶｅＳ理論は、ベクトル場がローレンツ不変性を破るせいで、厳密な意味で完全に相対論的な理論ではない。アインシュタインが一九〇五年に特殊相対論を発表した以前の、エーテル理論が流行っていた時代へと逆戻りした理論だ。

ベクトル場が引き起こすもう一つの問題として、物理系のエネルギーの下限が定まらないことがある。つまり系に最低エネルギーの状態がなく、物理系としては認められない。さらに、地上では決して見られない不安定性や負のエネルギーの問題も、再び頭をもたげてくる。きわめつけとして、シカゴ大学のロバート・ウォールドのもとで研究する大学院生のマイケル・サイファートは、〈フィジカル・レヴューＤ〉誌に発表した論文の中で、ＴｅＶｅＳを使って太陽系の解を求めると、太陽がわずか二週間しか輝かないことになってしまうことを示した。

それでもベッケンシュタインの理論は関心を集めている。ペリメーター研究所のコンスタンティノス・スコーディスは、オックスフォード大学のペドロ・フェレイラらと共同で、ベッケンシュタイン理論の解を使って宇宙マイクロ波背景放射のデータを説明しようとしている。問題になりそうなのが、第七章で説明したＷＭＡＰチームや気球実験により得られた音響パワースペクトルに、満足いく形で理論を一致させるところだ。この段階で、質量二電子ボルトのニュートリノというダークマターをどうしても導入するしかなくなる。最後に、今のところベッケンシュタインの理論では、ダークエネルギーや宇宙の加速膨張を説明できない。

このようにTeVeSは数々の問題を抱えているが、粘り強く度胸があるベッケンシュタインとサンダースは、天体物理学界の大部分から絶えず疑いの目や反感を浴びながらも、修正重力理論を発展させようと四半世紀近くも努力を続けている。

マンハイムの共形重力理論

修正重力理論を目指すもう一つの方法として、余計な場を追加せずに純粋な幾何構造にこだわるやり方がある。想像力に溢れ腕も立つコネティカット大学の物理学者フィリップ・マンハイムは、一九九〇年代前半に、〝共形重力〟と呼ばれるものを使ってアインシュタインの重力理論を修正する方法を発表した。この理論は完全に相対論的である。そもそも、マンハイムが独自の重力理論を構築しようとしたのは、量子重力を繰り込み可能（有限）にするためだった。のちにそれが、ダークマターも取り除いてくれることが明らかとなった。

共形理論とは、固有の基本的長さを持たない理論を指す。アインシュタインの重力理論や私のMOGは、物質や時空のエネルギーが至る所でゼロではないため、共形重力理論ではない。それに対してマンハイムの共形理論では、粒子はすべて質量を持たない。共形理論の一例が電磁場を記述するマクスウェルの電磁気理論だが、それは光子が質量ゼロであるためだ。マンハイムの理論では、重力子だけでなくすべての粒子が質量を持たない。したがって、この研究を完成させて

現実と一致させるには、理論の共形不変性を破る必要がある。注2

五次元修正重力理論

ニューヨーク大学のジョージ・ドゥヴァリ、そして共同研究者のグレゴリー・ガバダゼとマッシモ・ポラッティは、宇宙の加速膨張を説明するためにアインシュタインの重力理論を修正するよう提唱している。三人が使っているのは、五次元モデルだ。それによれば、われわれの三次元空間は、〝バルク〟と呼ばれる五次元空間内のブレーン上に存在しているという。重力はこのバルクの中で作用するため、宇宙論的な距離ではアインシュタインの理論が修正を受け、宇宙の膨張の加速を説明できる。ドゥヴァリらの提唱したこのモデルのような純粋に理論的なモデル——いくつもある——は、ミクロスケールでも影響を及ぼす。ドゥヴァリのモデルでは、一〇〇〇分の一ミリメートル未満の距離でニュートンの逆二乗則が成り立たなくなるとされる。また、長距離におけるニュートン理論もいくつか根本的に修正しなければならない。

自然定数の中でも最も決定精度が低いのが、ニュートンの重力定数だ。何年にもわたって、その実験値を向上させようと大変な努力が払われ、また、重力は二つの物体間の距離の二乗に比例して弱くなるという、ニュートンによる重力の逆二乗則の検証が続けられている。ニュートンの重力定数を測定するのが難しいのは、重力が弱いためだ。火星や木星を回る探査機によって、惑星については逆二乗則がよく成り立つことが知られている。しかし、ミクロな距離ではどうなのか？

シアトルにあるワシントン大学のエリック・エーデルバーガーらは、短い距離における逆二乗則を検証するための巧妙な実験を地上の実験室でおこない、結果をダークエネルギーと関連づけようとしている。最近の実験結果からは、一〇〇〇分の一ミリメートルの距離まで逆二乗則は破れないという、否定的な結論が導かれている。ニュートンの重力法則は成り立つのだ。

このようにドゥヴァリのモデルが実験によって否定されそうなことに加え、これを含む多次元モデルは深刻な不安定性の問題に陥りやすく、そのため何年にもわたって論争の的となっている。またいずれのモデルでも、パラメータを相当微調節しなければ、なぜ加速がいま現在起こっているのかという一致問題を解決させられない。

各代案の評価

アインシュタインの重力理論を古典的に修正した理論の数は、年ごとに増えている。ダークマターとダークエネルギーの謎に触発され、重力を修正するだけでデータを説明できるかどうか見きわめようとしている物理学者の数も、どんどん増えている。国際学会に出席するとよく、同業者が近寄ってきて熱心に話しかけてくる。「やぁ、ジョン！　この前発表した、僕のアインシュタイン重力理論の修正理論を見たかい？」一九七〇年代後半から八〇年代前半のことを思い出さずにはいられない。その頃は、私の修正重力理論を学術雑誌に投稿するたびに、査読者とやり合ったのだった。

現在では、一般相対論の修正理論――この章ではＭＯＧ以外の重要な理論について説明した――がいくつも編み出されているが、その中からがらくたと役に立つものを選り分ける方法が何か必要だ。ここまで強調して述べてきたように、一つ重要な基準として、異常な不安定性や負のエネルギーを示してはならない。編み出した修正理論を天体物理学的データや宇宙論的データに当てはめようとする前には、アインシュタインに敬意を表わし、まず少なくとも一般相対論と同じように物理的に首尾一貫しているかどうかを確かめる必要がある。また、銀河や銀河団による重力レンズ効果に関して最近おこなわれたいくつもの観測によって、宇宙における物質の分布がより正しく理解されつつある。重力レンズ効果は時空の曲率による純粋に相対論的な効果なので、発表されている重力レンズ効果の膨大なデータを説明するには、修正重力理論が相対論的でなければならない。どの代替重力理論がダークマターを見事取り去ってくれるか、それを判断する上では、こうしたデータが鍵を握ってくるだろう。

この章で紹介した修正重力理論やモデルは、物理的な不安定性の問題や、太陽系のデータに当てはまらないといった問題を抱えている。ひも、量子重力、そしてこれらの代替重力理論を踏まえ、次にＭＯＧの説明に移ることにしよう。

第一〇章　修正重力理論（ＭＯＧ）

アインシュタインの一般相対論を修正しようとする理由は、おもに三つある。第一に、多くの理論家が、一般相対論と量子力学を組み合わせた量子重力理論を見つけなければならないと信じていて、正しい量子重力理論を作るにはアインシュタインの古典的な重力理論を根本的に修正する必要があるのではないかと考えている。第二に、驚くほどの成功を収めている素粒子物理学の標準モデルには重力が含まれておらず、物理学者たちは、素粒子物理学の標準モデルと重力の両方を含むより大きな理論が誕生してほしいと望んでいる。第三に、宇宙における未発見の質量とエネルギーという深刻な問題を解決する必要がある。この章でおもに注目するのは、この第三の動機だ。アインシュタインが当時、代替重力理論――二〇〇年以上にわたって支配的だったニュートン理論の代替理論――を構築したように、私もより大きな理論として、ダークマターを仮定しなくともデータと一致し、アインシュタインの理論がニュートンの理論を含んでいるのと同じように、アインシュタインの理論を包含するような、一般相対論の修正理論を探している。

前の章で紹介したいくつもの代替重力理論と違い、私が練り上げた修正重力理論、ＭＯＧは、物理的な不安定性を含んでいない。重力理論として一般相対論と同じくらい頑丈で、ダークマターを使わなくとも現状での天体物理学的データや宇宙論的データと一致する。

非対称重力理論（ＮＧＴ）の構築

四次元時空でアインシュタインの重力理論を修正する方法は、二通り考えられる。一つは、リーマン幾何学とアインシュタインの重力理論の枠組みを何とか維持し、マンハイムの共形重力理論のように、物質と時空の幾何がどのように相互作用するかを修正しようとする方法。もう一つは、ベッケンシュタインのＴｅＶｅＳのように新たな場を導入するか、あるいはリーマン幾何を拡張した何らかの新たな幾何構造を導入する方法だ。この修正法は、〝非リーマン幾何学〟と呼ばれるものに基づいている。私の非対称重力理論（ＮＧＴ）はこのタイプの理論であって、アインシュタインの重力理論を含んでいる。

一九七九年に私は〈フィジカル・レヴューＤ〉誌に、アインシュタインの非対称統一場理論の数学をもとにした、「新たな重力理論」というタイトルの論文を発表した。アインシュタインは晩年、重力とマクスウェルの電磁気力を統一する理論を構築しようとしていた。しかし私を含め何人もの物理学者が、アインシュタインの統一理論は実際にはマクスウェルの理論を正しく記述していないことを示した。だが一九七九年に私は、アインシュタインの非対称統一理論を、純粋な重力理論の一般化として解釈しなおした。前に述べたように、アインシュタインの理論において基本的な構成要素の一つが、時空内の二点間の距離、そして時空の歪みを記述する計量テンソルだ。アインシュタインの重力理論を非対称的に拡張した理論では、対称的な計量テンソルが、対称テンソルと反対称テンソルの和に置き換えられる。計量テンソルのうち非対称部分は、時空の幾何をねじるという効果をもたらす。ＮＧＴにおける時空は、アインシュタインの重力理論のような歪みに加え、ねじれを示すのだ。私はトロント大学の大学院生たちと共同で、二〇年にわたりこの理論を大きく拡張してきた。そのほとんどの間は、私の手によるアインシュタインの重力理論の一般化が正しいかどうかを検証したり、私の理論と一般相対論との違いを見きわめたりできるような観測データは存在していなかった。

アインシュタインは、重力と電磁気力を統一しようとする非対称理論を、数学的観点から見て自らの重力理論を最も自然に一般化したものだと考えた。そして晩年は、そのことを無条件の根拠と見なしていた。自分の重力理論を最も自然に一般化したものが見つかれば、その理論の正しさが実験データにより確認されるはずだと信じていたのだった。しかし当時の多くの物理学者は、その新たな理論は実験的に検証できないので、アインシュタインは間違った物理研究の道を歩んでいると感じていた。観測による検証なしに統一場理論を導こうとしている、今日のひも理論学者が使っている方法論に似ていると言えよう。

私もこの考え方に取り憑かれ、裏づけとなる実験的動機や確証がないまま、何年も費やして、アインシュタインの重力理論を完璧に一般化したものを探した。さらに、アインシュタインの理論を一般化することで矛盾のない量子重力理論が導かれ、宇宙の始まりをよりよく理解し、アインシュタインの理論における無限大や特異点の問題を取り除けるかもしれないと期待していた。こうした数学的に首尾一貫した描像の追求は、少なくとも、才能のある何人もの大学院生にとって物理の勉強になり、査読のある学術雑誌で彼らとの共著として何篇もの論文を生んだ。しかしつねに、自分たちがやっている研究全体の裏づけとなるデータが現われるのを待ち望んでいた。その間、相対論学者の大多数は、新たなデータがないのだから新たな重力理論を作る特段の理由はないと言って、NGTを無視したり非難したりしていた。三〇年前、新たな宇宙論的データや天体物理学的データが登場する以前には、ダークマターは差し迫った問題だとは考えられていなかった。

しかし一九八〇年代前半の短い期間、NGTの正しさを示しているように思われるデータが現われ、私の期待は高まった。一九八二年、トゥーソンにあるアリゾナ大学の物理学者で天文学者でもあるヘンリー・ヒルが、一篇の論文を発表した。その中でヒルは、太陽は完全に球形ではなく扁平であって、それを考慮すると、水星の近日点の移動を予測したアインシュタインの方程式が食い違ってくると主張していた。その論文は、トゥーソン郊外のレモン山にある太陽望遠鏡を使った太陽観測の結果に基づいていた。

アインシュタインが間違っているかもしれないということで、マスコミは大いに盛り上がった。そして物理学者の間では騒動が巻き起こった。ヒルの観測結果は、実際には一九六〇年代にプリンストン大学のロバート・ディッケらがおこなった観測を裏づけたもので、ディッケらも、太陽の扁平によってアインシュタインの理論と食い違ってくることを示していたが、ヒルの計算の方が食い違いが大きかった。私は自分のＮＧＴを使って水星の近日点移動の修正項を計算し、ヒルの観測結果と一致することを見いだした。私の新たな重力理論の正しさを検証できるかもしれない、そう思われた。

論争が頂点に達した一九八四年、ニューヨーク科学アカデミーに、ヘンリー・ヒルや私を含め、太陽天文学や相対論の世界的専門家が何人か集まった。この会合で私は、ＮＧＴに基づく計算結果を発表した。居合わせた物理学者のほとんどは、データによってアインシュタインの理論が否定されるというヒルの主張に、疑いの態度を示した。〈ニューヨーク・タイムズ〉など世界中の新聞に記事が掲載され、この論争における賛否両論が紹介された。

当時、太陽天文学者の中には、太陽の扁平を調べるためのまた違う方法を進めている人がいた。太陽内部の音響特性を調べて太陽の形を決定するという、日震学の方法を使うものだ。その結果によれば、太陽の扁平に関するヒルの主張は間違っているということだった。続く国際学会で日震学に基づくさらなる観測結果が発表され、それを支持する人たちは、ヘンリー・ヒルはデータ解析で間違いを犯したとして、ヒルの主張を否定しようとした。観測天文学者の間では、アインシュタインによる水星の近日点移動の予測を修正する必要はないということで意見が一致し、それは現在でも揺らいでいない。私の新たな重力理論をアインシュタインの理論と差別化できそうだという興奮は、すっかり冷めてしまった。

何年ものあいだ私は、世界一有名な探偵と同じ状況に直面していた。シャーロック・ホームズはドクター・ワトソンに、こう不満を訴えていた。「まだデータはない。データが手に入る前に理論を立てるのは重大な間違いだ。理論を事実に合わせるのでなく、気づかぬうちに事実を歪めて理論に合わせてしまうからだ」

論争が止み、私の理論は、間違った太陽の形とともに置き去りにされたのか？　いや。もし太陽が扁平であれば、一般相対論に対するさらなる修正はＮＧＴで説明できるだろう。ＮＧＴには余分な反発力が含まれていて、それが水星の近日点移動の計算にも使われる。ＮＧＴには調節可能な自由定数があって、それが、近日点移動の式に対する反発力の寄与の程度を決定する。もし太陽が完璧に球形であれば、この新たなパラメータはあまりに小さく、太陽系の中では観測できないことになる。

アインシュタインが提唱したような重力と電磁気力の統一理論としてではなく、重力理論としてＮＧＴを長年研究してきた私は、現状ではこの理論にはまだ結論が出ていないと感じている。一つ問題として、この場の方程式は異常な解を持つ可能性がある。不安定性が起こりうるのだ。

例えば、時空のねじれをもたらす非対称場がきわめて小さくなると、惑星の軌道に影響を与えるような別の幾何学量が物理学的に考えられないほど巨大になり、観測データと一致しなくなる。

トロント大学の私の大学院生マイケル・クレイトンは、一九九〇年代後半、ＮＧＴが示しうる異常について広範な研究をおこない、それをもとに博士論文と何篇もの論文を書いた。最近になって、オランダ・ユトレヒト大学のトミスラフ・プロコペックとその学生トマス・ヤンセンは、ＮＧＴにおける不安定性を見いだすという難しい問題をさらに研究した。宇宙論において銀河や銀河団の弱い重力場にＮＧＴを当てはめたところ、計量テンソルの反対称部分とねじれの効果が、アインシュタインの重力理論のみによる効果と比べて大きくなることが示された。これはつまり、クレイトン、プロコペック、ヤンセンが、計量の反対称部分がきわめて小さいと仮定して使った摂動的方法は、正しくないかもしれないことを物語っている。不安定性を根拠にＮＧＴを否定した議論は、有効でないのかもしれない。

ＮＧＴは、豊かな構造と、いくつか興味深い数学的性質を持っている。しかし仲間の天文学者たちは、ＮＧＴの数学構造は複雑すぎると不満を言う。そのこと自体は必ずしも、新たな理論を構築する上での妨げにはならない。アインシュタインが一般相対論を発表したとき、ほとんどの物理学者は理解するのが難しい理論だと受け止め、実際にその数学構造はニュートン重力理論よりはるかに複雑だ。しかし私は、自分の非対称理論に代わるもっと単純な理論を見つけて、ダークマターの必要性を取り除き、ダークマターを説明、あるいは排除できるのではないかと考えた。

修正重力理論（MOG）の構築

二〇〇三年に私は、NGTに代わるそうしたもっと単純な理論を探すという課題を自らに課した。[注1]その新たな理論、計量＝ねじれ＝テンソル重力理論（MSTG）は、アインシュタインの重力理論における純粋で対称的な時空を使うという点で、NGTとは違っていた。NGTの非対称部分だった〝ねじれ〟は、幾何の一部分ではなくなり、方程式の中に追加の場として姿を現わす。言い換えれば、ねじれは時空そのものに由来するのでなく、第五の力を構成する新たな場から生じてくるということだ。

MSTGに基づいて予測される、修正されたニュートンの加速法則は、一九七〇年代後半から天文学者が集めてきた膨大な数の銀河の異常な回転速度曲線、つまり、銀河の縁にある恒星がニュートンやアインシュタインによる予測の二倍の速さで公転しているという観測結果と一致した。それ以前の理論を構築した人たちと同じく、私も、理論に取り掛かるときにはすでにそうしたデータのことを知っていた。私の目標は、従来のように風変わりなダークマターに頼ることなしに、これらのデータを説明することだった。とりあえずデータに当てはめてみたところ、うまくいった。私の研究室のポスドク研究員イゴール・ソコロフが一九九五年に発表した研究をもとに当てはめたものだ。

さらに、惑星の運動や水星の近日点移動の異常といった太陽系のデータと一致させるために、私は、ニュートンの重力定数Gが空間や時間とともに変化すると仮定した。

新たなＭＳＴＧ理論について仲間の天文学者たちと議論したところ、この理論の数学もやはり複雑だが、ＮＧＴよりはましだと言われた。そして二〇〇四年、銀河、銀河団、太陽系、宇宙論における弱い重力場の現象をすべて予測できる、アインシュタイン重力理論のさらに単純な修正理論を編み出せることに気づいた。銀河内の恒星の驚くような速さ、銀河団に存在するはずの〝余分な重力〟、そして新たな大量の宇宙論的データを説明できる理論だ。この第三の理論は、対称的なアインシュタイン・テンソル、〝ファイオン場〟と名づけたベクトル場、および三つのスカラー場に基づいている。ファイオン粒子は第五の力を伝え、スカラー場はそれぞれ、重力定数の変化、ファイオン場と物質との相互作用、ファイオン場の有効質量を記述する。[注2]スカラー＝テンソル＝ベクトル重力理論（ＳＴＶＧ）と名づけたこの理論は、安定で、負のエネルギーモードを持たず、厄介な特異点を生じないことを証明できた。

ついに、これでうまくいきそうだという感触をつかんだ。スカラー場で記述される重力定数の変動が、ジョルダン＝ブランズ＝ディッケのスカラー＝テンソル＝重力理論ときわめて似ていたのだ。

もしかしたら読者は、私がこの時点で、アインシュタインの一般相対論を含むＭＯＧ（修正重力理論）として三つの理論を手にしていたのはなぜかと、不思議に思われたかもしれない。これら三つの理論の数学構造は、徐々に単純になっている。しかし、太陽系、天体物理学、宇宙論に関する弱い重力場についての予測はすべて同じで、互いを区別するには強い重力場に関する予測が必要だ。強い重力場を作るのは容易ではない。宇宙論における時刻ゼロのときや、恒星の重力崩壊のときには、強い重力場が存在するだろう。こうした現象を使って私の理論のいずれかを検証するのはとてつもなく困難で、しかも現在のところ、そうした強い重力場の実例として他にもっと利用しやすいものはない。これら三種類の互いに区別できず検証できない理論を、私はどう扱おうとしたのか？

この厄介な段階にあった二〇〇四年夏、私は、トロント大学で私の指導のもと一九九一年に物理学の修士号を取った、ジョエル・ブラウンシュタインに声を掛けられた。そのとき私たちは、スタンフォード大学のフランシス・エヴェレットが進めた重力プローブB衛星によるジャイロスコープ実験の結果を、NGTによって予測する論文（のちに〈フィジカル・レヴュー〉誌に掲載される）を書いていた。ジョエルは私に、ペリメーター研究所の私の部屋からわずかな距離にある、オンタリオ州のウォータールー大学で物理学の博士号を取りたいのだが、指導教官になってくれないかと頼んできた。ジョエルはそれまで一〇年間、産業界でソフトウェアエンジニアとして働いていて、コンピュータに関するかなりの知識を持っていた。

ウォータールーでブラウンシュタインと私は、ダークマターを使わずに、MSTGとSTVGを数多くの銀河の回転速度データと一致させる方法を編み出しはじめた。知りたかったのは、銀河の外縁にある恒星がニュートンやアインシュタインに基づく予測の約二倍という速度で公転していることを、修正重力理論だけで説明できるかどうかだった。調べてみたところ、いわゆる光度計による一〇〇以上の銀河についてのデータと一致させることができた。メリーランド大学のステイシー・マッゴーなど天文学者からもらったデータを使い、最小限のパラメータを調節するだけで、回転速度のデータととてもよく一致させられたのだ。調節可能な自由パラメータに対し、測定によって決まるパラメータとしては、例えばニュートンの重力定数や銀河の質量光度比がある。この質量光度比というパラメータは、銀河の全質量が目に見える質量に対してどれだけあるかという値で、標準的なモデルでは、銀河内のダークマターの量を示しているとされる。[*1] この理論では重力が強くなることによって恒星の速度を説明でき、矮小銀河、低表面輝度銀河、高表面輝度銀河、楕円銀河、巨大渦巻銀河すべてにおいて、ダークマターを使わずにデータを説明できた。二人で書いて二〇〇六年に〈アストロフィジカル・ジャーナル〉誌で発表した論文は、かつてないほど広範囲に銀河のデータと一致したものとなった。

この結果に奮い立ったジョエルと私はすぐに、やはり大量にある高温X線銀河団の質量分布データをダークマターを使わずに一致させる作業に取り掛かり、やはり最小限の調節可能なパラメ

＊1　これに対し、銀河の周囲にダークマターのハローが存在すると説く天体物理学者は、ハローモデルを回転曲線のデータと一致させるために、二つや三つのパラメータと銀河の質量を使わなければならない。一つ一つの銀河で一致させるために、二つか三つのパラメータをそれぞれ違う値にしなければならず、調節可能な自由パラメータは膨大な数に及ぶ。

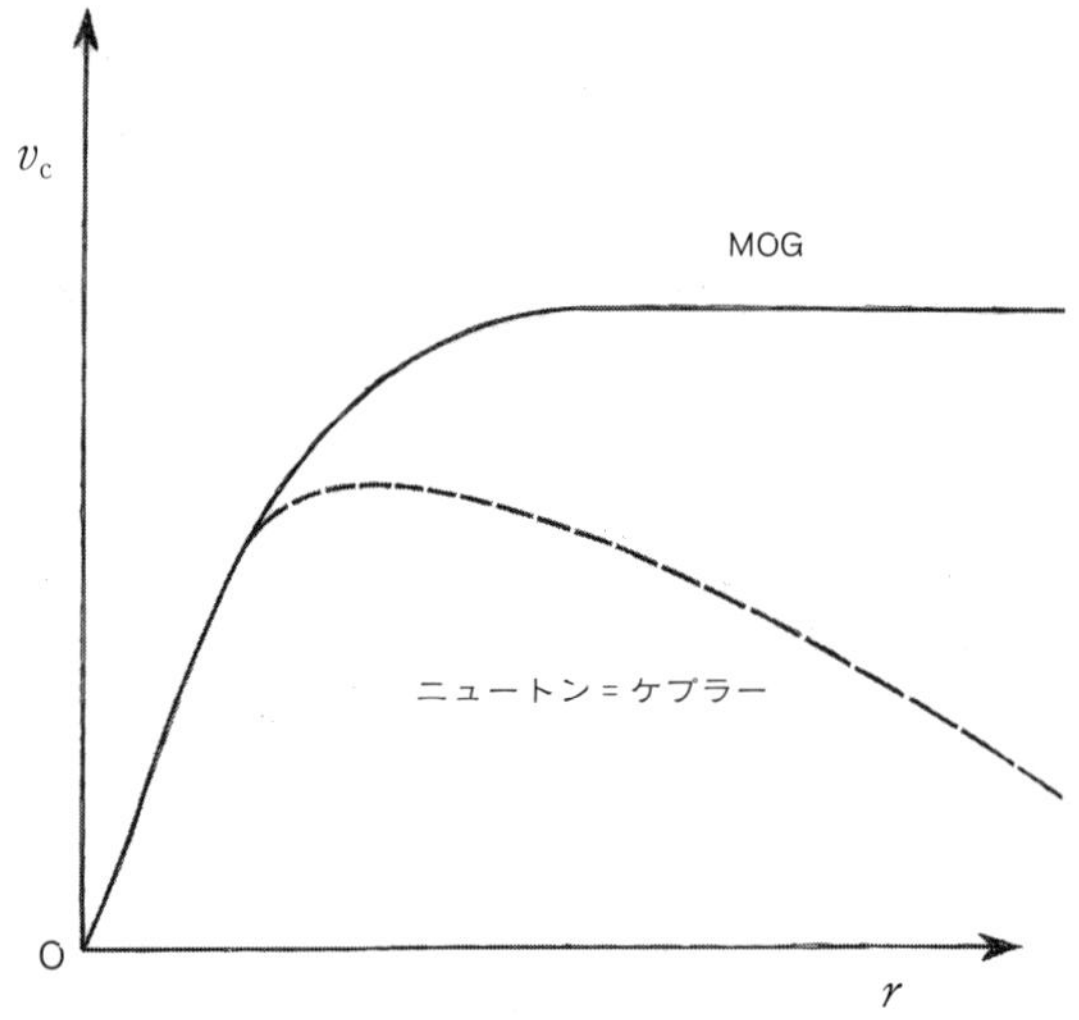

図16　銀河回転曲線v_c（恒星の回転速度）を銀河の半径に対してプロットしたグラフ。MOGによる恒星の速さの予測はデータと一致するが、ダークマターを用いないニュートン＝ケプラー理論による予測は一致しない。

ータだけでそれに成功した。前に述べたように、これらの銀河団は大きな重力異常を示し、ニュートン理論やアインシュタイン理論に基づいて銀河団をまとめるのに必要とされる質量に比べ、目に見える質量がはるかに少ない。ジョエルと私は、銀河団のデータに関する結果を、やはり二〇〇六年に〈マンスリー・ノーティシズ・オヴ・ザ・ロイヤル・アストロノミカル・ソサエティー〉誌に発表した。

ドップラーシフトによる銀河の回転のデータやX線銀河団の質量分布と一致させるのに、風変わりな非バリオン性のダークマターの存在を仮定する必要はなかった。MSTGかSTVGから導かれる、修正されたニュートンの加速法則に基づいて一致させたのであって、これらの理論によれば、重力はニュートンやアインシュタインの場合より強いと予測される。[注3] 私は、修正された加速法則と変動する重力定数――ＳＴＶＧ理論の一部――を組み合わせ、銀河中心から一定の距離範囲にある試験粒子の加速、つまり重力は大きくなるが、銀河から大きな距離離れるとそれがニュートンの逆二乗則に還元されることを見いだしていた。

要するにジョエルと私が二篇の論文で主張したのは、長距離における重力効果を記述し、物理学において最も神聖な法則の一つとなっているニュートンの逆二乗則は、少なくとも銀河や銀河団の大スケールでは間違っているはずだということだった。

修正ニュートン力学（ＭＯＮＤ）

回転速度データと一致させた結果が示す変わった特徴の一つとして、銀河中心からの距離に対してプロットした回転曲線が平坦になっているという点が、イスラエルの物理学者モルデハイ・ミルグロムがまったく異なる原理から組み立てた現象論的なＭＯＮＤの式と、ほとんど見分けがつかないほど似ていた。ＭＯＮＤの経験式および、ニュートン加速とＭＯＮＤ加速とを分け隔てる閾値を使った場合でも、ＭＯＧと同じく、ダークマターを使わずに銀河の異常な回転曲線を説明できたのだった。

銀河における重要な経験的関係として、銀河内の恒星の回転速度を何乗かしたものが銀河の質量あるいは光度に比例するという、タリー＝フィッシャー則というものがある。恒星の回転速度を見積もれば、データから、どの地点で速度が平坦、つまり一定になるかを見きわめられる。ニュートンの理論によればそうはならず、銀河中心から周辺に行くにつれて回転速度は小さくなりつづける。データから、タリー＝フィッシャー則においてこの一定速度の肩につく累乗数の経験値は、三から四の間と求められている。ここでもニュートンの加速法則とは食い違い、ニュートンの法則によれば、恒星の回転速度の二乗が銀河の質量あるいは光度と比例する。

ミルグロムの修正加速法則は、回転速度の四乗を使ってタリー＝フィッシャー則を再現するよう編み出されている。ジョエルと私が調べたところ、銀河のデータをMOGに最もよく一致させるには、回転速度の四乗ではなく、三に近い値を肩につけなければならないことが分かった。実は、われわれの結果とミルグロムのMONDによる値との差は、データのわずかな解釈の違いによるもので、現段階ではどちらの解釈が優れているかは決められない。

ミルグロムのMONDモデルは、相対論的な重力理論ではない。銀河内のダークマターは見事取り除いてくれるが、重力場中での光の湾曲や、クエーサーなど遠くの天体からやってくる光が途中で銀河や銀河団の近くを通るときに生じる重力レンズ効果など、相対論的な効果は十分に記述できない。修正重力理論は、ダークマターを仮定せずにこうしたデータを記述できなければならない。

変化する重力定数

ＭＯＧの最も重要な特徴の一つが、重力定数が変化することだ。光速可変宇宙論（ＶＳＬ）のところでも述べたように、ニュートンの重力定数Gや光速といった定数が変化するというアイデアは、新しいものではない。Gが変動するという考え方を、もっと詳しく見てみよう。

すでに述べたように、重力は他の力に比べてとてつもなく弱く、電磁気力の10^{40}分の一でしかない。この微小な無次元量と、なぜこの値が物理法則に登場するのかを初めて理解しようとした一人が、アーサー・エディントン卿だ。エディントンはこの疑問を、一九二〇年代から、亡くなる一九四四年まで追いかけていた。死後の一九四六年にケンブリッジ大学出版会から発表されたその基本理論は、量子論、特殊相対論、重力を統一しようとするものだった。

エディントンは初めこそ従来の道筋に沿って進んでいったが、やがて、基本定数の無次元の比を数秘術まがいの方法を使って解析するようになっていった。まず、いくつかの基本定数を組み合わせて無次元数を作った。そのうちいくつかは、10^{40}、その二乗、あるいはその立方根に近い値だった。エディントンは、宇宙を構築する際に指定する値としては陽子の質量と電子の電荷が自然だと考え、それらの値は偶然決まったのではないと確信する。しかし、原子物理学における電磁気力の強さの指標である微細構造定数αに関するエディントンの主張を聞いた研究者たちは、エディントンの説く概念を相手にしなくなった。αの測定値は一三六分の一にかなり近く、エディントンは、それは正確に一三六分の一だと論じたのだ。その後の実験で値はむしろ一三七分の一に近づいたが、すると今度は、その値は正確に一三七分の一だと主張しだした。現在の測定値は一三七・〇三五九九九一一分の一だ。

ポール・ディラックもエディントンと同じような探求を進め、その理論を〝大数仮説〟と呼んだ。しかし一九三〇年代後半、すでに述べたように、ディラックは重力に対する新たな取り組みに乗り出す。一九三七年に〈ネイチャー〉誌、一九三八年に〈プロシーディングズ・オヴ・ザ・ロイヤル・ソサエティー〉誌に発表した論文の中で、重力定数が変化するという宇宙論を展開した。そして、10^{-40}という微小な無次元量は、素粒子物理学において、重力定数、プランク定数、光速、ハッブル定数だけに通用するのでなく、宇宙全体の重力の効果にも当てはまると考えた。さらに原子物理学や素粒子物理学全体を書き換えずにすむよう、ニュートンの重力〝定数〟は時間とともに変化すると提唱した。この修正重力理論がきっかけとなって、微小な無次元比10^{-40}に何の基本的な意味も持たせない新たなたぐいの宇宙論が誕生する。ディラックによれば、Gは宇宙の年齢の逆数とともに変化するのであって、ビッグバンののちに宇宙が膨張するにつれ、重力定数と重力は今日までどんどん小さくなっていき、今ではとても弱い重力しか経験しないのだという。しかしディラックは、この新たな宇宙論を説明するためにアインシュタインの重力理論の修正理論を提唱することはなかったため、この理論は不完全なまま終わる。いくつか予測は導いたが、あまり優れたものではなかった。ディラックによる宇宙の年齢の予測値はおよそ4×10^9年、つまり四〇億年で、放射性年代測定による地球の年齢よりも短い。

しかし前に述べたように、このディラックの理論に触発され、パスクアル・ジョルダン、カール・ブランズ、ロバート・ディッケといった人たちが、*G*が変化するという概念を真剣に採り上げるようになった。

重力レンズ効果

私のＭＯＧにおいて、天体物理学的データや宇宙論的データを説明する上で重力定数の変化と同じく重要な役割を果たすのが、重いベクトル・ファイオン場だ。この場は反発力を生み、それと重力定数の変化が組み合わさることで、ニュートンの加速法則が修正を受け、また前に述べたように、大量の天体物理学的データと一致するようになる。一般相対論を使ってそれほどまでにデータと一致させるには、大量のダークマターを仮定するしかない。[*2] また、ＭＯＧは四次元時空内で定式化されているので、ひも理論などの高次元理論と違って、われわれの四次元世界で余分な次元を視界から隠さなければならないという問題を回避できる。

＊2　ジョルダン＝ブランズ＝ディッケのスカラー＝テンソル＝重力理論も、ダークマターを使わないとデータと一致しない。

重力レンズ効果は、遠くの光源からやってくる光線が、途中で銀河や銀河団の近くを通るときに起こる。重い天体の重力場がレンズのように作用し、光は光源方向から逸らされる。天文学者は、スローン・デジタル・スカイ・サーヴェイ（ＳＤＳＳ）で撮影された何千もの銀河を使って、重力レンズ効果を調べている。この大規模な調査で得られたデータからは、大量のダークマターを仮定しないと一般相対論が重力レンズ効果のデータと一致しないことが示されている。したがってアインシュタインの理論では、太陽の重力場における光の湾曲は正しく予測できたものの、銀河や銀河団といったもっと大きな重力源による光の湾曲に対する予測は、観測データと一致するほど大きくなかったことになる。

私の理論では、重力定数の変化とファイオン場が重要な役割を果たして、重力レンズ効果を正しく予測できる。距離とともに重力定数が大きくなるため、光線は銀河のような大きな重力源のそばを通過するときにより大きく湾曲する。ＭＯＧの予測によれば、銀河の縁、目に見える恒星が終わるところのごく近くで銀河の重力レンズ効果が起こった場合、アインシュタインの重力理論では見られないような独特の形に像が歪む。

弾丸銀河団

ダークマター仮説の誤りを証明するのは難しい。ダークマターモデルにどんな困難が生じても、信者たちはそれを克服しようと、プトレマイオスの周天円のように、好きな特徴や自由パラメータを追加できるからだ。しかし修正重力理論には、場の方程式の解による予測が否定される可能性がつねにつきまとっている。したがって修正重力理論は、どんな物理系の基本的性質にも一致する、かなり厳格な自然界の記述でなければならない。

二〇〇四年、ダグラス・クロウィー率いるトゥーソンのアリゾナ大学の天文学者グループが〈アストロフィジカル・ジャーナル〉誌に、りゅうこつ座にある銀河団１Ｅ０６５７‐５６の観測結果を発表した。チャンドラＸ線観測衛星による一連のＸ線観測から、およそ一億五〇〇〇万年前、赤方偏移にして $z=0.296$ のときに、二つの銀河団が衝突して形成されたことが明らかとなった。ＮＡＳＡが撮影した見事な写真には、相互作用する銀河団の中心とその銀河団の縁にある銀河から外れた位置に、ガス雲が写っている。

これは、小さな銀河団が大きな銀河団に衝突したと解釈される。Ｘ線を発する高温のガス雲は、二つの銀河団が持っていた通常のバリオン性物質でできていて、空気中での摩擦力にそっくりの抗力により減速し、衝突した銀河団の中心に二つのガスの塊を形成している。うち一つは、ガスの衝突による衝撃波によって、弾丸のような形になっている。このため１Ｅ０６５７‐５６は、〝弾丸銀河団〟と呼ばれるようになった。合体しつつある銀河団の中の銀河は互いにとてつもない距離離れているため、何ごともなくすれ違って衝突のない物体のように振る舞い、相互作用する銀河団の縁に望遠鏡で観測される。これら二つの銀河団の銀河の中にある惑星に住んでいる観

図17　有名な弾丸銀河団によりダークマターの存在あるいはＭＯＧの正しさが証明されると言われている。［出典：Ｘ線像＝NASA／CXC／CfA／M・マルケヴィッチら、重力レンズ効果地図＝NASA／STScl・ESO　WFI・マゼラン／アリゾナ大学／D・クロウィーら、光学像＝NASA／STScl・マゼラン／アリゾナ大学／D・クロウィーら］

測者が、この激しい衝突に気づいているかどうか、ぜひ知りたいところだ。

二年後の二〇〇六年八月にトゥーソンの天文学者たちは、〈アストロフィジカル・ジャーナル・レターズ〉誌に掲載される短報という体裁で、電子アーカイヴに新たなデータを公表した。同じ電子アーカイヴには、衝突する銀河団の物質分布を解析して重力レンズ効果を解釈した、長い論文も発表された。二〇〇四年の最初の論文でも、この衝突する銀河団による重力レンズ効果のデータがダークマターの存在の証拠となると主張していたが、その主張を裏づけるほど正確なデータではなかった。しかし二〇〇六年八月二一日、この研究プロジェクトに資金を提供するＮＡＳＡが、劇的な記者発表によって舞台に上がってくる。そして、新たな観測によって三倍のデータが得られ、初めの結果の意義が強まったと説明し、彼ら天文学者は実際にダークマターを発見したという確信が深まったと主張した。この仰天の〝発見〟の知らせは、すぐに世界中のマスコミで報道された。

遠くの銀河からやってきた光を曲げる重力レンズ効果を入念に測定すれば、銀河団の重力場の強さを判断できる。有名となった弾丸銀河団の場合はさらに、合体しつつある銀河団内での重力をもたらす物質分布も決定できる。ＮＡＳＡの記者発表によれば、重力レンズ効果のデータから、銀河に伴う通常の物質と、銀河団の中にあると考えられるダークマター粒子は、衝突することなくすれ違い、相互作用する銀河団の外縁に達していることが分かった。背景をなす銀河の光に対する重力レンズ効果の強さをアインシュタインの重力理論により予測したところ、衝突しつつある銀河団の中で銀河が見られる周辺部には、通常のバリオン性物質よりはるかに多くの物質が存在することが示された。トゥーソンの天文学者たちは、データを理論と一致させるため、銀河が存在する外縁領域には目に見えるよりも少なくとも一〇倍の物質が存在するはずだと結論する。そしてこれが、ダークマターの存在の証拠だと主張した。

重要な点は、目に見える物質につき従って存在しているとされていたダークマターが、この銀河団ではＸ線を発する高温のガスから分離していると、観測者たちが主張していることだ。ほとんどの天文学者は、Ｘ線を発する高温のガスに含まれる通常のバリオン性物質が、目に見える全物質の九〇パーセントを占めていると考えている。ダークマターの存在を仮定したとしても、通常の銀河団では、その高温のガスに含まれるバリオン性物質とダークマターとを分離することはできない。しかしトゥーソンの天文学者の解釈では、衝突しつつある銀河団が互いにすれ違うときには、X線を発するガスは中心に取り残され、目に見える銀河とダ、ー、ク、マ、タ、ーはそのまますり抜ける。ダークマターと通常の物質がはっきり分離されたというこの考え方が、ついにダークマターが検出されたという主張につながった。アインシュタインの重力理論によれば、銀河団の縁近くにダークマターが存在していない限り、データと一致するような重力レンズ効果を予測できないからだ。

重力レンズ効果の観測結果から、銀河団の縁近くにあるダークマターは、中心部のX線を発するガスの中にある物質より密度が高いことが示された。銀河団の衝突によって、X線を発するガスの温度は通常のX線銀河団の約二倍に上昇し、そのためこの弾丸銀河団は、これまで観測された中で最も熱い天体となっている。さらにトゥーソンの天文学者たちは、この重力レンズ効果はどの代替重力理論でも説明できないと断言した。とくに、最も古くからあり最もよく知られたミルグロムのＭＯＮＤ（現象論的モデルであって理論ではないが）では、重力レンズ効果のデータによって明らかとなった質量分布を正しく記述できないと主張している。

とても劇的な主張で、物理学の未来に重大な影響を及ぼしかねない。もしそれが本当なら、ダークマターを構成する未検出の粒子を探そうという取り組みが世界中で加速するだろう。実際に二〇〇六年八月以降、物理学者の間でもマスコミでも、ほとんど決着はつき、ダークマターの存在は証明されたという意見が優勢になっている。しかし弾丸銀河団も、どのような粒子がダークマターを作っているのかという手掛かりは持っていない。そしてもっと重要なこととして、今から説明するように、ＭＯＧならダークマターをまったく使わなくても弾丸銀河団のデータと一致させられる。

ＮＡＳＡの記者発表と、「ダークマターついに検出」のニュースが広まるにつれ、インターネット上の数々の物理学のブログサイトは、ダークマターの発見とされる観測に対する、一部は熱狂する、一部は非難する意見でかなり盛り上がった。〝コズミック・ヴァリアンス〟という評判のブログでは、シカゴ大学とフェルミ研究所のショーン・キャロルが、「答——ダークマターは間違いなくそこに存在する！」と宣言した。[注4]マスコミの取材に対しては、ダークマターの存在が合理的な疑いの余地なく証明されたと語り、さらに、修正重力理論を弾丸銀河団のデータに一致させるのは不可能だとも主張した。

ＮＡＳＡの記者発表を受けたマスコミ報道の中には、ＭＯＮＤは公式に〝死んだ〟とまで伝えるものもあったが、物理学のブログサイトではその見解に対する激しい議論が繰り広げられた。ある記者の引用によれば、モルデハイ・ミルグロムはＥメールで、宇宙には未検出の〝通常の〟物質が大量にあるだろうから、まだ決着はついていないと語っている。しかし私の感じでは、未検出の通常の物質は、重力レンズ効果の新たな観測結果にかなり弱い影響しか及ぼさないだろう。

　こうした熱狂に先立つ何カ月か私は、ＭＯＧによる重力レンズ効果の予測について調べようと考えていたものの、別の問題から手が離せないでいた。しかしここに来て、新たな観測データを調べ、ＭＯＧがどこまでうまくいくかを見きわめざるをえなくなった。そこで、高温のＸ線銀河団における通常の物質分布を記述するときにブラウンシュタインと使ったＳＴＶＧを用い、私の理論における重力レンズ効果の結果を導き出した。そしてＭＯＧの方程式から、例の天文学者たちがダークマターを特定したとするまさにその領域、つまり合体しつつある銀河団の外縁、目に見える銀河が存在する領域で重力レンズ効果が強くなることが予測され、私は興奮を覚えた。ＭＯＧでは重力定数が変動し、場の方程式によってそこから作られる重力場は、相互作用する銀河団の中心（Ｘ線を発するガスが存在する）から縁へ向かうにつれて強くなる。そして、ダークマターを使わなくても、通常の目に見える銀河が存在する外縁領域で重力レンズ効果が強くなると予測される。とくに、合体しつつある銀河団の縁、目に見える銀河が位置する場所での重力は、中心のガス雲に伴う重力場より大幅に強くなる。チャンドラＸ線観測衛星を使ってトゥーソンの観測者たちが見た様子と、まったく同じだ。この予備的な結果から私は、ＭＯＧによる重力レンズ効果の予測が、新たな弾丸銀河団の観測結果と定性的に一致すると結論した。そしてこの結果を記した論文を、二〇〇六年八月三一日に電子アーカイヴへ投稿した。

　ＭＯＧの予測がデータと定性的に一致したのはなぜかというと、ＭＯＧにおける重力は、物体――銀河や銀河団を含む――の中心から外側へ行くにつれ強くなるよう修正されているためだ。

この効果は太陽系内の惑星ではきわめて小さく、銀河や銀河団といった大きな天体にならないと意味を持たない。そして弾丸銀河団など、五〇万パーセク（1.5×10^{19}キロメートル）以上の大きさの銀河団では、この効果が際立ってくる。

ニュートンやアインシュタインの重力理論では、銀河団のような天体の中心から遠ざかるにつれて重力は弱くなる。しかしＭＯＧの場合、方程式で定まるある一定の距離スケールに達するまでは、中心からの距離が大きくなるにつれて重力は強くなり、そこから先ではニュートンの法則どおりに弱くなっていく。弾丸銀河団を含め銀河団の場合、その距離スケールの値は約一三五キロパーセク、4.1×10^{18}キロメートルとなる。地球と太陽との平均距離は一億五〇〇〇万キロメートル、ＭＯＧにおけるこの距離スケールはその一〇〇億倍だ。

代替重力理論、そしてそれによる銀河や銀河団——とくに相互作用する弾丸銀河団——の重力レンズ効果について入念に研究しないうちに、ダークマターの存在について早まった結論を出すべきではない。正しい理論を使えば、重力だけでそれらの謎めいたデータを説明できるからだ。ジョエル・ブラウンシュタインと私は、弾丸銀河団の大規模なコンピュータ解析を含むさらに長く詳細な論文を、〈マンスリー・ノーティシズ・オヴ・ザ・ロイヤル・アストロノミカル・ソサエティー〉誌で発表した。ＭＯＧに基づけば、ダークマターを使わずに、クロウィーらによる重力レンズ効果のデータときわめてよく一致させられるのだ。

加えてＭＯＧでは、弾丸銀河団で衝突している二つの銀河団のうち大きい方の温度が、一万五五〇〇電子ボルト、すなわち摂氏一億七九〇〇万度と予測された。太陽中心の温度、約二三〇〇万度と比べてほしい。弾丸銀河団は太陽中心の約九〇倍熱いのだ。MOGによるこの予測は、最も精確な弾丸銀河団の温度観測の結果と誤差範囲内で一致した。ダークマターモデルからは、この予測は容易には導き出せない。

合体する銀河団エイベル五二〇

弾丸銀河団にダークマターの存在を確認したというNASAの記者発表から一年後の、二〇〇七年八月、ブリティッシュコロンビア州のヴィクトリア大学とカリフォルニア工科大学の天文学者グループが〈アストロフィジカル・ジャーナル〉誌に、巨大銀河団の〝列車衝突〟を観測したという論文を発表した。二四億年前に相当する距離隔たった、オリオン座にある合体銀河団エイベル五二〇が、銀河団どうしの複雑な衝突の名残を示していたのだ。この銀河団にも弾丸銀河団と同様に、三つの主要成分がある。銀河に含まれている何十億という恒星、銀河の間に広がる高温のガス、そして、重力レンズ効果といった重力効果から間接的に推測されるにすぎない、仮想上のダークマターだ。高温のガスはチャンドラX線衛星の望遠鏡で検出され、銀河の星明かりの光学データはカナダ＝フランス＝ハワイ望遠鏡とすばる望遠鏡で得られた。光学望遠鏡では、遠くの銀河からやってくる光の湾曲の効果から、大部分の物質が存在する位置も特定された。

この新たなデータは弾丸銀河団における結果と矛盾していて、合体銀河団におけるダークマターの謎はさらに深まった。エイベル五二〇でも弾丸銀河団と同じく、銀河が多く存在する領域と高温のプラズマガスの大部分が存在する領域が大きく分離していた。しかし重力レンズ効果から推測したところ、弾丸銀河団とは違い、ダークマターは銀河がきわめて少ない高温ガスの塊の近くに集中していた。さらに、多数の銀河が観測される領域には、ダークマターがほとんど存在しないように思われた。これらの観測結果は、ダークマターに関する標準的な考え方、とくに弾丸銀河団に対する考え方と矛盾している。前に述べたように、弾丸銀河団に対する一般的な解釈によれば、激しい衝突の後でもダークマターと銀河は一緒にいるはずだ。しかしこのエイベル五二〇では、銀河と仮想的なダークマターが分離し、ダークマターは高温のガスと一緒に留まっていることになる。

論文の著者アンディシェ・マフダヴィとヘンドリク・ヘクストラは、エイベル五二〇のデータを解釈する中で、ダークマター粒子は衝突を起こさないという基本的前提を改める必要があると説明している。つまり、ダークマター粒子には二種類あることになる。銀河の回転データと一致させるのに使われる、衝突を起こさない粒子と、周囲や他のダークマター粒子と相互作用する粒子だ。しかし著者たちも、この解釈は不自然で、それでなくとも謎めいているダークマター物質に恣意的な特徴をつけ加えるだけだと結論している。

ダークマターを支持する人たちに言わせると、この銀河団の衝突は〝扱いづらく〟、観測によってさらに確認されるまで待つべきだという。別の人たちは、そこにはスリングショット効果――銀河がダークマターや高温のガスの塊からはじき飛ばされる効果――が働いているが、そのような効果のコンピュータシミュレーションはまだ成功していないと言っている。

ＭＯＧではエイベル五二〇をどのように説明できるのか？　第一に、ＭＯＧにはダークマターは含まれないため、当然ながら、ダークマターが銀河と一緒に存在するはずだという制約は受けない。第二に、重力レンズ効果は高温ガスの塊の中で最も強く、論文の著者たちはそれをダークマターと解釈しているが、モデルではそれは高温ガスから分離していなければならないという点は、ＭＯＧでは問題にならない。変動する重力定数Gを含むＭＯＧの重力レンズ効果の方程式を使えば、弾丸銀河団の場合と同様、通常のバリオン物質だけで、エイベル系に存在する複数の重力レンズ効果のピークを説明できるのだ。

ＭＯＧでは重力が強くなるため、どちらの合体銀河団も首尾一貫した形で説明できる。一方ダークマターモデルでは、銀河の回転曲線のような他の観測データと矛盾するような新たな物理を導入せずに、二つの合体銀河団に対するまったく相異なる説明の折り合いをつけるのは難しい。

皮肉なことに、弾丸銀河団はダークマターを有名にしたにもかかわらず、そのデータはＭＯＧの有効性を裏づける上で重要な一里塚となった。弾丸銀河団のデータは、現在のところ、観測によるＭＯＧの検証のうち最も重要なものだと見なせる。エイベル五二〇のデータについても、ＭＯＧだけが首尾一貫した満足な説明を与えられることが明らかになるかもしれない。

第五部　ＭＯＧ宇宙の考察と検証

第一一章　パイオニア異常

NASAのパイオニア探査機の目的は、当時まだ第九惑星と呼ばれていた冥王星まで広がる、太陽系内の深宇宙を探査することだった。まったく同じ二機の探査機が一九七二年と七三年に打ち上げられ、パイオニア一〇号と一一号と命名された。二機は地球を出発してそれぞれ違う軌道をたどり、太陽系のそれぞれ反対側から脱出した。

ところがどちらの探査機も、予期されていなかった加速異常、正確に言うと減速を示した。パイオニア探査機は、太陽系内での重力法則を検証するための、かつてない大規模な実験となった。二機の探査機が取った軌道は、予定どおり木星と土星のクローズアップ写真を撮影し、外部太陽系の冷たい漆黒の空間に入って、最終的には広大な恒星間空間へと達するものだった。天の川銀河の中で太陽が進む方向と反対側へ向かったパイオニア一〇号は、やがて、おうし座にある約六八光年離れた恒星アルデバランへ接近する。それにはおよそ二〇〇万年かかるだろう。一方パ

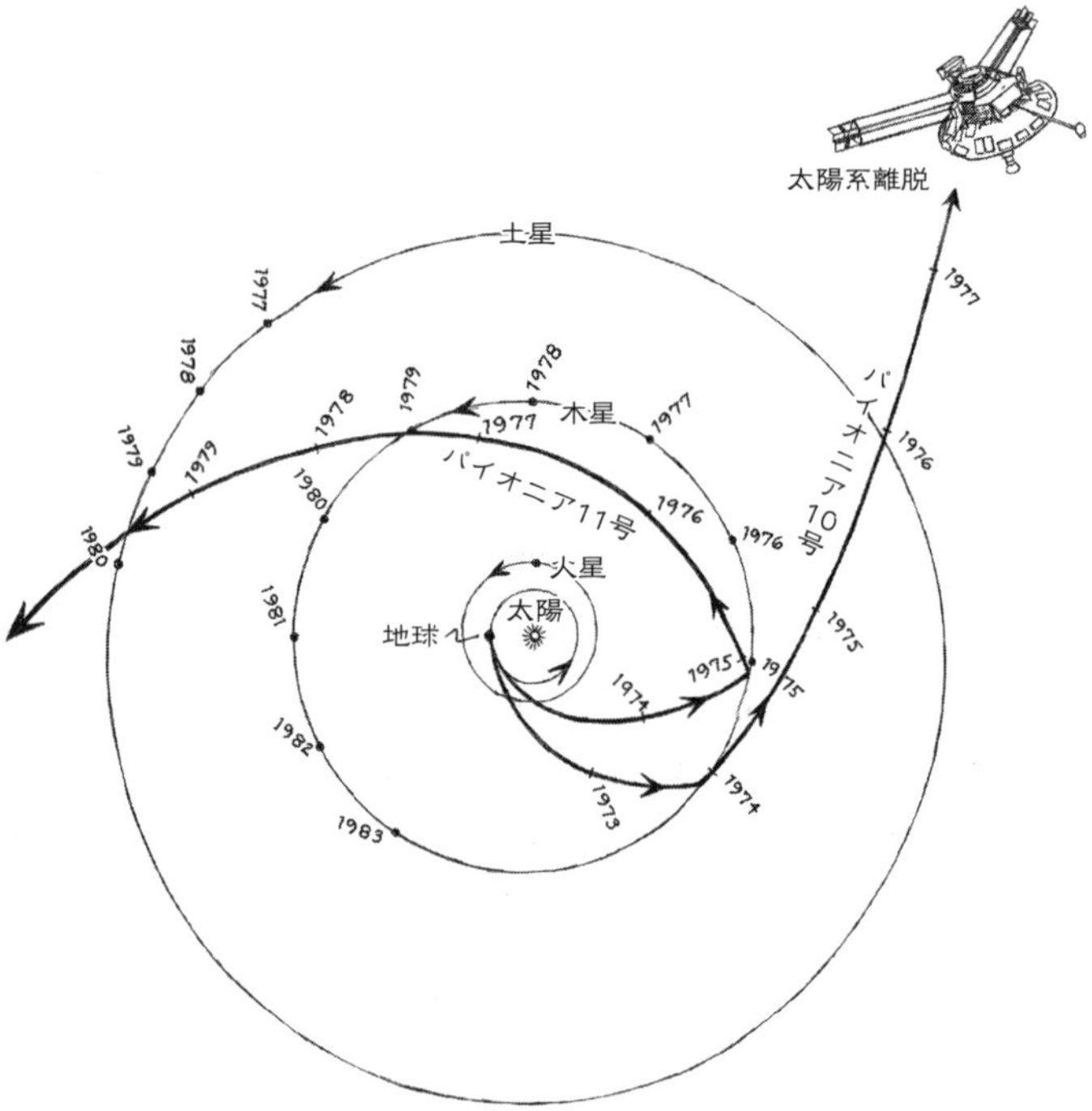

図18　パイオニア10号および11号の打ち上げから内部太陽系離脱までの軌跡

イオニア一一号は、その逆方向へ進み、西暦四〇〇〇万年頃にわし座の恒星の一つを通過する。どちらの探査機にも、別の知的生命体に捕獲されたときの挨拶として、カール・セーガンとフランク・ドレイクがデザインした、金メッキを施したアルミニウムプレートが取りつけられている。プレートには、男女の人間と、われわれの太陽系やこの探査機の軌道に関する情報を記した図が刻まれている。

パイオニア一〇号と一一号の異常とは何か？

二機の探査機は打ち上げ後、太陽からそれぞれ反対側へ遠ざかる軌道を進みながら、無線送信機で情報を地上のアンテナへ送り返していた。測定されたそのドップラーシフトのデータからは、探査機の正確な軌道パラメータが決定された。ＮＡＳＡの科学者はそのデータの中に、予想外の減速、つまり地球や太陽へ向かって一定の異常な加速を示していることを発見した。ドップラー周波数にして6×10^{-9}ヘルツという青方偏移が存在し、これは、太陽から遠ざかるにつれ探査機が減速していると解釈できる。三〇年が経過し、どちらのパイオニア探査機も、この減速によって軌道が約四〇万キロメートル逸れてしまった。地球と月との距離に匹敵するずれだ。

つまり、太陽系の外へ向かった探査機は、ニュートンやアインシュタインの重力理論と相容れない、ごく小さいが測定可能なぶんだけ減速していた。この効果は機械的な原因でも説明できるかもしれない。例えば、探査機に搭載された原子力発電機の電子部品が発する熱による反動力や、あるいは何か未知の機械的効果によるものかもしれない。一方で、重力がニュートンやアインシュタインの重力理論による予測より強いといった、何か新たな物理現象によっても説明できるかもしれない。

二〇〇五年一一月に私は、ＮＡＳＡと国際宇宙科学協会（ＩＳＳＩ）がスイスのベルンで開催する特別会議に招待された。アインシュタインが特許局で働きながら奇跡の年一九〇五年に五篇の論文を書いた、古く美しい町で開かれる、参加者限定の会議だった。フランス、ノルウェー、ドイツ、ポルトガル、カナダ、アメリカから、実験家と理論家計一五人ほどが、この会議へ招待された。討論会の目的は、パイオニアの異常なデータの真相を突き止め、何がこの予想外の効果を引き起こしているのかを理解することだった。

議長を務めたのは、カリフォルニア州にあるＮＡＳＡの部局、ジェット推進研究所（ＪＰＬ）に勤める、目がきらきらした魅力的なロシア生まれの物理学者、スラヴァ・トゥリシェフだった。一九九八年、〈フィジカル・レヴュー・レターズ〉誌にパイオニア一〇号と一一号の異常な加速を初めて報告した論文の著者の一人だ。[*1] 三日間に及ぶ会議の冒頭で述べた言葉から明らかなように、スラヴァは、技術的な詳細を詰めていくとてつもない才能と、膨大な量の技術的な情報を示していく根気強さを持っていた。データ解析を指揮してこの討論会の議長を務めるのに理想的な人物だった。

スラヴァはスピーチの中で、一九七二年と七三年に打ち上げられたパイオニア探査機のデータを記録した古いテープの入った箱を、ＪＰＬのチームが最近になって発見した経緯を説明し、居合わせたほとんどの人を仰天させた。その箱には、打ち上げ時から土星やさらに以遠に至るまでの探査機の正確なデータが収められていた。ところが驚いたことに、ＪＰＬが他の古いゴミと一緒に集積所へ出すわずか一週間前に、誰かに発見されたのだった。データは現在のコンピュータで使えるようデジタル化され、フランス、ドイツ、ＪＰＬの各チームによって解析されている。

このベルンの会議から一年以内に解析は完了するだろう、とスラヴァは語った。

パイオニア異常は機械的に説明できるか？

討論会の最初の二日間は、異常な加速を引き起こす可能性がある、謎めいてはいるが通常の効果を特定しようという試みに費やされた。太陽が起こしている太陽風の圧力は、パイオニア探査機の運動に小さな影響を及ぼしうるか？　直接的な計算から、太陽風の圧力は探査機が太陽から遠ざかるにつれて急激に小さくなり、異常な加速の原因ではありえないことが分かった。

電線や推進剤の脱ガス（燃料漏れ）といった、探査機そのものに関係した内部的原因についてはどうだろうか？　二〇〇〇年にNASAのチームと共同研究者たちは、系統的な異常加速を生み出しそうなあらゆる物理的影響を徹底的に再調査した論文を〈フィジカル・レヴューD〉誌に発表し、探査機の構造に関して、観測されている影響を生み出しそうな特徴はないようだという、否定的な答に達した。[*2]

＊1　この論文のもう一人の著者は、ＪＰＬの上席天文学者で、長年にわたり深宇宙探査機のデータを解析してきたジョン・アンダーソン。ニューメキシコ州ロスアラモス国立研究所の理論家マイケル・ニートは、重力実験に関する理論的な知識をこのプロジェクトへ提供した。

＊2　この結論は実は勇み足だった。現在でも研究者たちは、機械的あるいは熱的影響を探しつづけている。

それ以外の外部的影響、例えば太陽放射圧、惑星間のガスや塵による抗力、惑星やカイパーベルト天体の重力の影響なども、考えられる異常の原因として検討されたが、それらもやはり排除された。

会議で大きなテーマだったのが、異常加速の原因を解明する上で、パイオニア異常の特徴をどのようにモデル化するかだった。残念ながら、探査機の位置、速さ、加速度といった物理量は直接測定できない。そこで実験家たちは、ドップラー効果を使って、地球に対する探査機の軌道に関する動的な情報を導いた。このドップラーデータに加え、探査機はテレメトリーデータを送信していて、そこから電圧、温度、電流、軌道推進持続時間などの情報が得られる。探査機が長い旅路でさまざまな機械的変化を受けていれば、こうしたデータからそれを突き止められるはずだった。

オタワ在住の腕が立つ有能なハンガリー系カナダ人物理学者で、スラヴァの共同研究者であるヴィクター・トスは、パイオニア探査機の工学的構造について発表した。ソフトウェアエンジニアでコンピュータ専門家でもあり、会議で私以外の唯一のカナダ人だったヴィクターは、長年にわたりパイオニアチームと共同研究している。そして、探査機の構造を理解して飛行ミッションを解析することで、異常加速の内的および外的原因として考えられるものを探している。発表の途中でヴィクターは、「探査機に搭載されている三メートルアンテナについて検討するのが重要だ」と語った。するとすぐにスラヴァが立ち上がり、手を振りながら遮った。「ヴィクター、二

・七四メートルアンテナだ。ここでは四捨五入は許されない！」正確でないことに我慢できなかったらしい。パイオニア探査機がもたらした疑問に答えるには、細かいところに注意を払う以外に方法はない。

スラヴァは、探査機の構造に関する内的性質を漏れなく解析するのが重要だと力説した。とくに、四台の発電機による電力供給に関心を持っていた。その熱が、放射方向と逆向きのきわめて小さな推進力を生み出しているかもしれないという。この熱放射がパイオニアの軌道と同じ方向であることが分かれば、それによって探査機が減速されることになり、パイオニア異常は説明できるはずだった。

要するに、観測される微小な加速の原因として考えられるものはいくつもある。スラヴァは、自分たち観測家がプロジェクト全体に対して客観的な姿勢を持ちつづけなければならないと力説した。この異常加速に対する調査が、〝新たな物理〟などといった理論的説明によって引きずられてはならない。「客観的な視点を持ちつづけ、探査機の構造による異常加速の原因として考えられるものをすべて調べていかなければならない」

修正重力理論によってパイオニア異常を説明できるか？

会議三日目、理論家が新たな物理によるデータ解釈の可能性について発表する番がやってきた。

探査機の軌道パラメータを考慮し、コンピュータプログラムによって観測データを解析した二人の物理学者は、データの中には間違いなく異常加速が示されており、何らかの人為的な間違いではないと結論した。つまり、独立した三つのグループが、異常加速は確かに起こっていることを確認していたことになる。実際には存在しない見せかけの影響を追いかけているのではないことを示す、きわめて重要な結果だ。

あるドイツ人物理学者が、太陽系の中に存在する未検出のダークマターでこの異常効果を説明できるかもしれないと提案した。しかし、自らの計算結果には満足していなかった。さらに、ポルトガル人物理学者のオルフェ・ベルトラミと私が、異常加速をもたらすのに必要なダークマターの量は、銀河や宇宙の大規模構造に存在するとされるダークマターの密度よりはるかに大きいと指摘した。太陽系内のダークマターの量に対する上限から考えると、異常効果の説明に必要となるようなダークマター密度は認められない。オルフェが言ったように、「このようなダークマター密度だったら、太陽系は破壊されてしまう！」

理論グループの討論を引っ張ったパリ大学のセルジュ・レノーは、同大学のマルク・ティエリー・ジェケルと共同で発表したアインシュタイン重力理論の修正理論について説明した。レノーは、パイオニアミッションを大規模な重力実験と捉えていた。レノーによれば、地球上や内惑星系でおこなわれているきわめて正確な重力実験の結果と矛盾させることなしに、外惑星系においてアインシュタインの一般相対論を修正できるという。レノーとジェケルの主張によれば、新たな場を導入しなくても、アインシュタインの重力理論を特別な形で数学的に修正すれば、探査機からやってくる電波信号のドップラーシフトや時間の遅れに対して新たな効果が現われる。そしてこの効果が、観測されている異常加速を引き起こすのだという。外惑星を目指す将来のミッションで探査機の速さを測定すれば、この理論を検証できるとレノーは主張した。とくに、パイオニアの異常加速は太陽に対する探査機の速度の二乗に依存するという。

午後の私の発表では、修正重力理論（ＭＯＧ）をおおまかに紹介し、ダークマターを使わずに銀河の回転速度のデータやＸ線銀河団のデータとどのように一致させるかを説明した。そして私の理論をパイオニア異常に当てはめたが、その結果は少し前にジョエル・ブラウンシュタインと学術雑誌〈クラシカル・アンド・クオンタム・グラヴィティー〉誌に発表していた。ＪＰＬチームの発表した異常加速データに当てはめたところ、二つの自由パラメータを持つＭＯＧを使うことで、予想よりはるかによく一致させられることが分かった。ＪＰＬの発表した一九八三年以前のデータには、大きな誤差があった。しかし誤差範囲内の中央値が理論と見事に一致したことで、中央値は予想以上に信頼性が高く、重く受け止めるべきだという結論に達した。われわれの解析における重要な結論として、異常加速がデータに現われはじめたのは、二機の探査機が土星の軌道に達したときだった。[*3]

＊3　このＪＰＬの加速データは、古いテープの解析によって検証する必要があり、現在もその作業が進められている。

この異常を重力理論で解釈するためにどうしても必要となる情報の一つが、異常加速がどちら向きなのか――太陽方向か地球方向か――だ。もし異常加速ベクトルが太陽を向いていれば、太陽系の中で太陽が飛び抜けて大きな重力場を生み出しているのだから、異常の原因は重力ということになる。もし異常加速が地球を向いていれば、重力がこの異常加速の原因だという可能性は排除される。もちろん地球の重力場は、加速を引き起こすほど強くないからだ。そして、異常の原因は機械的あるいは熱的影響だという可能性が出てくる。

その席で説明したように、私の重力理論によればさらに、地球の軌道と土星の軌道の間ではパイオニアの異常加速がゼロかきわめて小さく、検出不可能となる。内惑星系におけるどんな正確なデータも、第五の力の成分やアインシュタインの等価原理の破れを示してはいないが、私の理論はそのことと一致する。前に述べたように、ＭＯＧでは第五の力と重力定数Gの変動が組み合わさって重力が強くなるが、地球を含め内惑星では第五の力は無視できるくらい小さい。そのため、土星軌道までのパイオニアのデータは、アインシュタインやニュートンの重力理論による予測とも、またＭＯＧとも一致することになる。

続いて私は、土星以遠の外惑星ではアインシュタインやニュートンの重力理論がまだあまりよく検証されていないと指摘した。外惑星に関する現在のデータはあまり正確でなく、異常加速を修正重力理論によって説明できる可能性は排除できない。それまでそのことは理解されていなかったらしい。この異常加速はとても小さく――探査機のニュートン加速の約一万分の一――、今までおこなわれたことのない正確な測定が必要だ。

パイオニア異常に関するこの会議は結論に達しなかったが、今後、古いファイルから新たなデータを解析できれば、重要な問題をいくつも解決できるだろう。新たに発見されたデータをすぐに解析できるだろうというスラヴァの見通しは、かなり甘かった。あれから三年経ち、フランス、ドイツ、カナダ、カリフォルニアではいまだに解析が続いている。そして進捗状況に関する討論会も毎年開かれている。

アインシュタインのベルン

この会議がベルンで開催されたことで、われわれ参加者は、アインシュタインの精神が議論について回っていることに気づかされた。一九〇五年の五大重要論文から一〇〇周年、地元の博物館ではアインシュタインの生涯に関する特別展が開かれていた。私は数日間の滞在の中で時間を割き、一九〇五年にアインシュタインも通った、玉砂利が敷き詰められた通りを歩いてみた。アーレ川の目もくらむような深い谷に架かるキルヒェンフェルト橋も渡った。若いアインシュタインが、旧市街のクラムガッセ四九番地にある自宅と、川の南岸に建つ特許局との間を行き来するときに、毎日渡った橋だ。アインシュタインがポケットに手を突っ込み、上の空でこの橋を歩きながら、光線を追いかけていた姿が思い浮かべられた。

第一二章　予測可能な理論としてのＭＯＧ

物理の基本法則の価値を判断する方法の一つが、最小限の数の仮定と自由パラメータを使ってどれだけデータと一致させられるかを調べることだ。ニュートンの重力定数や光速といった、測定される定数は、自由パラメータではない。さらに、太陽や恒星や銀河といった天体の質量も観測によって決定できるので、やはり自由パラメータではない。自由パラメータとは、得られた観測データと一致させるために、場当たり的に調節できる値のことだ。つじつま合わせとも言える。

ダークマターモデルには、銀河の回転速度曲線といった天体物理学的データと一致させるために調節できる、そのような自由パラメータがいくつもある。しかし厳密に言うと、ダークマターモデルは基本理論ではない。天体物理学的データや宇宙論的データと一致させられるよう、アインシュタインの重力理論に組み込んだものにすぎない。

ＭＯＧの場の方程式から導かれる、ニュートンの重力法則を修正した法則は、自由パラメータを二つ持っている。一つは、ファイオン・ベクトル場と物質との相互作用強度。もう一つは、修正加速法則が作用する距離範囲だ。ＭＯＧの初期の研究では、銀河の回転速度曲線、Ｘ線銀河団、宇宙論的データ、パイオニア異常など、検討した物理系それぞれに応じてこれら二つのパラメータを調節する必要があった。いずれについても天体物理学的データときわめてよく一致する結果を発表したが、調節可能な二つの自由パラメータを使って結果を出しただけだろうという批判を浴びた。

つじつま合わせをなくす

理想を言えば、ＭＯＧの場の方程式を解くことで、理論に含まれるすべてのパラメータの値と、それらが太陽系から宇宙の地平面へと空間と時間を進むにつれどのように変化するかを、決定できなければならない。本書執筆中に私は、ベルンのパイオニア異常会議で出会ったヴィクター・トスと、実のある共同研究を開始した。ヴィクターは、ＭＯＧの重力理論としての仕組み、そして、ジョエル・ブラウンシュタインと私が発表したように、なぜそれが天体物理学的データとこれほどよく一致するのかに興味を示していた。そこでヴィクターと私は、球状星団のデータやスローン・デジタル・スカイ・サーヴェイ（ＳＤＳＳ）で得られた衛星銀河に関するデータを、ダークマターを使わずにＭＯＧと一致させようと、共同研究を始めた。[*1] そして次に、もっと難しい問題として、ウィルキンソン・マイクロ波異方性探査衛星（ＷＭＡＰ）や大規模な銀河探索による大量の宇宙論的データを、ＭＯＧによって完全に説明しようと取り組んだ。研究は順調に進み、すぐに、ＭＯＧが現在手に入るすべてのデータと、最小限の自由パラメータによって驚くほどよく一致することが分かった。

さらに、ファイオン・ベクトル場と物質との結合強度の変化、ファイオン場の有効質量と到達距離、ニュートン重力結合定数の変化を決定するスカラー場の方程式を解いたところ、ＭＯＧによってそれらのパラメータの値を知ることができ、もはや自由パラメータではないことが明らかとなった。[注1] ＭＯＧは自由パラメータを一つも持っていなかったのだ！

ＭＯＧは真に予測可能な理論だったという、わくわくさせるような結果だった。さらに研究を進めたところ、この場の方程式の解はとても強力で、物理系の質量とニュートン重力定数を与えれば、自由パラメータをまったく使わなくても、地球や太陽系から、数パーセクの大きさの球状星団、銀河や銀河団、さらには宇宙論的データまで、あらゆる観測データを予測できることが分かった——しかもダークマターを使わずに。ＭＯＧによって、地球上での短距離から宇宙の地平面まで、距離スケールで一四桁にも及ぶ重力効果を、自由パラメータもダークマターも使わずに予測できるという、劇的な結論に至ったのだ。一九一六年にアインシュタインは、一般相対論を太陽系に当てはめ、水星の近日点移動や光の湾曲を予測したが、それに匹敵する予測能力だ。ヴィクターと私は、理論構築の最終段階に達したと考えて心躍らせた。はたしてこれで、ＭＯＧは自然界の真の基本理論であると証明されたことになるのだろうか？

予測の手始め――太陽系

ＭＯＧが新たに予測能力を獲得したことで、この理論における修正加速法則が、太陽系内ではアインシュタインやニュートンの加速法則へ還元されることが証明された。それによって、エトヴェシュによる地上での等価原理の検証実験、きわめて正確な月のレーザー測距実験、火星のレーダー測距実験、カッシーニ探査機ミッションによる土星のデータなど、内部太陽系におけるきわめて正確なすべてのデータとＭＯＧが一致することが保証される。こうして、アインシュタインの一般相対論が、太陽による光の湾曲を含め太陽系における正確な検証と一致することが、ＭＯＧによって予測されたことになる。

パイオニア異常再び

パイオニア異常について説明した前の章は、二〇〇五年のベルン討論会からまもなくして書い

＊1　第一三章で述べるが、球状星団は一〇〇万個以上の恒星が比較的小さく密に集合したもので、通常は銀河の中に存在する。大マゼラン雲や小マゼラン雲などの衛星銀河は、銀河や銀河団の周りを公転している。

た。それ以降、ＭＯＧの発展においてはさまざまな出来事があった。物理学で新たな理論を構築するというのは、思いがけない障害を克服し、結局は行き止まりかもしれない道や、もっと有望な新たな道へつながる隠れた通路をさまよい歩くことに他ならない。現在では、二〇〇五年のときよりずっと強力な、自由パラメータを持たない理論が手元にある。この成熟したＭＯＧを太陽系に当てはめたところ、パイオニア探査機の異常加速は太陽の重力によるものだという仮説と、結局は相容れないことが分かった。当時私が考えていたのとは違い、予測可能なＭＯＧによれば、パイオニアの異常な加速は非重力的効果であり、熱的効果や気体放出効果以外に、この異常を説明できるような大きな効果はないと考えられる。

ニュートンの重力理論に対するＭＯＧの第五の力による補正を使って、パイオニア一〇号の加速を計算したところ、毎秒10^{-22}メートル毎秒未満というとても小さな値が出てきた。この値は、パイオニア一〇号が冥王星の軌道へ到達するまでに受ける、太陽の重力による異常加速として、ＭＯＧから予測される最大値だ。この値は、二機のパイオニア探査機について観測されている異常加速より何桁も小さい。もしＭＯＧが正しいとしたら、この加速の大部分は重力以外の何かが引き起こしていることになる。この規模の影響の原因として最も可能性が高いのは、探査機自体に由来する熱的効果だろう。

パイオニア異常に関する前の章で分かったように、当時のＭＯＧは今ほど予測能力を持っておらず、ＭＯＧによる異常加速の計算では、自由パラメータをパイオニア異常のデータに合わせる必要があった。しかし今では、この理論に調節可能な自由パラメータは含まれていないので、単に理論をデータに合わせるのでなく、これを使って本当の予測ができる。パイオニア異常は非重力的効果によって説明できるというＭＯＧの新たな予測は、来年のうちに、ＪＰＬと共同研究者によるもっと徹底的なデータ解析によって裏づけられるかもしれない。そうなれば、アインシュタインやニュートンの重力理論が、冥王星の軌道までの太陽系のデータと、毎秒毎秒10^{-22}メートルというごく小さなレベルまで一致することが確かめられることになる。

アインシュタインの理論にニュートンの理論が含まれているように、ＭＯＧにはニュートンやアインシュタインの重力理論が含まれている。パイオニアのデータに対するＭＯＧの新たな予測から、ＭＯＧは銀河など重い天体の重力場でないと効果を発揮しないと考えられる。ただ将来には、太陽系内での微小な重力効果を検出できる宇宙ミッションにより、アインシュタインやニュートンの理論とＭＯＧとの微小な重力の差を見いだせるかもしれない。

連星パルサーＰＳＲ１９１３＋１６

連星パルサーＰＳＲ１９１３＋１６における二つの中性子星の軌道については、ＭＯＧはきわめて正確な予測ができた。一九七四年、ラッセル・ハルスとジョゼフ・テイラーがアレシボの三〇五メートル電波望遠鏡を使って、地球から二万一〇〇〇光年離れた銀河系内に初めて連星パルサー系を発見し、一九九三年にノーベル賞を受賞した。パルサーとは中性子星の一種で、きわめて高速で回転しながら灯台のようにパルス光を発している。この連星パルサーのデータを解析することで、重力波が初めて間接的に検出された。

ＭＯＧによってこの連星パルサー系のデータを予測できるのは、二つの連星間の距離が太陽と内惑星との距離に近く、この連星系でも高い精度でアインシュタインの重力理論が成り立つためだ。ＭＯＧによれば、重力の強さは直観に反する形で距離に依存するのだった。天体が重力源から遠いほど、その天体に作用する重力は強くなる。これがＭＯＧの驚くべき特徴で、ニュートンの逆二乗則では、物体が遠ざかるにつれて重力は距離の二乗に従って弱くなるとされている。ＭＯＧでは、距離に伴って重力が強くなるのはある一定の距離までで、その距離は重力系の大きさによって決まる。この距離より遠くでは、ＭＯＧの重力法則はニュートンの逆二乗則と同じになる。この連星パルサー系では中性子星どうしが近いため、太陽系と同じように、ＭＯＧによる重力の強さの増大は現われない。したがってこの連星パルサー系では、ＭＯＧとアインシュタインの重力理論を区別できない。比較的短距離ではＭＯＧとアインシュタインの理論が同じだということを示しているだけだ。

球状星団――ＭＯＧのもう一つの検証法？

ＭＯＧ、ミルグロムのＭＯＮＤ、ベッケンシュタインのＴｅＶｅＳといった重力理論と、アインシュタインやニュートンの重力理論とを区別するための重要な検証法は、球状星団が提供してくれる。ほとんどの天体物理学者は、球状星団――銀河内に多く見られる密度の高い恒星集合体――は宇宙最古の天体だと考えているが、他に、もっと後になって銀河の合体や恒星の衝突によっても形成されると主張する人もいる。そのような球状星団は年齢が低く、古いものより金属の含有量が多いはずだ。

観測によれば、球状星団の質量光度比は約一である。つまり、球状星団の光度は、目に見える物質の測定量とおおよそ等しい。このことと、球状星団内の恒星のランダムな運動がニュートンの重力理論に一致することから、天文学者は、球状星団にはダークマターが存在しないと結論している。球状星団には、銀河中心の近くに位置するものと、外縁部に位置しているものとがある。われわれの銀河系の外縁部にある球状星団は、銀河中心からの強い重力を受けていないため、ダークマターモデルと修正重力理論を区別する上で理想的な天体だ。こうした球状星団は、銀河中心の強い重力による外部的な潮汐力から影響を受けていないため、孤立した重力系として考えることができる。

ミルグロムのＭＯＮＤによれば、物体の加速が臨界加速度 a_0 より大きければ、ニュートン力学が通用する。逆にこの臨界加速度 a_0 より小さければ、その物体はＭＯＮＤの支配を強く受け、ニュートンの重力法則は修正を受ける。銀河の回転曲線に一致させた結果から、ＭＯＮＤの臨界加速度は毎秒1.2×10^{-8}センチメートル毎秒だと分かっている。銀河中心に近い球状星団では加速が臨界加速度a_0より大きいので、ニュートンの重力法則は修正を受けない。それに対し銀河外縁部に位置する球状星団では、加速が臨界加速度より小さくなる。さらに、球状星団内の恒星の内部的加速もa_0より小さい。したがって、外縁部の球状星団はＭＯＮＤの支配を強く受け、ＭＯＮＤによる恒星の速度の予測は観測データと一致するはずだ。

ドイツのボン大学天文台とスイスのバーゼル大学天文学研究所の天文学者グループが最近、一〇メートル望遠鏡を使って、銀河系外縁部の球状星団に含まれる恒星の速度を観測した。そして恒星の速度が、ダークマターを用いないニュートンの重力理論による予測と一致し、ＭＯＮＤによる予測とは一致しないことを見いだした。とくに、質量が太陽質量の約一万倍と小さく半径が二五パーセク（七五光年）とかなり大きい、ＰＡＬ１４と呼ばれる球状星団の質量光度比は二となっている。そのため、ＰＡＬ１４にダークマターはほとんどあるいはまったく含まれていないと考えられている。ＭＯＮＤによる予測とのずれはかなり大きい。ＭＯＮＤにより予測される質量光度比はかなり小さく、観測データと一致しない。この球状星団は、ＭＯＮＤによって銀河や星団の動力学を説明できるという可能性を排除する天体系として、弾丸銀河団に続くものだろう。外縁部の球状星団を引き続き観測し、発表されたデータがさらに裏づけられれば、ＭＯＮＤやＴｅＶｅＳは修正重力理論として認められなくなるだろう。

ヴィクター・トスと私は最近、ＰＡＬ１４の分散速度を予測した。分散速度とは、球状星団のような安定な系における、恒星のランダムな運動の速さのことだ。ＭＯＧの加速法則を使ったところ、球状星団ＰＡＬ１４で観測されている速度ときわめてよく一致する結果が得られた。銀河に比べて球状星団は小さいため、球状星団中の恒星の速度に対する予測は、ニュートン理論による予測と等しい。これにより、銀河の回転曲線のデータや銀河団のデータと同じく、ダークマターを使わなくてもＭＯＧが球状星団のデータと一致することが確認された。ニュートン重力理論もダークマターを使わずに球状星団のデータと一致するが、標準理論は銀河の回転曲線にも、銀河団のデータにも、銀河や銀河団の重力レンズ効果のデータにも一致しないので、アインシュタインやニュートンの重力理論が正しいということにはならない。これらのデータには、ダークマターかＭＯＧのどちらかが必要だ。したがって、ＭＯＧを証明する上で、球状星団のデータは弾丸銀河団と同じように説得力があるだろう。系が大きく、中心から遠ざかるほど、Gが距離に依存するＭＯＧが顔を出してくる。

ダークマターの支持者は、この問題をどのように回避しているのか？　一〇〇億年以上という、古い球状星団の長い進化の過程で、もともと星団内に存在していたダークマターがなぜかはぎ取られてしまったのだと考えている人もいる。また、球状星団は、大きな銀河の間にあった矮小銀河の核から作られたのかもしれないという考え方もある。矮小銀河は球状星団より大きく、渦巻銀河や楕円銀河より小さい。天文学者の共通見解によれば、ダークマターは銀河核には見つからず、銀河の周りのハローにしか存在していないという。そのため、この説明はさらに困難に突き当たる。なぜ銀河核にはダークマターがないのか？　実はダークマターのコンピュータモデルによれば、銀河核には大量のダークマターが存在していなければならず、天体物理学的観測に対するほとんどの解釈と食い違っている。長年にわたる、ダークマター・シナリオの弱点だ。

私に言わせれば、球状星団や銀河核にダークマターが存在しないことに対するこのような説明には、どれも説得力がない。それに対してＭＯＧの場の方程式からは、銀河核における重力がニュートン重力理論に一致し、それが目に見えるバリオン物質のみによるものだと予測できる。

銀河と銀河団

一九九五年、イゴール・ソコロフと共同でニュートンの重力法則の改良版を作りはじめたときに私は、ダークマターを使わずに銀河の動力学的データと一致させるには、ニュートン加速度を、対象としている銀河の質量の平方根に比例するよう修正する必要があることに気づいた。その比はあらゆる銀河の回転データととてもよく一致した。しかし一部の物理学者や天文学者からは、修正重力法則のこの特徴はＭＯＧの基本原理から自然な形では出てこず、かなり場当たり的に導かれたように思えると批判された。このような厄介なことになったのは、タリー＝フィッシャー則と一致させなければならないためだった。渦巻銀河に関するこの関係式によれば、銀河内にある恒星の回転速度曲線の四乗が、銀河の質量に比例する。ニュートン重力理論ではそのようにはならず、回転速度の二乗が質量に比例する。

しかしヴィクターと私は、ＭＯＧの場の方程式を解くと、タリー＝フィッシャー則と一致する値が得られ、銀河の回転速度のデータと見事に一致するという、仰天の結果へたどり着いた。ルービックキューブの六面が完成したときのように、突然、すべての観測データがぴたりとはまったのだ。場当たり的な仮定を使わずに、データを基本的な形で説明できるようになったことになる。

この問題を解くのに必要な計算の途中で一つか二つ間違いを犯したが、間違いを見つけて修正するたびに、データとの一致はさらによくなった。まるでＭＯＧが、「そうじゃない。こうしてほしい！」と語りかけてきているようだった。理論物理学の研究において、このようなことはそうそうあるものではない。普通は、間違いを犯してそれを直すと、すべてばらばらになってしまう。だからヴィクターと私は、計算を進めるにつれ、自然がこの数学理論を通じて明らかにしてくれる真に重要な発見へ向けて、自分たちが本当に正しい道を進んでいると感じはじめた。

ＭＯＧの方程式の修正加速法則を、このように予測可能な形で銀河や銀河団に当てはめたところ、ある注目すべき発見へたどり着いた。銀河の質量、あるいは同じことだが質量光度比について、半径約八〇〇〇ないし一万パーセクの小さな矮小銀河から、質量がそれより一〇〇倍重く、半径は七万ないし一〇万パーセクに及ぶ巨大渦巻銀河に至るまで、調節可能な自由パラメータも、そしてもちろんダークマターも使わずに、銀河の回転速度曲線のデータを実際に予測できたのだ。

以前にジョエル・ブラウンシュタインと私は、一〇〇個の銀河の回転曲線データと一致させるときに、二つの調節可能なパラメータを矮小銀河と巨大渦巻銀河で異なる値に設定したのだった。しかし今や、データに一致させられるだけでなく、余分なパラメータを使わずに、知られているあらゆる種類の銀河に関して恒星の速さを実際に予測できるのだ！　逆に、銀河内を公転する恒星の速さが分かれば、やはり余分なパラメータも、もちろんダークマターも使わずに、一つ一つの銀河の質量光度比を予測できる。こうして、調節可能なパラメータを一つ持つミルグロムのＭＯＮＤを含め、知られているどんな修正重力理論よりも、さらには、各銀河の回転速度曲線と一致させるために二つか三つの自由パラメータが必要な、現在のダークマターモデルよりも、ＭＯＧの基本方程式は優れたものとなった。

同様にＭＯＧをＸ線銀河団の質量プロファイルに当てはめたところ、やはり調節可能なパラメータもダークマターも使わずに、銀河団の質量からその安定性を予測できた。つまり、銀河団内の銀河どうしに働くＭＯＧの強い自己重力に基づいて、銀河団の安定性を予測できるようになった。弾丸銀河団のデータについては、以前はＭＯＧの加速法則に含まれる二つの調節可能なパラメータを使っていたが、ＭＯＧのこの新たな予測能力を使えばもっと納得のいく形で説明できることになる。

衛星銀河

何百万という銀河を調査したＳＤＳＳのデータによって、親銀河や銀河団の周りを公転する衛星銀河を特定できるようになった。親銀河が重力によって衛星銀河をつなぎ止めているとして扱えるので、こうしたデータは重力理論のもう一つの検証法を提供してくれる。天文学者のフランシスコ・プラダとアナトリー・クリピンは、Ｎ体シミュレーションのコンピュータプログラムを使って衛星銀河の速度データを解析した。そして、親銀河の質量の少なくとも九〇パーセントがダークマターのハローでできているとする、標準的なラムダＣＤＭモデルを使えば、観測されている衛星銀河の軌道速度を説明できることを見いだした。また、ダークマターを使わないＭＯＮＤはデータと一致しないとも主張している。しかし、スコットランド・セントアンドリューズ大学のホンシェン・ツァオらＭＯＮＤ理論家は、衛星銀河の動力学についてある仮定をすることで、ダークマターを使わずにＭＯＮＤをデータと一致させている。

ＭＯＧは衛星銀河のデータと相容れるのか？　ヴィクターと私は、パラメータを持たないＭＯＧ理論によって、ダークマターを使わずに衛星銀河のデータをよく説明できることを見いだした。ＭＯＧの方程式を使うと、ダークマターがなくても親銀河は衛星銀河を軌道上につなぎ止めておける。残念ながら現時点での衛星銀河のデータでは、ラムダＣＤＭモデル、ＭＯＮＤ、ＭＯＧに完全に白黒をつけることはできず、どれも同じほどよくデータと一致しているように思える。衛星銀河のもっと正確なデータが得られれば、理論どうしを区別できるようになるだろう。ヴィクターと私は、ＭＯＧの場の方程式に基づくN体シミュレーションのコンピュータプログラムを使って、衛星銀河の計算をやりなおす計画を立てている。

新たな慣性の法則

ヴィクターと私は、物体の慣性が宇宙の全物質の影響によって生み出されるとするマッハの原理を、ＭＯＧではどのように理解できるのかを調べはじめた。アインシュタインの重力理論では、マッハの原理を適切に当てはめることができない。物体の慣性の由来は、ニュートンのバケツ実験や重力理論の構築以来ずっと、大きな謎となっている。私をケンブリッジに呼んでトリニティーカレッジに入学させてくれたデニス・シアマは、一九五三年、重力理論によってマッハの原理を説明しようとする論文を〈プロシーディングズ・オヴ・ザ・ロイヤル・ソサエティー〉誌に発表した。アイデアは素晴らしかったが、結局は成功しなかった。

ニュートンは月の運動に関する重力理論において、球対称な物体の外側に広がる重力場は、その物体の全質量があたかも中心に集中しているかのように振る舞うことを証明した。それを数学を使わずに理解するのは難しく、ニュートンもその証明に二〇年かかった。この結果はアインシュタインの重力理論にも当てはまる。ハーヴァード大学の数学者で一九二三年に相対論の本を出版したジョージ・バーコフが証明した定理によれば、アインシュタインの重力理論において、空っぽの空間に広がる球対称な重力場は、シュヴァルツシルト解で与えられる静的計量でなければならない。この定理によればまた、球対称な物体の中に空いた球形の空洞内では、重力場がゼロとなる。ニュートン重力理論でも、球殻の重力場はその内部で消失する。

一方ＭＯＧでは、粒子が力を受けなくなるのは、対称性の要請から、球殻の中心に正確に置かれた場合に限られる。粒子が中心から外れると、ヴィクターと私の計算によれば、中心に押し戻そうとする力を受ける。

われわれが住んでいる宇宙は、物質でおおよそ一様に満たされている。一個の粒子を中心として、宇宙を一連の球殻に分割するとしよう。ＭＯＧによれば、粒子に力が作用して球殻の中心から外れると、大きさが等しく逆向きの力が生じ、粒子は押し戻される。まさに慣性の法則が示しているとおりで、この反作用力が慣性力だと結論できる。

足で椅子を押す場合を考えよう。椅子が足の力に抵抗していると感じられる。ニュートン力学によれば、この抵抗は物体の慣性質量として表わされる。しかし〝慣性力〟と考えることもできる。マッハの仮定によれば、足に抵抗する椅子の慣性力は、ニュートンの回転バケツのくぼんだ水面のように、宇宙に存在するすべての物体が引き起こしている。あなた以外にどんな物質も存在しない、空っぽの宇宙に椅子が置かれているとすれば、足で椅子を押してもそれに抵抗する慣性力は作用せず、触れただけで椅子はとてつもない速さで飛んでいってしまうだろう。ＭＯＧの数学からは、慣性の法則が自然に導かれる。ＭＯＧの宇宙論的な場の方程式から宇宙における物質の平均密度が導かれ、それが慣性力を生み出すことになる。力は慣性質量と加速度の積に等しいとするニュートンの第二法則と、すべてつじつまが合う。

実はこの結果ははるか昔、一七七三年にフランス人数学者のジャン・ル・ロン・ダランベールが仮定していたもので、ダランベールの動力学原理と呼ばれている。ダランベールは慣性力を考え出したが、その由来を説明する理論は導けなかった。しかしその考え方には、物体の慣性を理解するためのヒントが含まれていて、それがＭＯＧによって、より完全な形で説明されたことになる。

われわれの計算によって、ＭＯＧの加速法則から物体の慣性が導かれることが証明された。しかしさらに劇的な結果として、物体の加速が毎秒約10^{-10}メートル毎秒ととても小さい場合、アインシュタインの重力理論の構築において重要な役割を果たし、ニュートン重力理論では正しいと仮定されている、重力質量と慣性質量との等価性がわずかに破れることが分かった。*2 この刺激的な発見をもとにわれわれは、ＭＯＧによるこの予測を検証する実験を提案した。国際宇宙ステーションのような自由落下系の中で、試験粒子に小さな電気力を作用させ、毎秒約10^{-10}メートル毎秒の加速を引き起こして、ニュートンの重力法則が成り立っているかどうかを調べる。ＭＯＧによれば、試験粒子の慣性質量が重力質量とまったく同じではないので、ニュートンの法則は成り立たないと予測される。この宇宙実験がそう遠くない将来おこなわれればと期待している。

われわれの最近の研究によって、ＭＯＧによる新たな予測がいくつも見つかり、ダークマターを含まないこの修正重力理論と、ダークマターを含むアインシュタインの重力理論とを区別できる見通しが開けた。前にも述べたように、真の基本理論は予測をできなければならず、その予測も、観測データによって確認されるか実験によって検証でき、競合理論ではうまく説明できないようでなければならない。物理学では、そのような基本的パラダイムの例はほとんどない。一つ顕著な例が、マクスウェルが電磁場方程式から導いた波動解により、電磁波が真空中の光速度で進むと予測されたことだ。別の例として、ポール・ディラックは電子の量子力学方程式を解き、質量は電子と同じだが電荷が正負反対である粒子の存在を予測した。この予測は、有名なディラック方程式が発表された二、三年後に実験により確認され、陽電子が発見された。

ここまでで分かったように、MOGが新たな予測能力を獲得したことで、連星パルサー、球状星団、銀河、銀河団、衛星銀河といった宇宙論的現象や天体物理学的現象に関して具体的な予測ができるようになった。

＊2　この加速度は、パイオニア異常の値にもMONDの臨界加速度にも驚くほど近いが、それはおそらく偶然の一致で、深い意味はないだろう。

第一三章　ダークマターを使わない宇宙論

ＭＯＧの大目標は、ダークマターを仮定する必要をなくし、われわれが実際に見て検出して測定できる宇宙を正しく記述することに他ならない。宇宙の大規模構造を研究する宇宙論では、とくに重大な問題だ。ダークマターを使った宇宙論の標準モデルは、相当量の研究成果の発表を通じて発展してきた。ＭＯＧはこの膨大な研究を相手に戦い、ここ二〇年で得られた大量の宇宙論的観測データを満足のいく形で説明しなければならない。

ダークマターをもてあそぶ

修正重力理論に関する二〇〇六年の論文で私は、ＭＯＧのファイオン・ベクトル場とその重いベクトル粒子を、ダークマターの代用として使う試みをした。ファイオン粒子はボゾン（光子やメソンの仲間）で、ＭＯＧの第五の力を伝える。そして1hのスピンを持つ（hはプランク定数）。

電気的に中性のボゾンは、極低温において〝ボース＝アインシュタイン凝縮体〟という新たな種類の物質を作ることが、実験室での実験から分かっている。インド人物理学者サチエンドラ・ナート・ボースの一九二四年の研究で導入された、ボゾン粒子の新たな種類の量子統計をもとに、アインシュタインが一九二五年にこの物質相の存在を予測した。その統計は、気体中の大量のボゾンの挙動を記述している。これに対し、一九二六年にエンリコ・フェルミとポール・ディラックがそれぞれ独立に見いだしたフェルミ＝ディラック統計は、電子や陽子などのフェルミオンの気体を記述する。ボゾンはフェルミオンと違い、互いに集まりたがって大集団を作る。とくに光子が集まると、レーザービームとして知られるコヒーレント系を作る。

ボース＝アインシュタイン凝縮体は独特な物質形態で、圧力や粘性が無視できるほど小さいという面白い性質を持っている。理論的に見れば、ボース＝アインシュタイン流体は、水蒸気から水が凝縮するのに相当する相転移によって形成される。物理学では、自発的対称性の破れによって起こる相転移が研究されていて、その一例として、鉄屑を外部磁場の中に置くと突然磁気を帯び、整然としたパターンに並ぶ。この自発的対称性の破れは、有名なノーベル賞受賞者ヴェルナー・ハイゼンベルクが原子レベルで初めて解き明かした、純粋に量子力学的な現象だ。ボース＝アインシュタイン流体の形成も、古典物理学でなく量子力学によって説明できる。

二〇〇六年の論文で私は、初期宇宙ではファイオン・ボゾン粒子がくっつき合って、ボース＝

アインシュタイン凝縮体流体が形成されていたと提唱した。この凝縮体の残りかすは、今でも銀河の中に見つかるかもしれない。このボース＝アインシュタイン凝縮体をダークマターと考えたところ、どうしても見つかっていない二六パーセントの失われた質量をまかなうことができた。四パーセントの目に見えるバリオン性物質と足し合わせれば、ウィルキンソン・マイクロ波異方性探査衛星（ＷＭＡＰ）のデータと一致させるのに必要な物質の三〇パーセントに相当することになる。七〇パーセントのダークエネルギーについては、単純に宇宙定数、つまり真空エネルギーと解釈した。

しかし二〇〇六年末になると、宇宙論におけるＭＯＧの進展、とくにファイオン場をボース＝アインシュタイン凝縮体と解釈することに満足しなくなっていた。「観測されていないファイオン粒子とはいったい何ものだ？」と聞かれるわけだから、結局のところ、自分の理論に〝ダークマター〟を導入していたことになる。素粒子物理学や宇宙論から予測できるがこれまで検出されていない粒子は、ダークマターだと呼んでかまわない。そうした粒子としては、重力子、ヒッグス粒子、私のファイオン粒子、そしてもちろん、素粒子物理学の標準的な超対称性モデルから予測される数々の超対称性粒子がある。しかし一つ注意しなければならないのは、ダークマターと見なされる粒子は安定でなければならず、そのため標準モデルにおけるいくつもの候補が排除される。ファイオン粒子は陽子のように安定だ。

ファイオン粒子を用いるＭＯＧと、ダークマターを用いるアインシュタインの重力理論とでは、一つ重要な違いがある。ＭＯＧは標準モデルと違い、重力理論として強力な予測能力を持つ。修正重力理論の中で、未検出の重力子とファイオン・ボゾンを使えば、天体物理学的データや宇宙論的データを説明できる。それに対し、いわゆるダークマターを使ったものは理論とは言えない。アインシュタインの重力理論を使い、データに一致させるための調節可能ないくつものパラメータを持つダークマターをそこに放り込んでも、ダークマターや重力の性質を本当には理解できないのだから。

しかし最近、イタリア人物理学者のグループが、宇宙ガンマ線の測定によって新たな軽いボゾンを検出したと主張した。解像型大気チェレンコフ望遠鏡（ＩＡＣＴ）を用いた観測から、予想外の結果として、宇宙はガンマ線に対して透明度が高いことが示された。この透明度の高さは、光子と、スピン一で質量が10^{-10}電子ボルトよりはるかに小さい新たなボゾンとの振動メカニズムによって生み出されるという。このボゾンがＭＯＧのファイオンかもしれない。

ボース＝アインシュタイン凝縮体という脇道へそれる前の本来の考え方は、宇宙の描像からダークマターを完全に取り除き、ＭＯＧではバリオンのような目に見える物質だけを認めるというものだった。ファイオン場は第五の力としてこの理論の重要な部分だったが、それが宇宙のダークマターを説明する有力な役割を持ってしまったことに不満だった。そこで私はつぎのような問いかけをしてみた。目に見えるバリオンの役割を大きくして、手に入るすべての宇宙論的データを説明できるようなＭＯＧを編み出せるか？　このシナリオではファイオン場は、物質というより重力の一部と見なせるだろう。修正重力理論では、重力としての余分な場と物質との区別は曖昧だ。

より強い重力を仮定する

私はここで、二〇〇四年後半から二〇〇五年一月にかけて発見していた説明のしかた、つまり、ニュートンの重力定数Gが空間と時間において変動を示すことが、ＭＯＧで基本的な役割を果たすという説明に立ち返った。初期宇宙の高温プラズマに含まれるバリオンの量とニュートンの重力定数とを掛け合わせると、標準モデルにおけるフリードマン方程式が得られる。そこで、再結合前の不透明なプラズマの時代における重力結合定数Gを大きくしてみたところ、データと一致させるのに必要な物質の量、およそ三〇パーセントというマジックナンバーを導けることが分かった。言い換えれば、重力を強くすることでダークマターの代わりになったのだ。

好きに値を選んだわけではない。ＭＯＧには、Gの変動を決める方程式がある。Gの変動に対するその解が従わなければならない制約条件として、核合成の時代、時刻ゼロからおよそ一〇〇秒後には、重力定数がニュートンの定数と一致していなければならない。観測されている、宇宙の水素、ヘリウム、重水素、三重水素、リチウムの存在量と一致させるのに必要な制約条件だ。さらに、時間に伴うGの変動は、カッシーニなど太陽系の探査機ミッションで定められた上限以下でなければならない。

ＭＯＧでは、バリオンが宇宙の物質の四パーセントにすぎないという実験事実をそのまま受け入れ、ダークマターを使わない分を補うためにニュートンの重力定数Gを大きくする。これによって重力が強くなり、バリオンの効果によって、宇宙マイクロ波背景放射のデータと一致させるのに必要な物質密度の約三〇パーセントを説明できる。宇宙論における重力効果では、物質の密度とGを別々に測ることはできない。Gと物質密度との積が測定されるだけだ。しかし、バリオン＝光子流体中の音速のような非重力的効果では、方程式に重力定数は入ってこない。したがって、ダークマターを含む物質密度とニュートン定数との積が、宇宙論的データと一致させるのに必要な物質の三〇パーセントを与えるのか、あるいは、四パーセントのバリオンの効果がニュートン定数によって七倍強まり、ダークマターを使わずに宇宙論的データと一致するのか、それを観測によって見きわめることができる。[注1]

ＭＯＧ宇宙論の完成

ヴィクター・トスと私は最近、ＭＯＧを宇宙論へ応用することに関心を移した。注目した基本的事実として、現在好まれている宇宙論のモデル、ラムダＣＤＭモデルは宇宙論的データと見事に一致するが、宇宙に存在する物質の約九六パーセントが目に見えないか検出されない、あるいはその両方ということになり、とてつもないコストを背負っている。そのことが、ダークマターやアインシュタインの宇宙定数に頼らずに宇宙論的観測結果を説明する方法を探す強い理由になると、ヴィクターと私は感じた。しかし、ラムダＣＤＭによってうまく説明できる最近の宇宙論的発見のせいで、飛び越えなければならないバーはますます高く設定され、標準モデルに対抗する重力理論を組み立てるのははるかに難しくなっている。

前に説明したように、銀河中の恒星の回転曲線、銀河や銀河団の重力レンズ効果、そしてとりわけ、ＣＭＢの角度音響パワースペクトル、ＣＭＢと銀河探索による物質パワースペクトル、および宇宙が加速膨張しているという最近の観測結果を、代替重力理論はうまく説明できなければならない。新たな予測能力を備えたＭＯＧは、地球から、われわれの銀河内の球状星団、銀河の回転曲線、銀河団、衝突する弾丸銀河団までのあらゆる観測データと驚くほど一致することが分かっている。ヴィクターと私はまた、天体物理学的データだけでなく、現在の宇宙論的観測結果もすべてＭＯＧによって説明できることを発見した。つまり、ＷＭＡＰや気球観測や銀河探索と一致する音響パワースペクトルや物質パワースペクトルがＭＯＧから導かれることを、証明できたのだ。さらに、ＭＯＧから導かれた超新星の光度と距離との関係も、超新星の観測結果とよく一致した。いずれも、ダークマターを使わずに、またアインシュタインの宇宙定数を明示的に使わずに、ＭＯＧの場から生じるダークエネルギーによって説明できた。

ＭＯＧと宇宙論の標準モデルとの大きな違いは、ＭＯＧでは距離や時間に応じて重力定数が変化する点だ。ヴィクターと私はＭＯＧ宇宙論を編み出す上で、ＭＯＧの場の方程式を弱い重力場に当てはめ、その正確な数値解に基づいて宇宙論的予測をおこなった。[注2]

ＭＯＧとダークマターモデルの雌雄を決する宇宙論的検証

ヴィクターと私がＭＯＧ宇宙論における物質パワースペクトルと構造の成長を計算したところ、物質がバリオンのみ（および検出可能なニュートリノ）からなる宇宙では、物質パワースペクトルが大きな振動を示すという、驚くべき発見をした。予測されたこの振動は、このような宇宙では必然的に生じる。それに対し、冷たいダークマターに支配された宇宙では、物質パワースペクトルにこのような振動は生じない。ＭＯＧでなくアインシュタインの重力理論だけで、バリオンに支配された宇宙を物質パワースペクトルのデータと一致させようとしても、予測されたバリオン物質パワースペクトルの振動は、データとまったく一致しなかった。しかし、バリオン物質と強い重力だけを用いたＭＯＧでは、振動するパワースペクトルはＳＤＳＳの銀河データと誤差範囲内でうまく一致した。一方、冷たいダークマターによるパワースペクトルの予測を一致させようとしたところ、ＭＯＧによる波形の曲線とは対照的に、ＳＤＳＳのデータ全体にわたって標準モデルの滑らかな曲線が得られた。

いったいなぜ、ＭＯＧでは銀河のゆらぎに振動パターンが予測され、標準モデルではそうなら

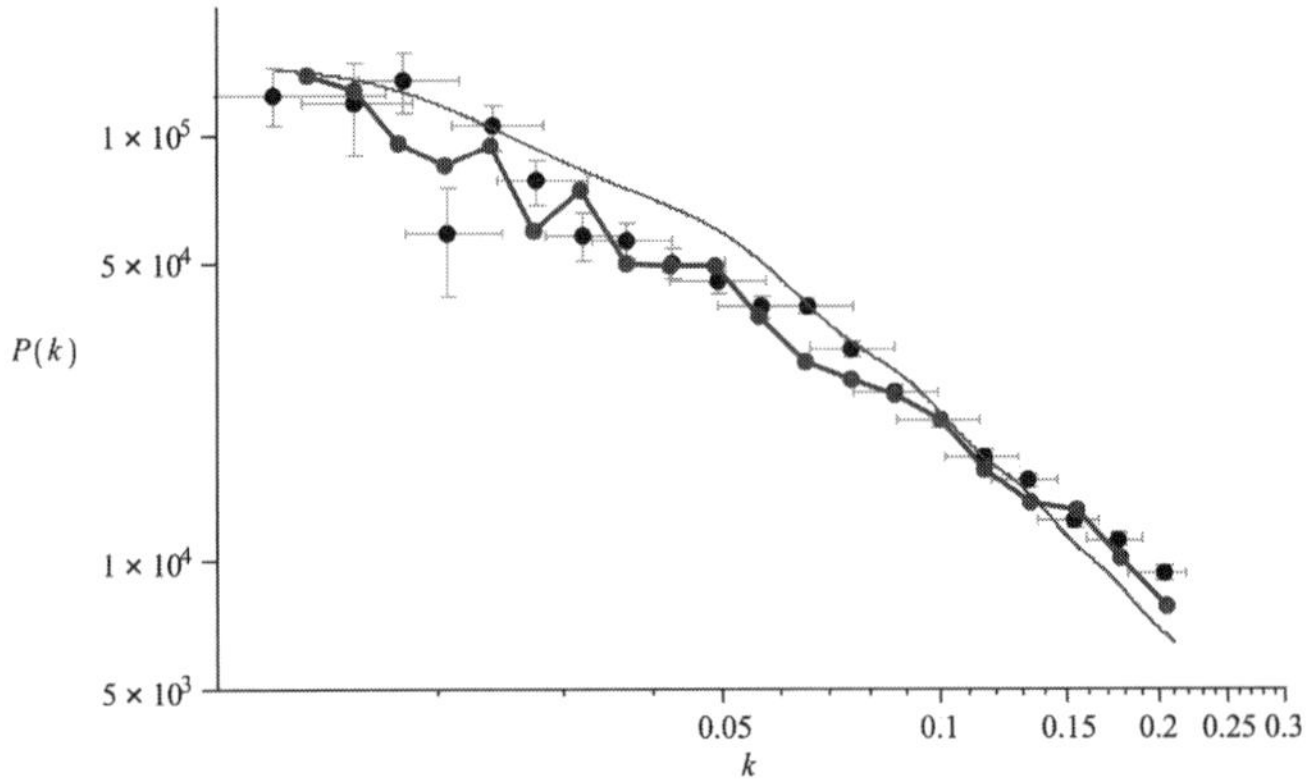

図19　波数kに対してプロットした物質パワースペクトル。MOGでは振動する曲線が予測されるが、ラムダCDMでは滑らかな曲線が予測される。SDSSによる実際のデータを点で示した。データ点がさらに増えれば、MOGと冷たいダークマターのどちらが正しいか明らかになるだろう。［出典：J・W・モファット、V・T・トス］

ないのか？　バリオンは互いに相互作用するが、ダークマターは別のダークマター粒子ともバリオンとも相互作用しない。バリオンは弾むボールのようなものだ。互いに衝突し、地面に落ちれば跳ね返る。しかしダークマターは、底なし井戸に落としたボールに近い。何にも衝突せず、したがって振動も引き起こさない。標準モデルではダークマターがバリオンよりはるかに多く存在するため、バリオンの振動を圧倒して滑らかにしてしまう。しかしＭＯＧでは、目に見える物質やエネルギーのほとんどがバリオンであるため、それらが相互作用して、測定可能な振動がいくつも生じることになる。[注3]

　ヴィクターと私は突然、ＭＯＧと標準的なダークマター宇宙論とを区別できる驚くべき検証法を発見したことに気づいた。今後二、三年のうちに、ＳＤＳＳや２ｄＦなど現在進行中の大規模な銀河探索によって、現在より約一〇〇倍以上の銀河が記録されるだろう。そうなれば、現在よりはるかに分解能の高いデータが得られ、MOGによる振動するバリオンパワースペクトルでデータを説明できるのか、それともラムダCDMモデルで予測される滑らかな曲線になるのか、それを判断できるようになるだろう。

MOGやダークマターについて物理学者と議論すると、必ず次のような質問が飛んでくる。修正重力理論と冷たいダークマター理論を、観測によって区別する方法は見つけられるのか？　それこそが物理学の真髄だ。物理理論が結果を予測し、それを検証にかけ、対立しあう理論の雌雄を実験によって決める。ヴィクターと私は、そのような検証法が近い将来に手に入るという、仰天の発見をしたことになる。どちらの理論が勝つのか？　シャンパンを抜いて祝うのはどちらなのか？

私はもちろん、MOGの勝利を願っている。しかし、もしダークマターが勝ったとしても、私たちは重大な事柄を成し遂げたことになる。なぜダークマターが存在するのか、なぜアインシュタインの重力理論を守るべきなのか、その説得力のある理由を観測によって見つけられるからだ。一方、もしMOGが勝ったら、その驚くべき結果は天体物理学と宇宙論の将来を変え、アインシュタインの重力理論はデータに合うよう修正しなければならないことになる。

しかし、もしMOGの予測が勝利を収めたとしても、これまでのダークマター理論の歴史を通じて何度もあったように、ダークマター理論家の中には、データに振動を引き起こすようなダークマターモデルを発表する人が出てくるかもしれない。今までも、ダークマターモデルによる予測と一致しないような、奇妙で受け入れがたい天体物理学的データや宇宙論的データが出てくるたびに、誰か理論家が、問題を回避するために不自然な説明をこしらえてきた――プトレマイオスの周天円を洗練させたような。

銀河の成長のコンピュータモデル

銀河や銀河団の大規模探索によって、天空で銀河や銀河団がどのように分布しているかが明らかになる。〝Ｎ体シミュレーション〟と呼ばれる大規模なコンピュータ計算をおこなうと、何千個もの粒子を初期宇宙におけるＣＭＢのゆらぎからのちの宇宙へと進化させ、理論から予測される最終結果が現在の大規模な銀河探索の結果と一致するかどうかを調べられる。この種の広範な研究から明らかになっていることとして、Ｎ体シミュレーションにおいて目に見えるバリオン粒子だけを使うと、つまりダークマターもＭＯＧの強い重力も使わないと、シミュレーションの結果は観測されている宇宙の大規模構造と一致しない。ニュートリノをダークマターとして含めても、状況は改善しない。

銀河形成の理論には二つある。一つはボトムアップ・モデル、ＣＭＢの原初の種が重力によって集まり、地球程度の大きさの原始銀河構造が形成されて、この原始銀河が最終的に通常の大きささの銀河や銀河団になったという。これと競合するモデルは、有名なロシア人宇宙論学者ヤーコフ・ゼルドヴィッチによって提唱された。そのトップダウン・モデルによれば、いくつもの銀河を含む大きなパンケーキ型の構造が最初にあり、それが重力によって小さな銀河サイズの構造へ分裂し、最終的に現在見られる銀河になったという。しかしこの銀河形成のシナリオはデータと一致せず、人気を失っている。銀河や銀河団形成のボトムアップ・モデルに対してN体シミュレーションをおこなうときに、重いＷＩＭＰ（弱く相互作用する重い粒子）のような未検出のダークマター粒子を含めると、天空探索データに見られるものと驚くほど近い結果が得られる。

ＭＯＧに基づいてバリオンと光子のみを含むコンピュータモデルのN体シミュレーションが、銀河の大規模探索のデータと一致するかどうかは、まだ分かっていない。こうしたコンピュータモデルによって、銀河探索で観測されている宇宙の大規模構造を、風変わりなダークマターを使わずに現実的に記述でき、ＭＯＧの正しさが検証されればと期待している。

第一四章　ブラックホールは自然界に存在するか？

アインシュタインは、自分の場の方程式からブラックホール解が導かれたことに不満だった。ブラックホールの事象の地平面近くにいる観測者は奇妙な振る舞いを経験するし、何よりブラックホールの中心には醜い特異点が存在するのだから、ブラックホールは物理的でないと考えたのだ。アインシュタインは、自らの重力理論に姿を現わす特異点を忌み嫌った――ビッグバンモデルにおいて宇宙の始まりに現われる特異点も、ブラックホールの中にある特異点も。そして、真の統一理論探しに成功すれば、重力理論から特異点を取り除けるだろうと考えていた。

七〇歳の誕生日に書いた自伝記事で、アインシュタインはこう問いかけた。「これらの方程式に対する、至る所で正則な解とは、はたしてどんなものだろう？」[注1]〝正則な解〟という言葉の意味は、もとのドイツ語を直訳した方が分かりやすい。アインシュタインが探していたのは、自らの統一理論の方程式に対するsingularitätsfreie Lösungen、〝特異点を持たない解〟だった。

ブラックホールを含まないアインシュタイン重力理論

私は最近、風変わりな場のエネルギーが時空全体にわたってつねに広がっていると仮定すれば、アインシュタインの一般相対論の場の方程式から、非特異な厳密解――特異点を一つも作らない解――を導けることを発見した。この解は、ブラックホールの事象の地平面を持たない。時空全体にこのような風変わりな場のエネルギーが存在すると仮定すれば、当然、アインシュタインの重力理論に対するある種の修正理論を導入したことになる。しかしそれは、ダークマターを使わずに天体物理学的問題や宇宙論的問題を解決し、ダークエネルギーの由来を説明できる、MOGにおける私のスカラー＝テンソル＝ベクトル重力理論（STVG）よりも単純な形式を取る。ともかく、一般相対論に対するこの注目すべき非特異解は、アインシュタインの理論と、それによる崩壊する恒星に関する予測を、新たな形で理解するための端緒となるかもしれない。自分の理論から物理的でない特異点が必ずしも導かれるとは限らないことを知ったら、アインシュタインも満足したかもしれない。

アインシュタインの重力理論において、崩壊する恒星の中心近くに負のエネルギー密度や圧力を与えるスカラー場やベクトル場を導入すると、恒星が密度無限大の特異点へと崩壊するのを防げる。そして、特異点を含まない外部重力場、つまりシュヴァルツシルトの事象の地平面を持たない時空の幾何が導かれる。このグレースターから十分に離れた場所では、その解はシュヴァルツシルト解へ還元され、現在の重力実験と一致する。しかし、時空に広がる風変わりな場のエネルギーを持たないアインシュタインの重力理論へ戻すと、アインシュタインの真空方程式の解からはシュヴァルツシルトの有名な一九一六年の解が導かれ、必然的にブラックホールが存在することになってしまう。

この風変わりなエネルギーとは何ものか？

発見された宇宙の加速膨張を説明するのに必要なダークエネルギー、あるいは真空エネルギーという概念は、物質とエネルギーに対するわれわれの理解を変えた。この新たなエネルギーを何と呼ぶか、物理学者の意見はまだ一致していない。真空エネルギー、ダークエネルギー、アインシュタインの宇宙定数と、さまざまな名前で呼ばれている。私はこれを、負の圧力と密度を持つ新たな〝場のエネルギー〟と考えている。この風変わりな場のエネルギーは、恒星内部も空っぽの空間も含め、時空全体に広がっている。時空全体にあまねく存在している新たな種類のエーテルと考えられるが、局所的ローレンツ不変性や一般共変性といった重力の対称性を破ることはない。

この新たな場のエネルギーは、天体が崩壊する際に強い反発力を及ぼし、崩壊前の天体の質量がどんなに大きくても重力に打ち勝つ。このエネルギーは、恒星の化学的および原子核的組成に関する標準モデルにはまだ組み込まれていないが、天体の崩壊によってブラックホールが実際に形成されるという考え方そのものを変えるかもしれない。事実、この新たな種類のエネルギーが示す負の圧力によって、ホーキング＝ペンローズ定理の前提となる、崩壊する天体は事象の地平面と中心の真性特異点を作るという仮定が破られることになる。

ブラックホールに代わるもの

ブラックホールのパラダイムを変えようと考えている物理学者は他にもいる。二〇〇〇年、アメリカ人ノーベル賞受賞者のロバート・ラフリンは、ジョージ・チャップリンやデイヴィッド・サンティアゴと共同で、暗黒星のモデルとして、外部にはシュヴァルツシルト解を持つが、暗黒星表面の物質の薄い殻で凝縮体相転移が起こり、ブラックホールの事象の地平面の生成が妨げられるようなモデルを提唱した。

二〇〇四年には、エミール・モットーラとその共同研究者のパーウェル・メイザーが〈プロシーディングズ・オヴ・ザ・ナショナル・アカデミー・オヴ・サイエンシズ〉誌に、〝グラヴァスター〟（重力真空エネルギー星）という暗黒星について記した論文を発表した。この仮想上の天体は、負の圧力を示す強い真空エネルギーを持っていて、そのため内部が崩壊してブラックホールの特異点が形成されることはなく、ブラックホールの事象の地平面も持たない。このグラヴァスターは表面の薄い物質殻によってシュヴァルツシルト解と接続していて、表面ではラフリンが言うのと似た凝縮体相転移が起こっている。モットーラとメイザーは初めこの論文を〈フィジカル・レヴューD〉誌に投稿したが、査読者たちはそのアイデアをこき下ろし、このようなグラヴァスターはアインシュタインの重力理論では形成されようがないと主張して、論文を却下してしまった。

量子重力を信奉する物理学者はみな、古典的な重力理論では崩壊する恒星の中心を記述できないと考えている。中心では量子力学が働き、きわめて短距離で物質がどうなるかを記述するには、量子重力理論が必要となってくる。実際に、ブラックホール中心における非物理的な密度無限大の状態を避けつつ、事象の地平面をそのまま維持するという触れ込みの量子重力理論やひも理論が、いくつも提唱されている。しかし、そのような解の有効性には異論が多い。特異点がないことを証明するには、広く受け入れられる量子重力が必要だが、今のところそのようなものはない。

ＭＯＧのグレースター

もし、銀河中心に存在する高密度の天体が事象の地平面を持っておらず、代わりに何十億という恒星が互いの重力によって小さく高密度で安定な天体を形成しているとしたら、はたしてどうてしまうことはないはずだ。もし、太陽の一〇〇万倍ほどの質量を持つそのような超重天体が安定だとしたら、銀河中心に存在する重く高密度な天体のイメージは変わってくるかもしれない。恒星の高密度の集合体は重力が強く、そこから光はなかなか逃げられないので、光学望遠鏡でその高密度の天体を見るのは難しいだろう。しかし十分な光が逃げ出せば、その天体はブラックでなくダークグレーになる。

ＭＯＧの場の方程式の解から予測されるのは、まさにそのようなスーパーグレー天体だ。アインシュタインの重力理論から予測される巨大ブラックホールと同様に、この天体も銀河中心に位置する。ＭＯＧの場の方程式を解き、重力や物質と相互作用する重いファイオン場をそこに含め、*G*を変動させると、天体外部における球対称の解は、一般相対論におけるシュヴァルツシルト解と違ってくるだろう。私はそのようなＭＯＧの方程式の解——銀河中心の重い天体——を、〝スーパーグレースター〟と呼んでいる。

連星系における崩壊した暗い恒星に対する同様の解も、アインシュタインの重力理論から予測されるような真のブラックホールではなく、〝グレースター〟になる。ＭＯＧにおけるこのグレースター解は、通常の恒星に似た表面を持つ天体を記述していて、その大きさはアインシュタインの重力理論におけるブラックホールとほぼ同じになる。このグレースターを安定化して一つにまとめているのは、風変わりな場のエネルギーが生み出す反発力で、それがブラックホールへと崩壊するのを防いでいる。

ＭＯＧにおける変動する重力結合定数G、新たな反発的な場のエネルギー、そしてＭＯＧのファイオン場を使うことで、崩壊した重い恒星の周囲の静的な球対称場に対する、有限で非特異で、事象の地平面を持たない、一般化した重力場の方程式の解を得ることができる。したがってＭＯＧでは、崩壊した恒星の最終状態を事象の地平面が取り囲んでおらず、その中心に真性特異点が存在しないような解が存在しうる。

ここで再び、核燃料を使い果たし、重力によって崩壊するほど重い恒星から考えていこう。この恒星が崩壊する途中で、恒星内のダークエネルギーが負の圧力を生み出しはじめ、崩壊が止まる。そしてこの負の圧力は重力と釣り合い、恒星中心に密度無限大の特異点が形成されるのを防ぐ。つまり、ＭＯＧから導かれるこの天体は、ブラックホールでなく、通常の死んだ恒星に似た表面を持つグレースターとなる。この高密度天体の外部の重力場は、事象の地平面を持つ一般相対論のシュヴァルツシルト解でなく、事象の地平面を持たないＭＯＧの解となる。目に見える放射の一部は逃げ出せるので、この天体はブラックホールのように黒くはない。しかし放射の量はごくわずかなので、遠距離から検出するのは難しいだろう。それでも一部の情報は逃げ出せるので、情報喪失という厄介な問題は完全に解決されるのだ！　またこの天体は、ブラックホールのように時空の穴ではなく、暗く重く高密度な――しかし密度無限大ではない――恒星状天体にすぎない。

相対論研究者の大部分は否定的で、ブラックホールが自然界に存在しないかもしれないというアイデアについて考えることや、仮想上のダークエネルギーのような新たな種類の物質が重力理論において基本的な役割を果たしていると考えることさえ拒んでいる。ブラックホールの奇妙な振る舞いとして、事象の地平面を越えてブラックホールへ入ると時間と空間が逆転するといった現象は、双子のパラドックスや時計の遅れのように単なる〝相対論的現象〟の一つであって、直観に反する相対論の世界の一部として受け入れられるものだと見なされている。

しかしMOGのグレースター解が示しているように、宇宙は、ブラックホール物理学によって何十年も信じ込まされてきたほど奇妙ではないのかもしれない。奇妙な非局所的ホログラム挙動やブラックホールの相補性原理を仮定したり、量子もつれを引き合いに出して恒星崩壊の最終状態における通常の物理を記述したりする必要はない。必要なのは、宇宙の加速膨張を説明するために考え出された風変わりな場のエネルギー、つまりダークエネルギーと同じものだ。さらに量子物理学からも、崩壊する恒星の中心に近づくにつれて負の場のエネルギーと負の圧力が現われ、特異点の形成が妨げられるという結論が導かれる。

本書執筆の時点では、MOGに関する私の研究を含め最近の理論研究によって、非特異崩壊星が存在する可能性は示されているものの、それらの解についてはさらに研究が必要だ。また、その数学的および物理的性質には、ブラックホールとその奇妙な性質を完全に排除するのを妨げるような、基本的な未解決問題がある。しかし私の見解では、まだ結論は出ていない。第五章で説明したように、ブラックホールの存在を示す証拠は、今のところすべて状況証拠にすぎない。ほとんどの天体物理学者のように、ブラックホールの存在を心から信じれば、そうした状況証拠もとても説得力があるように見えてくるかもしれない。しかし真理を解き明かすには、どんなに困難であってもさらに研究を進めなければならないと、私は考えている。

第一五章　ダークエネルギーと加速する宇宙

二〇〇七年にアメリカ政府は、ダークエネルギーの存在とその意味を研究するプロジェクトチームに多額の財政支援をおこなった。将来の宇宙科学研究支援の大きな部分を占める分野だ。一九九八年の劇的な超新星観測結果によって宇宙の膨張は加速していることが示されて以来、ダークエネルギーの理解を目指すことが科学界からどれだけ重要視されてきたか、それをこのプロジェクトははっきりと物語っている。

実際あの発見以降、この予想外の驚くべき現象を説明しようと、理論家も実験家も山のような論文を発表してきた。理論的説明の多くは、宇宙の加速膨張の原因をダークエネルギー――宇宙全体に広がる新たな種類の謎めいたエネルギー――に求めている。〝ダークエネルギー〟という名前は、ダークマターと区別がつきにくく不適切だろう。物質とエネルギーは等価なので、ダークマターももちろんエネルギーの一形態だからだ。ともかく、宇宙論的モデルを理論面から見つけようとすれば、超新星のデータとダークエネルギーの謎に向き合わざるをえない。

ここまで述べてきたように、ＭＯＧは一四桁の距離スケール範囲にわたって天体物理学的データや宇宙論的データと一致する。しかしそれだけでは、ＭＯＧがアインシュタインの一般相対論に取って代わることを物理学者たちには納得させられない。最も重要な超新星のデータと、そこから出てくる疑問がまだ残っている。なぜ宇宙の膨張は加速しているのか――実際に加速しているとして――そして何がその加速を引き起こしているのか？　なぜわれわれの時代に加速が起こっているのか、それは反コペルニクス的宇宙を意味しているのか？

宇宙は本当に加速しているのか？

宇宙の加速膨張について研究していた二〇〇四年から二〇〇五年に私は、アインシュタインの理論に何の手も加えることなく、その重力場方程式に対する非一様な厳密解をもとに加速膨張を説明しようとする論文を何篇か発表した。物理学における場の方程式の厳密解は、摂動計算法と違ってどんな寄与も無視しないので、計算が難しい。厳密解である標準的なＦＬＲＷ方程式では、時空は一様で等方的だと仮定されているが、非一様な解ではその仮定は使えない。

この研究の動機は単純。もし一般相対論で宇宙の加速膨張を説明できれば、他に目を向ける必要はない。もしかしたら、データがアインシュタインの理論に一致し、論争を生んでいる〝一致問題〞、つまり「なぜ宇宙の膨張の加速は、われわれが観測できるいま起こっているのか」という意味ありげな問題を回避できるのではないか、そう思った次第だ。

一般相対論を使って宇宙の加速膨張を説明しようとしている人は、他にもいる。エドワード・（〝ロッキー〞）・コルブとそのイタリア人共同研究者は、二〇〇五年に〈フィジカル・レヴュー・レターズ〉誌に発表した論文の中で、単刀直入に言えばダークエネルギーは存在せず、アインシュタインの宇宙定数も真空エネルギーも必要ないとするシナリオを提唱した。FLRW宇宙の厳密に一様で等方的な背景時空――方程式の近似解――に小さな摂動や修正を与えると、自然と非一様な寄与が加わり、宇宙の膨張が見かけ上加速するのだという。論文の発表に際してアメリカ物理学会は、著者たちが宇宙の加速膨張を説明したとする声明文を発表した。

電子アーカイヴではすぐにこの方法に対する批判が寄せられ、二週間ほどは少なくとも一日おきに投稿があった。問題とされたのは、コルブらが使った摂動法だった。彼らは、時空の非一様な歪みによる影響を小さいと仮定していた。しかしこのように仮定すると、技術的にさまざまな問題が生じてくる。さらに、一九五〇年代にインド人宇宙論学者のレイチョードリが発表し、のちにスティーヴン・ホーキングとジョージ・エリスが解釈した、宇宙論では有名な方程式によると、物質の密度が正であれば宇宙は局所的な加速膨張を起こしえないという。コルブらの理論では物質の密度を正に保つ必要があったため、この方程式と矛盾するように思われた。

アインシュタインの場の方程式を厳密に解けば、宇宙の膨張が加速しているように見えるのはなぜかという問題に対して、摂動理論を使ったときより正確に答えられる。私の論文でも、このアイデアについて調べた。アインシュタインの場の方程式の厳密解を使って加速膨張を説明しようと最初に提唱した一人が、パリ近郊にあるムードン天文台のマリ＝ノエル・セレリエだった。二〇〇〇年にセレリエは、宇宙の膨張が後から加速したことを、単に後から非一様な構造が生じたこととして解釈しなおせるとする論文を発表した。銀河に取り囲まれた宇宙のボイドを観測すれば、その中の時空は周りより速く膨張しているため、観測者にとっての地平面内部の宇宙は加速膨張しているという印象を受けることになる。[*1] セレリエ、私（アインシュタインの重力理論のみを使った）、そして他の何人かによれば、銀河やボイドの相対運動を取り払ったとすれば、宇宙は実際には減速していると観測されるだろう。加速膨張の証拠とされた、超新星からの光の減光は、銀河、銀河団、ボイドといった非一様な媒質中を光が通ってきたために起こっている、そうセレリエは主張した。

このセレリエの説は、宇宙がわれわれの時代に加速膨張しているとする反コペルニクス的考え方に反論し、問題を完全に回避する、私が知る中では唯一確実な方法だ。もちろん、後から生じた銀河、銀河団、ボイドといった大規模構造を取り除くことはできないので、超新星のデータに対するこの解釈が正しいかどうかを観測で証明することは決してできない。だからこそ、われわれは特別な時間と宇宙の特別な場所――宇宙の膨張が加速している時間と場所――に住んでいるという、コペルニクス原理や宇宙原理に逆行する議論が出てくるわけだ。

ここで問題となるのが、ほとんどの宇宙論学者たちは、物質の密度が時空にわたって一様だと仮定している点だ。この考え方はアインシュタインが一九一七年の宇宙論に関する論文で提唱したもので、宇宙原理と呼ばれている。しかし観測や銀河の大規模探索から、ここ九〇億年間の比較的最近には、宇宙は均一で一様ではなかったことが分かっている。均一でなく、銀河や大きなボイドの大規模な分布が見て取れるのだ。

私は超新星のデータをアインシュタインの理論と一致させるために、宇宙の膨張速度に間違いなく影響を与えるはずの、観測される非一様性を理解しようとした。そこで、ルメートルが発見し、リチャード・トールマンとヘルマン・ボンディがさらに研究した、アインシュタインの場の方程式に対する厳密解について調べた。考案者たちにちなんでＬＴＢと呼ばれているこの解では、宇宙は球対称で中心を持ち、ちょうど膨らませた風船のような形をしていると仮定されている。[*2] ＬＴＢ解は厳密解なので、それを使って宇宙の膨張について正確な予測ができる。ＬＴＢ解では、後から物質が非一様に分布することによって、物質の密度と圧力が正のままでも宇宙膨張が加速することが分かる（非一様な物質分布を空間的に平均化したとして）。しかし、数学的な筋書きは単純ではない。[注1]

＊1　大きさが一億パーセク以上の巨大なボイドが望遠鏡により観測されている。

＊2　著者たちは、宇宙の中心がどこであるかは特定していない。実際にはこの特徴は、球対称を仮定したための人為的なものだ。

早くも一九九一年から九二年、そして一九九五年に私は、ＬＴＢモデルと、大規模ボイドにおけるその宇宙論的意味合いに関する広範な研究結果を発表した——いずれも、超新星のデータが観測される以前だった。論文は、私の学生ダリウス・タタルスキーと共著で〈アストロフィジカル・ジャーナル〉誌に発表した。その中で、ＬＴＢモデルにおけるボイドの存在が宇宙論にとって重要な意味合いを持っていることを見いだし、それによって超新星からの光が暗くなって、宇宙は加速膨張していると解釈できるかもしれないと予想した。

ＬＴＢモデルのように、宇宙に中心があるとする球対称の解を使っている点が、多くの物理学者から批判を浴びている。しかし私は最近、一九七七年に当時ウォータールー大学数学科の博士研究員だったドゥエーン・サフロンが発表した解をもとに、アインシュタインの場の方程式に対するより一般的な非一様解について調べた。この解は球対称でなく、宇宙に中心は存在しないが、それでも宇宙の膨張の加速を説明できる。

私やセレリエなど多くの宇宙論学者の考えでは、遠い超新星が予想外に暗いのは、途中にある銀河、銀河団、ボイドが空気や水のような媒質として働くとすることで説明できる。要するに、これらのモデルでは宇宙の膨張はまったく加速しておらず、遠くの超新星からやってくる光が途中で邪魔されるせいで、その超新星は実際より遠くにあるように見える。後の時代における宇宙の非一様性によって、加速膨張とダークエネルギーの問題を完全に回避するというのは、すっきりした考え方だ。しかし、それでは理解できない事柄も数多くある。超新星に関するより正確なデータが得られても、依然としてこれらのモデルと一致するのかどうか、今でも異論が多い。また、それらとは相容れない標準的なラムダＣＤＭモデルや、このあと述べるＭＯＧによっても説明できる。

ダークエネルギーや代替モデルによる加速膨張

多くの宇宙論学者が、宇宙は実際に加速膨張しているという考え方を受け入れ、それをアインシュタインの宇宙定数、真空エネルギー、あるいは謎めいたダークエネルギーによって説明している。この説明では、エネルギー密度は正のままだが、圧力が負になる。通常の物質の場合、圧力も密度も正だ。しかし真空エネルギーは、物理学の中でも独特な形で解釈される。時空の中に真空エネルギーが存在するためには、圧力が負でなければならない、つまり押すのでなく引かなければならない。中が真空のシリンダーを考えよう。ピストンを引き出せば、より多くの真空が生じる。そしてシリンダー内の真空はエネルギーを増すが、そのエネルギーはピストンを引っ張る力によって提供されたことになる。いま、真空がピストンをシリンダーの中に引き戻そうとしていると考えよう。そのためには、真空が（外部に対して）負の圧力を持っていなければならない。真空が正の圧力を持っていたら、ピストンは押し出されてしまうからだ。宇宙における真空エネルギーは量子ゆらぎから構成されていて、真空エネルギーの外側の領域では密度と圧力がゼロになる。宇宙に〝内側〟や〝外側〟などないので、真空エネルギーの〝外側〟とはどういう意味なのか、首をかしげられたかもしれない。率直に言って、物理学者もこの問題を理解していない。ダークエネルギーの性質を理解できない大きな理由の一つだ。

それでも、宇宙の加速に対する標準的な説明では、ダークエネルギー、つまりダークな反発力が使われている。前に述べたように、負の圧力を持つダークエネルギーは時空に均一に分布していて、ダークマターのように重力で寄り集まることはない。ダークエネルギーは〝クインテッセンス〟とも呼ばれる（クインテッセンスという単語は、ラテン語で第五元素を意味する〝クインタ・エッセンシア〟から来ている。アリストテレスが仮説として言及したもので、アナクシマンドロス［前六一〇頃 - 前五四〇頃］は、「水とも、別のいわゆる元素とも違い、何か果てしない性質を持っている」と書いている）。[注2]

前に触れたように、宇宙の加速膨張に対するもう一つの説明として、ジョージ・ドゥヴァリ、グレゴリー・ガバダゼ、マッシモ・ポラッティが発表したものがある。彼らはアインシュタインの方程式を修正して第五の次元を追加し、それによってフリードマンの宇宙論方程式を一般化することで、宇宙論的距離スケールが大きくなるにつれて反発的な反重力が現われ、宇宙が加速膨張時代へと駆り立てられるようにした。しかしこのような理論も、不安定性という深刻な問題を持つ可能性があり、また太陽系における観測結果と一致しない恐れがある。さらに、余分な次元など誰も観測していないので、そのような次元を導入するとモデルの検証が難しくなる。

加速膨張宇宙に対するさらに別の説明が、ショーン・キャロル、ダミアン・エアッソン、マーク・トロッデン、マイケル・ターナーによって二〇〇五年に〈フィジカル・レヴューD〉誌に発表された。彼らは、アインシュタインの重力理論の基礎をなす作用原理に時空の曲率の関数を追加し、理論を修正した。調節可能なパラメータを適切に選ぶと、その一般化されたフリードマン方程式によって、宇宙定数を使わずに宇宙を加速膨張させられる。この種の代替重力理論を研究した論文は激増している。しかしやはり大きな難点として、厄介な不安定性問題、そして太陽系における観測結果とつじつまが合わない恐れがある。実際、シカゴ大学のマイケル・サイファートが、彼らの提唱したモデルでは太陽は一秒未満しか輝かなくなることを示している。最後に、この代替モデルでも、またドゥヴァリ＝ガバダゼ＝ポラッティのモデルでも、なぜ宇宙の膨張がわれわれの時代に加速しているのかという、一致問題は説明できない。

MOGと超新星のデータ

MOGに基づく、宇宙の統一した記述についてはどうだろうか？　変動する重力定数および、ファイオン・ベクトル場が引き起こすエネルギー密度と負の圧力のおかげで、ダークマターを使わずに修正重力理論を統一的に記述できるとともに、望まれていないアインシュタインの宇宙定数を使わずにダークエネルギーを説明できるのだ。MOGの場の方程式を使った方が、宇宙の加速膨張をもっと納得いく形で説明できるだろう。一般相対論ではダークマターや宇宙定数を使わないと一致させられなかった他の宇宙論的データと、ＭＯＧはすでに一致しているからだ。もしＭＯＧで超新星のデータも説明できれば、宇宙論の統一理論を手にできることになる。

最近、ヴィクター・トスと私はＭＯＧ宇宙論の応用として、実際にＭＯＧの場の方程式から、超新星のデータと一致する形で宇宙の加速膨張を予測できるという結果を発表した。その研究では、宇宙に存在する物質は目に見えるバリオンのみからできていると仮定した。

ＭＯＧの反発力は、物理的にアインシュタインの宇宙定数とは違う由来を持つ。アインシュタインの宇宙定数は、宇宙に存在する負の圧力の真空エネルギーによって生じるが、ＭＯＧの真空エネルギーは、重力自体が反重力的成分を持っているとする、ＭＯＧの場の方程式の解として出てくる。一様なＦＬＲＷ宇宙に基づいた、宇宙定数を持たないアインシュタインの重力理論では、そのような反重力は存在せず、宇宙の膨張は将来減速することになる。アインシュタインの方程式に宇宙定数を加えれば宇宙は加速膨張することになるが、それとともに、宇宙定数につきまとう問題として、標準的な素粒子物理学の計算では観測による許容値の10^{120}倍の値が出てきてしまうといった、さまざまな問題が生じる。

しかしＭＯＧでは、反重力成分は時空や重力そのものの性質として初めから方程式に組み込まれており、アインシュタインの宇宙定数と違って有害な影響を及ぼさない。この反重力成分は、時空の織物をどんどん速く膨張させていく。宇宙の加速膨張に対するこの説明は、ＭＯＧの場の方程式から得られるさまざまな天体物理学的、太陽系、宇宙論的帰結を含め、この理論の大きな枠組みとぴたり一致する。ＭＯＧは、現在得られているすべての観測データを統一的に説明するとともに、ダークマターの必要性を取り除いてくれる。言い換えれば、宇宙で観測できる現象はすべて、重力と目に見える物質によって引き起こされていることになる。私たちはこのシナリオを、標準的なラムダＣＤＭ宇宙論の代案として検討している。

反コペルニクス的な一致問題については、ＭＯＧではどうなるだろうか？　宇宙の加速膨張をＭＯＧで説明するなら、宇宙が必然的にこの時代に加速膨張していると言い切れるほどの予測能力を、この理論は持っていなければならない。しかし本書執筆の段階では、この問題は未解決だ。

いまだ未解決のダークエネルギー問題

念を押しておくが、何が宇宙の加速膨張を引き起こしているのか、さらには、加速が現実の効果なのかどうか、宇宙論学者の間で意見は一致していない。この予想外の現象に対しては、ＭＯＧによる解を含め数多くの説明が提唱されていて、いずれも超新星のデータと一致するとされている。これらの説明の違いを見きわめ、どれが正しいのかを判断するには、どうしたらいいのだろうか？　ある理論を成功させるには、競合相手と違う独自の予測として、検証可能なものを導く必要がある。ＭＯＧの場合、天体物理学的データや宇宙論的データを、ダークマターを使わずに見事に予測できるが、加速膨張に対して決定的な予測をするには至っていない。

　将来になってさらに優れた超新星の観測データが得られても、宇宙の加速膨張を明確に説明できるかどうかはまったく分からない。この謎と捉えどころのないダークエネルギーは、いつまでもつきまとってくるのかもしれない。

第一六章　永遠の宇宙

標準的なビッグバンモデルの特徴として最も厄介なものの一つが、時刻ゼロにおいて宇宙が特異点から始まり、そのとき物質密度が無限大だったという点だ。さらに、宇宙に始まりがあったということは、創造主の存在を意味しかねない。ほとんどの宇宙論学者は、創造主、宗教、神秘主義といったものを科学の範疇外だと見なし、計算には含めたがらない。

ビッグバンの父ジョルジュ・ルメートルは、宗教と科学を結びつけることに強く反対した。そのような信念を持つルメートルは、実はカトリックの司祭で、ヴァチカンの教皇長科学アカデミーの一員だった。ルメートルの膨張宇宙モデルでは、宇宙は原初の原子、あるいは宇宙の卵から始まったとされるが、ルメートル自身は、自分の理論が創世記の創造神話の証拠であるなどと口に出すことは決してなかった。ビッグバン理論を支持した教皇ピウス一二世とは対照的だ。一九五一年一一月二二日に教皇は、宇宙が爆発によって始まったことが神の存在を証明していると

（言葉数多く）語った。

宇宙の第一物質の性質と状態はどのようだったのか？　その答は、どの理論に基づくかによってかなり違う。しかしある程度の共通点はある。原始の物質の密度、圧力、温度は、いずれも桁外れの値に達していたに違いない。……［賢明な人物が］事実を調べ、それに対して判断を下せば、創造的な全能の神の業に気づき、その力を認めるのは間違いない。その力が作用しはじめたのは、創造的な魂が何十億年も前に寛大な愛を持って重大な命令を発し、エネルギーとともに宇宙に物質をばらまいたときだった。何世紀も歩んできた今日の科学は、「光あれ」の神々しい瞬間に、無から物質とともに光の海と放射が溢れ出し、元素が分かれてかき回され、無数の銀河を形作ったことを証明するのに成功した。[注1]

現代の宇宙論学者はビッグバンを若干違ったふうに見ていて、宇宙が巨大な爆発で始まったというルメートルのもともとの考え方を、一つの比喩として捉えている。時刻ゼロにおける宇宙の始まりを、きわめて高密度で高温、そして小さかったと解釈しているのは同じだが、必ずしも爆発が起こったとは受け取っていない。しかし多くの宇宙論学者は今でも、一般相対論で予測されるように、時刻ゼロに密度無限大の特異点が生じたという考えは受け入れている。だが、その始まり以前に起こった宇宙誕生の原因と、標準モデルにおける時刻ゼロ以降の宇宙膨張の原因は何か、それはあまりよく分かっていない。現在、宇宙の始まりそのものに疑問を抱く一部の宇宙論学者は、膨張と収縮が繰り返される循環モデルを支持している。

ビッグバンの中核をなす特異点は、創造主を意味するだけではない。密度と温度が無限大であるため、宇宙の始まりでは物理法則が破綻することにもなる。コンピュータで宇宙の進化をプログラミングするとして、宇宙がどのようにして特異点から始まったのかを計算しようとしたら、コンピュータはクラッシュしてしまうだろう。物理学者の中には、満足のいく量子重力理論をうまく使えば、標準的なビッグバンモデルにおける時刻ゼロの特異点を回避できるのではないかと主張している人もいるが、今のところ、この問題を解決できるような満足のいく量子重力理論は存在しない。宇宙は神によって造られたと考えたとしても、時刻ゼロにおける特異点は厄介な問題として残ることになる。

ＭＯＧ宇宙論

ＭＯＧ宇宙には、始まりはあるが終わりはない。永遠に続くことになる。密度無限大の特異点から物質が爆発することもない。ＭＯＧ宇宙は、ダイナミックな進化に先立つ静寂と空虚の時代から始まる。標準的なビッグバンモデルとは対照的に、時刻ゼロには物質もエネルギーも存在していなかった。物質がないので、時空の曲率である重力もゼロだった。この原始の真空では、宇宙の膨張を支配するハッブル定数*H*もゼロだった。ＭＯＧでは、時刻ゼロにおける宇宙は爆発も膨張もせず、じっと静止していたことになる。

ＭＯＧにおける時刻ゼロの宇宙は、きわめて重要で、そして不安定な場所だ。ＭＯＧの場の方程式を時刻ゼロにおいて解いても、特異点は現われない。というより、ＭＯＧ宇宙論で特異点に出くわすことは決してない。初めに、宇宙が釣り合いを保っている時刻ゼロの近くで、量子力学的ゆらぎが物質粒子やエネルギーを生み出す。そしてそれによって、時空に曲率が生じる。まもなくＭＯＧの重力が作用してきて、ハッブル定数がゼロでなくなり、宇宙が膨張を始める。この物質の密度と圧力から、クォーク、電子、光子からなる高温で高密度のプラズマが生じ、従来のビッグバンモデルで知られる高温の宇宙スープが形成される。教皇ピウス一二世の詩的な表現（「無から物質とともに光の海と放射が溢れ出し……」）は、ビッグバンよりもＭＯＧによる宇宙の始まりによく当てはまる。ＭＯＧでは、無——現代物理学で言う真空——から物質と放射が生まれる。物質とエネルギーが密度無限大の特異点に押し込まれていて、それが爆発したということにはならない。

この宇宙論は、どのようにしてＭＯＧ理論から導かれるのだろうか？　一つに、時空の幾何がダイナミックに進化しはじめた初期宇宙では、ＭＯＧにおける重力強度*G*の変動が重要な役割を果たす。時空の曲率を変えるような余分な場を持たない、標準的なビッグバンモデルとは対照的だ。ＭＯＧの時空は、アインシュタインの重力理論とは違うふうに湾曲していることになる。

第二に、宇宙定数をゼロとしてフリードマン方程式を一般化したＭＯＧの宇宙論方程式は、時刻ゼロにおける特異点を避けるため、いくつかの条件を満たさなければならない。一つの条件が、時刻ゼロでは物質も放射も存在せず、重力も時空の曲率もゼロだったというものだ。宇宙は空っぽで、時空は空間的に平坦なミンコフスキー幾何で表わされることになる。

ＭＯＧでは時刻ゼロにおいて若干のインフレーションが起こる。これは、宇宙論的な解から特異な（無限大の）挙動を取り除くために、数学的に必要だ。時刻ゼロからの最初の膨張はわずかに加速することになり、ちょうど赤信号で止まっていた車が突然加速するのに似ている。しかし、時刻ゼロにおけるＭＯＧのインフレーションは、標準的なインフレーションモデルのように大規模で劇的ではない。

ＭＯＧでは、時刻ゼロに、真空のゆらぎから物質と放射が生まれる。時空が引き伸ばされた末の今日における温度が二・七Ｋであることから考えると、生じた熱いプラズマはきわめて高温だったに違いない。しかし特異点を持つビッグバンモデルとは違い、その密度と温度が、量子重力が重要になってくるプランク密度やプランク温度まで達する必要はない。したがって、時刻ゼロにおける特異点を取り除くメカニズムとして、量子重力は必要ないかもしれない。ＭＯＧは、ほとんど理解が進んでいない量子重力理論やひも理論を必要とせずに、四次元時空の中で特異点を取り除いてくれるのだ。

エントロピーと熱力学

宇宙がどのように始まったのか——あるいはそもそも始まりがあったのか——を考える上で制約条件となるのが、宇宙ではエントロピー、すなわち無秩序さがつねに増大しているという、熱力学の第二法則だ。[注2] 例えば、熱は必ず高温の物体から低温の物体へ伝わり、その逆には伝わらない。有名な比喩が、テーブルから皿が床に落ちて割れる様子。皿という秩序の高い状態から、陶器の破片という無秩序な状態へ移行したことになる。熱力学の時間の矢は、エントロピーと無秩序さが増大する方向を指している。われわれの観測する宇宙は、時間的に非対称だ。つまり、時間の矢は未来にしか向いていない。

宇宙の始まりを考える際には、エネルギー保存則と同じく神聖化された物理法則である、熱力学の第二法則を破ってはならない。ＭＯＧにおいて特別な時刻ゼロには、物質も重力もないので、エントロピーは最小値を取る。時刻ゼロ以後、物質と放射が生み出されると、エントロピーは増大するしかない。したがって、現在、そして未来へと時間を経るにしたがってエントロピーは絶えず増大し、やがて宇宙は完全に無秩序な状態へと薄まって、その状態が永遠に続くことになる。

このＭＯＧのシナリオは、〝秩序＝秩序〟宇宙や〝無秩序＝無秩序〟宇宙でなく、〝秩序＝無秩序〟宇宙と表現できる。例えば秩序＝秩序とは、宇宙がエントロピー最小の秩序状態から始まり、やはりエントロピー最小の秩序状態へと進化するという意味だ。秩序＝秩序、あるいは無秩

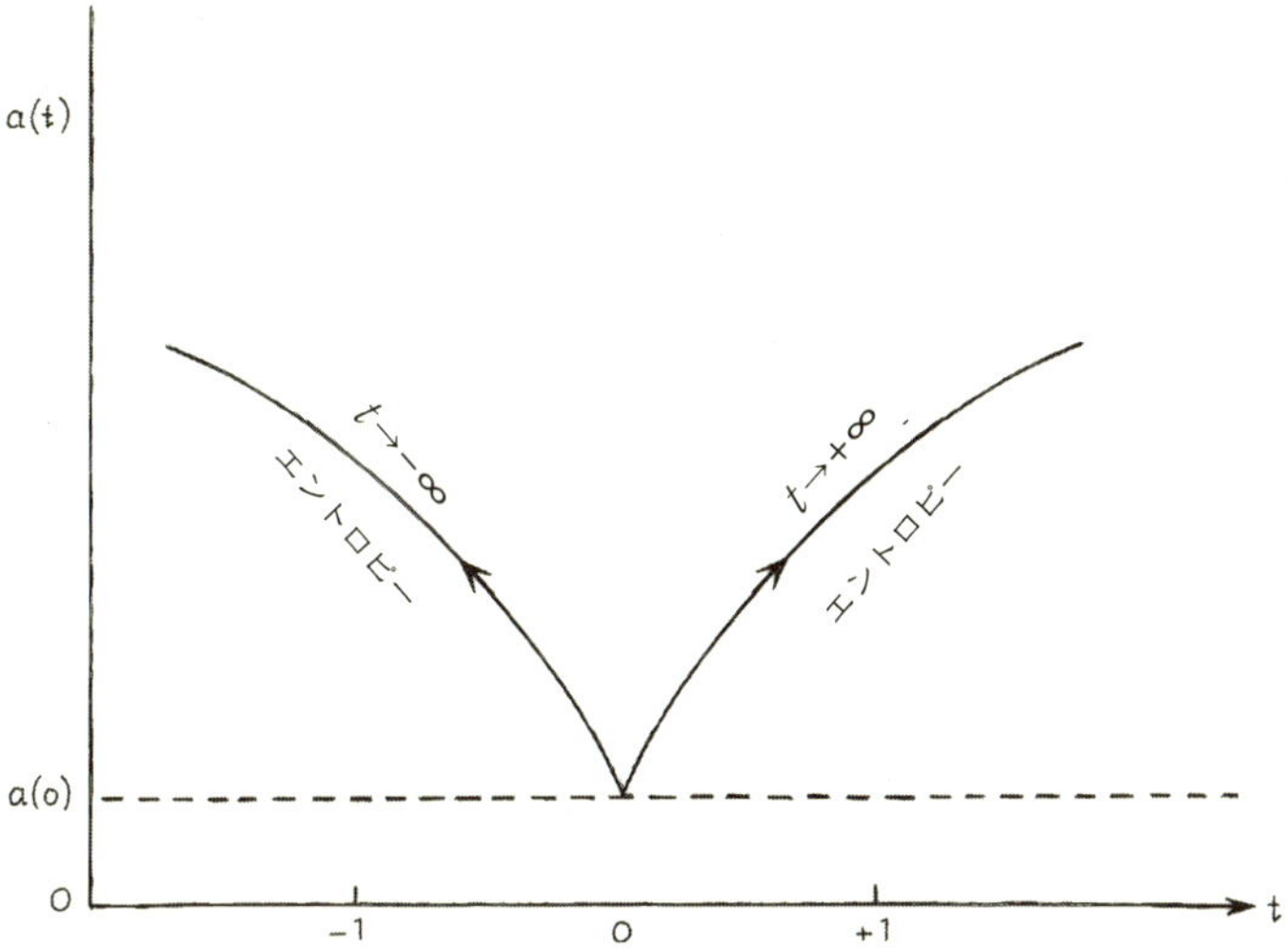

図20　MOGによる宇宙の始まりは、ビッグバンも特異点も持たない。時間が遡ることがないため、熱力学の第二法則も破られない。MOG宇宙の始まりでは、正の時間と負の時間の両方に、エントロピーを増大させながら進化していく。

序＝無秩序シナリオは、熱力学の第二法則を破る恐れがある。[注3]

MOG宇宙論の興味深い特徴として、時刻ゼロにおいてエントロピーは、正の時間方向と同じく負の時間方向にも増大する。無限に遠い過去へ向かって、エントロピーは絶えず増大していくことになる。したがってMOGでは、時刻ゼロは特別な時刻であって、そこから宇宙は正の時間方向にも負の時間方向にも膨張していける。もし特異点があれば過去と未来の間に障害が存在することになるが、MOGでは特異点がないため、無限の過去と無限の未来を結びつけることができる。それは、一般相対論と同じくMOGにも適用するフリードマン方程式が、時間に対して不変だからだ。つまり、時間が順方向と逆方向のどちらに流れているかを、方程式から判断することはできない。ＭＯＧでは、時刻ゼロから正の時間方向と負の時間方向という二つのまったく同じ宇宙が生じるが、われわれがどちらに住んでいるかは知りようがない。しかしどちらの宇宙も、熱力学の第二法則を破らないようになっている。

この永遠の宇宙は、いずれも非対称な時間の矢を持つ二つの鏡像としてイメージできる。ＭＯＧの宇宙論的な場の方程式の解が時刻ゼロで非特異になるためには、宇宙スケール$a(t)$が時刻ゼロで一定でなければならない。宇宙論モデルから宇宙の誕生を導くには、初期境界条件と最終境界条件を設定する必要がある。いまの場合の初期条件は、宇宙がエントロピー最小の秩序状態から始まったというもので、最終条件は、宇宙が無秩序な状態で終わるというものだ。さらに、二つの非対称な宇宙が逆転しないようにする条件も課さなければならない。要するに、負の時間から時刻ゼロに近づいていって〝ビッグクランチ〟を起こしてはならない。

ロジャー・ペンローズなど一部の物理学者は、ＭＯＧ宇宙論のようにビッグクランチが起こらないような処置を施しても、物質が崩壊してブラックホールと特異点が生成すれば、ブラックホールの事象の地平面を通り抜けて熱力学の第二法則が破られることになると論じている。しかしすでに述べたように、ＭＯＧでは、ブラックホールとそれに伴う特異点や事象の地平面を取り除くことができる。そして、ブラックホールの特異点が取り除かれることと、宇宙誕生時の特異点が存在しないことが、密接に関連している。それによって、宇宙の進化を通じて熱力学の第二法則が保たれることになるのだ。

とても魅力的な考え方として、膨張と収縮、ビッグバンとビッグクランチを果てしなく繰り返す、永遠に循環する宇宙というものがある。このような循環宇宙論は、一九三〇年代にリチャード・トールマンらが最初に考えついたが、結局は時代遅れとなった。トールマンの結論によれば、空間的に閉じた解に基づく循環宇宙、あるいは振動宇宙は、ビッグクランチや特異点を生き延び、サイクルが進むごとにどんどん大きくなって、ビッグクランチのたびに熱力学の第二法則を破ることになる。しかしこの暴走的に繰り返されるサイクルにも、結局のところ本当の始まりと終わりが必要となる。

最近になって、ポール・スタインハート、ニール・トゥロック、そしてペリメーター研究所で私の同僚であるジャスティン・クーリーが、エキピロティックモデルという名で循環宇宙論を復活させた。[*1] 三人が考えたのは、ひも＝ブレーン宇宙論において、二つのブレーンが衝突して〝燃えさかる〟宇宙が生まれ、その後ブレーンが離れては再び衝突し、その後、衝突が循環的に永遠に繰り返されるというモデルだ。この宇宙にインフレーション時代はない。スタインハートとトゥロックは、最近出版した一般書 *Endless Universe* の中でこの宇宙論を解説している。

しかし、循環宇宙という考え方の大きな問題点は、サイクルがビッグクランチへ転じて新たな膨張が始まるときに、エントロピーが減少することだ。ＭＯＧの方程式からも、循環宇宙論を導

＊1　エキピロティックとは、ギリシャ語で〝大火〟を意味する。

くことができる。私はこのシナリオを試してみたが、熱力学の第二法則を破るという深刻な問題のせいで、若干未練はあったが放棄するしかなかった。

初期値問題の解決

ビッグバンシナリオは地平面問題や平坦性問題といったいくつもの初期値問題を抱えているが、それらはインフレーションやVSL（光速可変理論）によって解決できるのだった。ではMOG宇宙論では、どのように解決できるのだろうか？

地平面問題は、天空の各部分が地平面の何百倍も離れているというのに、宇宙マイクロ波背景放射（CMB）の温度が天空全体にわたって均一であるのはなぜか、というものだった。観測者は自分の地平面の端までしか意思を伝えられない。したがってビッグバンモデルでは、有限である光速を使って因果的にコミュニケートし、CMBの温度を均一にする方法はない。初期宇宙において光速が今よりずっと大きかったとする宇宙論を仮定しないのであれば、説明としてはこれまで、時刻ゼロの近くで宇宙がインフレーション時代を経たと考えるしかなかった。しかし今や、MOGが地平面問題の第三の解決法を提供してくれた。きわめて初期の宇宙では地平面が無限大で――事実上、地平面がな
い――宇宙のどの場所もすべてコミュニケートしあえたのだ。インフレーションモデルやVSLモデルを含め、ビッグバンモデル全般のアキレス腱である、時刻ゼロ

の特異点で物理が破綻するという問題も回避できるので、このMOGによる解決法はインフレーションやVSLより好ましい。*2

MOGはまた、平坦性問題も解決してくれる。WMAP（ウィルキンソン・マイクロ波異方性探査衛星）のデータより、宇宙は空間的に平坦であることが分かっている。一四〇億年近くも膨張してきた末に、どうして平坦になっているのだろうか？　時空の幾何の解としては、球のように空間的に閉じた、あるいは馬の鞍のように開いた状態も考えられる。インフレーションを伴わない標準的なビッグバンモデルでは、空間的に平坦な解からは、深刻な微調節問題が出てくる。しかしMOGでは、時刻ゼロで曲率がゼロであり、宇宙が膨張して現在になってもゼロのままで、WMAPの観測結果と一致するため、平坦性問題はそもそも存在しないことになる。

MOGとデータ

前に述べたように、そもそもビッグバンモデルの正しさは、ハッブルが高速で後退する銀河を観測したことで〝証明〟されたのだった。MOGではそのデータはどのように説明できるのか？MOGでも標準的なビッグバンシナリオと同じく、銀河や恒星は時刻ゼロから何十億年ものちの、

*2　〝無限大〟という言葉の二つの使い方を混同してはならない。標準モデルにおける時刻ゼロの特異点に伴う無限大の密度は、宇宙論の非物理的な特徴だが、MOGにおける無限大の時間や無限大の地平面は、物理学を破綻させない。

物質が支配する時代に形成された。そして、ＭＯＧにおいてもハッブル定数Hは現在ではゼロでないので、ビッグバンモデルと同じく、宇宙が現在まで膨張してきた証として、銀河の後退が観測されることになる。

ＭＯＧ宇宙論では、ＣＭＢに見られる銀河の種も、標準的なインフレーションを使わずに説明できる。時刻ゼロ近くでGとファイオン場が真空ゆらぎを示すことで、スケール不変な原初のパワースペクトルが生成し、それによって、第七章と第一三章で論じたＷＭＡＰのパワースペクトルデータを説明できるのだ。

ＭＯＧにおいて、もし特異点から始まるビッグバンがなかったとしたら、〝ビッグバンの残光〟であるＣＭＢはどのように解釈できるのか？　それは単に言葉の意味の違いでしかない。ＭＯＧと標準モデルは、再結合の時代には一致するからだ――ただしＭＯＧではダークマターが存在せず、標準モデルより重力が強くなる。宇宙の進化の一ステップである物質と放射の脱結合の証拠が、ＣＭＢだと言える。ＣＭＢがビッグバンで生じたと考える必然性は何もないのだ。ＭＯＧでは、時刻ゼロの直後、宇宙は電子、クォーク、光子の超高温放射プラズマからなっていた。時刻ゼロ以後、宇宙が膨張すると、この放射プラズマは冷え、およそ四〇万年後に物質と光子が脱結合して、水素原子などが形成された。ビッグバンモデルとまったく同じだ。しかし残念ながら、最終散乱面という不透明なカーテンのせいで、時刻ゼロから四〇万年後より以前の出来事はすべて消え去っており、標準モデルにおける特異点からの劇的な誕生ととてつもないインフレーション膨張も、ＭＯＧにおける時刻ゼロ近辺での非特異的で滑らかで穏やかな物質の生成と膨張も、どちらも〝見る〟ことはできない。

どちらの宇宙誕生の様子が正しいのか、観測によって判断することは可能だろうか？　それには、時刻ゼロにおける宇宙の状態に関する直接的な情報を伝えてくれるような形の放射が必要だ。前に述べたように、重力波は光子の放射と違い、陽子や電子のプラズマと弱くしか相互作用しない。したがって、重力波は最終散乱面をほぼ無傷で通過できるため、再結合前の宇宙に関する情報を実際に伝えてくれるかもしれない。ＬＩＧＯ（レーザー干渉計重力波天文台）やＬＩＳＡ（レーザー干渉計宇宙アンテナ）のようなプロジェクトによって重力波を直接検出する試みは重要だ。標準的なインフレーションを伴わないＭＯＧ宇宙、エキピロティック循環モデル、インフレーションを伴う標準的なビッグバンモデルは、時刻ゼロからＣＭＢのカーテンを通り抜けてやってくる重力波の強度と振幅に対して、それぞれ異なる予測を与える。したがって重力波を検出できれば、これらのモデルのいずれが正しいかを決定できるだろう。

きわめて初期の宇宙における条件を知るもっと間接的な方法として、ＣＭＢ放射が重力波のゆらぎを通過してくるときの偏光を測定するというやり方がある。このシグナルは、ＣＭＢにおけるる物質や温度のゆらぎを放射が通過したときに生じるものとは違う。もしＣＭＢにゆらぎも銀河の種も観測されなかったとしたら、時空の均一性のために電磁波の偏光はすべて打ち消し合うことになる。電磁波は、空間内を進むとともに上下あるいは左右に〝身をくねらせる〟のに対応し

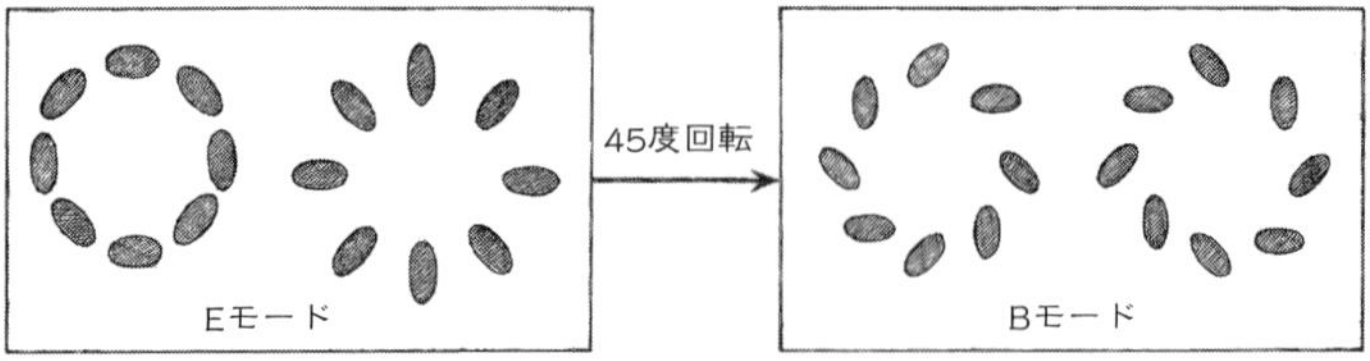

図21　偏光のEモードとBモードが明確に異なるため、Bモードの重力シグナルにより、いくつかの宇宙誕生モデルのうちいずれが正しいかを検証できる。

て、垂直あるいは水平に偏光する。電磁波がCMBの物質あるいは温度のゆらぎを通過すると、〝Eモードシグナル〟と呼ばれるものが生じる――この名前は、荷電粒子が電場（E）を生じさせることに由来する。これは、中心点から伸びる直線という単純なパターンを示す。一方、電磁波が重力波放射のゆらぎを通過すると、ねじれた偏光、円偏光、垂直偏光、水平偏光がすべて混じった複雑なパターンが生じる。これを〝Bモード偏光〟と呼ぶ。この偏光は、磁気によって生じる電磁気力の場に似ている。Bという文字は、物理学者が磁場を表わすのに一般的に使っている。

　CMBのE偏光は、二〇〇〇年にDASI（一度角スケール干渉計）の観測によって発見され、それによってCMBのゆらぎの存在がさらに裏づけられた。[*3] 現段階では、CMBのデータの中にBモード偏光は検出されていない。NASAの将来の衛星ミッション、とくに二〇〇九年に打ち上げられたプランク衛星ミッションは、Bモード偏光を検出できるよう設計されている。

　驚くことに今日では、こうした重力波実験によって、時刻ゼロの宇宙で何が起こったのかを知ることができるかもしれない。宇宙の始まりに関する理論を立てるだけでなく、宇宙の始まりの名残を実際に調べられるという、科学の歴史の中でも並外れた時代だ。一九二〇年代以降われわれは、天の川銀河が宇宙全体なのかどうかも分からなかった状態から、一四〇億年前に何が起こったのかを宇宙の観測によって判断できるところまで進歩してきたのだ。

＊3　ＤＡＳＩは、南極で進められているシカゴ大学とカリフォルニア工科大学のプロジェクト。

エピローグ

本書が印刷に回されてからも、ダークマターの存在を信じる宇宙論学者や物理学者は、アインシュタインやニュートンの重力理論の修正理論に執拗に反対しつづけている。ダークマターはいまだに検出されていないのだが。二〇〇八年二月にUCLAで開かれたダークマターとダークエネルギーに関する会議と、その二カ月後にセントルイスで開かれたアメリカ物理学会大会で、地下実験室でのWIMP探しは何の収穫もなく終了したと報告された。ダークマターはまだ一度も見つかっていない。しかし、ダークマターが存在するかどうか確かめるのはきわめて重要なので、実験家は探索を続けるべきだ。二〇〇九年に稼働するCERNの大型ハドロンコライダーの結果が待たれる。

私はきっと、一九〇五年に特殊相対論を編み出したときのアインシュタインの態度を、ある程度は受け入れなければならないのだろう。特殊相対論に関する名高い論文の中でアインシュタインは、エーテルを検出しようという試みは失敗したと書いた。そして、エーテルの存在の可能性を無視し、エーテルを使わずに理論を構築した。同じように私も、ダークマターは存在しないという見方を取り、次のような問いかけをしてきた。広範な観測データを重力だけで説明できるような、新たな重力理論を構築できるか？

たとえ検出できなくても、ダークマターは存在するという信念を現在の物理学者や宇宙論学者がそう簡単にあきらめるとは思えない。アインシュタインの重力理論を棄てるというのは、多くの人にとって耐えられないことなのだ。澄んだ目で証拠を見つめるには、新たな世代が必要なのかもしれない。

ここ何十年か私にとって、自然の真の仕組みを覆い隠している暗幕を開けるというのは、心躍らせるわくわくする体験だった。共同研究者と一緒に修正重力理論を編み出すというのは、私の物理学者人生の中でも最も刺激的な経験の一つで、これからもＭＯＧが私の研究の中心的なテーマでありつづけるだろう。途中で何度も袋小路に迷い込んできた――本書で詳しく述べてきたように、ＭＯＧを理解しようと試みて何度も失敗した――が、自然を見事に説明できる重力理論を発見して肉づけするという試みは辛抱強く続けていく。

自然から価値ある根源的な秘密を聞き出すのがどれほど難しいことか、本書によって読者に伝われば幸いだ。それは山登りに似ている。頂上に立つともっと高い山が見え、より高みに登りたくなる。そこへたどり着くと、谷の向こうからはまた別の山が呼んでいる。結局のところ、山登り――自然の秘密を理解しようという試み――は素晴らしい経験であって、それがわれわれ科学者を突き動かしている。もちろん、頂上に立って旗を立て、勝利を宣言するという喜びもある。しかしその喜びもつかの間で、すぐに、地平線の上に見えるもっと高い山が新たな挑戦へといざなう。

物理学における基本的なパラダイムがどのように作られ、科学における既存のパラダイムを変えようとする人間がどのような社会的、技術的困難にぶつかるのか、本書を最後まで読んでくれた物理学者以外の人たちがそのことをより理解してもらえたら幸いだ。山――理論やパラダイム――へ登るたびに新たな真理へたどり着くが、自然の究極理論に相当する山と巡りあうことは決してないと、私は考えている。重力に関する本書を読んで、その壮大さ、そしてそれを描き出しているわれわれ物理学者の試みを理解してもらえれば、執筆に費やした三年間も報われるというものだ。

物理学の素養がある読者には、アインシュタインの重力理論を抽象的かつ全体的な形で考えてほしい。そしてそれからMOGについて考えてほしい。アインシュタインの重力理論と同じ美的喜びを、MOGからも感じることができるだろうか？　重力理論としてのMOGの美しさを本当に理解するには、MOGの専門的な細部をすべて調べ上げ、全体的な理論的枠組みとしてどのように機能するかを見きわめる必要がある。そうすれば、データが見事に説明されて、宇宙の始まりに特異点を持たず、ダークマターもなく、宇宙の加速膨張を統一的に記述できる宇宙論が自然と導かれるだろう。ＭＯＧの理論構造を専門的に理解するという困難な研究が終わって初めて、ＭＯＧの美しさを本当に味わうことができる。未来の世代の物理学者が、ヴィクター・トス、ジョエル・ブラウンシュタイン、そして私と同じくらい深くこの理論を研究する気を起こし、内に秘めたその美しさを見つけてくれることを願う。

修正重力理論の完全な姿を描き出すまでには、まだ重要な研究が残っている。他の物理学者がもっと関心を寄せ、ＭＯＧを研究して別の観測データに当てはめてくれれば、もっと説得力のある最新の重力理論にたどり着けるだろう。ＭＯＧを含めすべての代替重力理論に対する、究極の検証法は、単純な言葉で表現できる。物理的に首尾一貫した最小限の仮定で、どれだけの観測データを説明できるか？ さらに重要なこととして、競合理論では説明できないような、検証可能な予測をおこなえるか？ 本書の後半では、将来の観測や実験によってＭＯＧの正否を判断し、ＭＯＧとダークマターの違いを見きわめる方法をいくつか提案した。

自然の謎を探るには、自然は数式によって真に理解でき、そして方程式による予測は実験や観測によって検証できるという信念を持つことが必要だ。理論物理学は今日、現実では証明も否定もできないような思索に甘んじる傾向があるが、そんな中でもわれわれは、この目標を目指しつづけなければならない。

謝辞

妻パトリシアの忍耐と献身がなければ、この本は決して完成しなかっただろう。妻は、本書の大部分の編集と、完成に必要な数多くの細部の調査という困難な作業を見事にこなしてくれた。マーティン・グリーン、ピエール・サヴァリア、そして私の共同研究者であるヴィクター・トスをはじめ、手助けをしてくれ、原稿に対する幅広い意見を寄せてくれた何人かの同僚に感謝したい。また、同僚のポール・スタインハート、ジョアオ・マゲイジョ、フィリップ・マンハイム、ハーヴェイ・ブラウン、ポール・フランプトン、ステイシー・マッゴー、リー・スモーリンには、有益な意見を寄せてくれた件で感謝する。とくに、原稿を入念に読んでくれた義理の妹キーヴァ・クロールに感謝する。

私の修正重力理論は、長年にわたり何人もの大学院生が力を尽くしてくれたおかげで発展してきた。数多くの有用な議論を交わし、この理論の帰結に関する研究をしてくれたジョエル・ブラウンシュタインには、特別な感謝を捧げる。

また、編集者であるニューヨークのハーパーコリンズ社（スミソニアン・ブックス）のＴＪ・ケレハーとエリザベス・ディスガード、およびトロントのトーマス・アレン社のジャニス・ザワーブニー、そしてパトリック・クリーンとジム・アレンには、その熱意と支援に感謝したい。著作権代理人のジョディー・ローズには、当初から本書に強い興味を示し、ふさわしい出版社を見つけるという難しい仕事に力を尽くしてくれた件で感謝する。

最後に、本書執筆の三年間、忍耐と愛情と助力を捧げてくれた私の家族に感謝する。

訳者あとがき

「アインシュタインは間違っていた」そんな言葉を耳にしたら、大方の物理学者は顔をしかめるに違いない。決して盲目的に相対論を信じているからではない。一世紀にわたって繰り返されてきた綿密な検証を、ことごとくパスしてきたからだ。そんな大成功を収めている理論を前提に、物理学者たちはさまざまな研究をおこなっている。もしアインシュタインの理論が間違いだとしたら、自分たちが長年続けてきた研究がすべて無駄になってしまう。だから、万一、相対論に何か不穏な兆しが現われたとしても、それを何とか取り繕ってダメージを最小限に留める方法を見つけなければならないし、それはきっと見つかるはずだ。決して相対論の根幹が揺らぐはずはない。それが物理学者の一般的な見解だ。

このような態度は、科学者としてとても健全だと言える。科学哲学者のトーマス・クーンは、科学者は保守的でなければならず、既存の学説を最大限守りながらそこに枝葉を生やしていくのが通常の科学の営みだと説いている。そうでないと、雑多な学説が百家争鳴する混沌とした状態に陥って、そこからは何も得られなくなる。そして、科学そのものが立ち行かなくなってしまう。だから、今まで大成功を収めてきた相対論を、最善を尽くして守るのが、物理学者のあるべき姿だろう。

ところがその一方で、未来永劫絶対に正しい科学理論などというものはありえない。どんな理論も決して完全無欠ではなく、いずれは覆されることになる。事実、二〇〇年にわたって不動の地位を占めていたニュートン力学も、実は自然界を近似的にしか表わしておらず、基本理論としての役割はすでにアインシュタインの相対論に譲っている。クーンによれば、保守的に発展してきた科学理論のほころびが広がって、小手先の措置ではもはやどうにもならなくなったとき、それまでとは根本的に異なる新たな理論が登場して、科学は革命的な変化、パラダイムシフトを起こすという。ニュートン理論からアインシュタイン理論への進歩は、そうしたパラダイムシフトの一つだった。

近年になって、アインシュタインの相対論に矛盾するように見える観測データが次々と現われてきた。もしかしたら、アインシュタインの相対論はあくまでも近似的な理論であって、適用範囲をさらに広げると、ニュートン理論がアインシュタイン理論に取って代わられたのと同じように、アインシュタインの理論もさらに別の理論に引導を渡されることになるのかもしれない。そんな理論を提唱している一人が、本書の著者ジョン・W・モファットである。モファットは、アインシュタインの一般相対論に代わるものとして、MOG（修正重力理論）というものを提唱している。この理論によれば、重力は逆二乗則に従わず、ニュートンの重力定数は実は定数ではないという。また、光速は一定でなく、初期宇宙ではきわめて大きかったという。なぜそのような理論を考えなければならないのか？　それはどんな理論か？　そして、どんな宇宙の姿を描き出そうとしているのか？　本書では、歴史をたどりながら、理論の考案者本人の筆で説明していく。

モファットは、一九三二年にコペンハーゲンで生まれた。若い頃は画家を目指していたが、無一文になり、二〇歳頃に、以前から興味のあった数学と物理学を独学で勉強しはじめた。するとみるみるうちに才能を開花させて、相対論に関する独自の研究についてアインシュタインと文通するまでになった。そして、大学も出ていないというのにイギリス・オックスフォードのトリニティーカレッジの博士課程に入学を認められ、一九五八年には博士号を取得してしまった。結局モファットは、カナダのトロント大学で物理学教授となり、現在では、同大学の名誉教授であるとともに、やはりカナダにあるペリメーター理論物理学研究所の研究員として、第一線で研究を続けている。

モファットは決して、単なる思いつきで突拍子もない理論を考え出したのではない。あくまでも、相対論に矛盾するように見える観測データに重きを置いて、それを最もよく説明できそうな理論を構築しようとしているまでだ。もちろん主流の物理学者も、そうしたデータを深刻に受け止めている。そして小手先の措置として、インフレーションやダークマターといった謎の概念を仮定することでそれを説明しようとしている。しかし冷静になって考えてみると、そうした概念は、結局は否定されたかつてのエーテルや、太陽のそばを公転しているとされた惑星ヴァルカンとどこか似ている。そして、いずれは否定され、誤った概念として歴史的興味の対象に成り下がってしまうかもしれない。そんな危うい概念を仮定する代わりに、相対論そのものを新たに作りなおすことで観測データを説明しようというのが、モファットのアプローチだ。新たに作りなおすといっても、決して相対論を根底から破壊し尽くして、まっさらなところから理論を作ろうとしているのではない。相対論の有効な部分はそのまま尊重しながら、どうしても相容れない点だけを作り替えようとしている。その態度は、ニュートンの理論を作り替えて相対論を編み出したアインシュタインに通じるものがある。アインシュタインも、ニュートン理論を完全否定したわけではなく、最小作用の原理など役に立つ部分はそのまま使い、また、重力が弱く速度が遅いという条件下でニュートンの理論と一致することを何より重んじた。当初はアインシュタインの理論をこき下ろす人も少なからずいたが、現在では、アインシュタインを似非科学者呼ばわりする人は一人もいない。だからモファットの理論も、現段階では一部に胡散臭く思われているものの、決して疑似科学だなどと決めつけることはできない。何よりMOGは、宇宙的スケールにおける比較的短距離という限られた範囲では、アインシュタインの理論と完全に一致する。だから、ニュートン理論とアインシュタイン理論との関係のように、アインシュタインの一般相対論をさらに〝一般化〟したものがMOGであるというのが、正しい捉え方だろう。

MOGと同じく光速が変動するという理論は、ポルトガル生まれの物理学者ジョアオ・マゲイジョも提唱している。著書『光速より速い光』で語っているように、マゲイジョはモファットの理論のことを知らずに、独自にそれとほぼ同じ光速変動理論を編み出した。すると、先に理論を展開していたモファットは、マゲイジョの論文に自分の研究が引用されていないことを知って、最初はかなり怒りをあらわにしたという。しかしすぐに、マゲイジョに悪意はなかったと納得して、和解した。そして今では、マゲイジョが相対論の修正理論を説いてくれたおかげで自分の研究も進展したと認めている。まったく別々に二人の物理学者が本質的に同じ理論を導いたというのは、そこに何か真理が隠されている証拠なのかもしれない。

重力理論については何人もの学者がそれぞれ違う理論を提唱していて、モファットと同じく一般向けの本で自らの理論を紹介している人もいる。例えば、リサ・ランドールは五次元理論を、レオナルド・サスキンドはひものランドスケープ理論を、リー・スモーリンはループ量子重力理論を説いている。どの著者の本を読んでも、いかにもその理論が真理に最も近く、完全に証明されるのもそう遠くないという印象を受ける。本書も例外ではない。しかしいずれも現段階では仮説でしかなく、単に、もっともらしい理論候補だとしか言えない。でもだからといって、これらの本や理論に何の価値もないことには決してならない。こういった理論について考察を深め、観測や実験によって検証していくことが、自然界を理解するという物理学の営みに他ならないのだから。モファットの理論も、将来否定されるかもしれないし、あるいは、一般相対論に取って代わってパラダイムシフトを引き起こすかもしれない。どちらに落ち着くか、それは時が経てば明らかとなるだろう。

最後になったが、編集作業を丁寧に進めてくださった早川書房の東方綾氏に感謝申し上げる。

注 釈

はしがき

1．Wali, p. 125 に引用。

第一章

1．Gleick, p. 55 に引用。

2．Christianson, p. 272 に引用。

3．Gleick, p. 134 に引用。

4．Boorstin, p. 407 に引用。

第二章

1．Pais, pp. 14-15 に引用。

2．Poincaré, pp. 94-95。

3．一九〇五年にアインシュタインは、他に三篇の有名な論文を著わした。一九〇五年三月に発表された「光の発生と変換に関する一つの発見的な観点」では、有名な光電効果が説明されている。当時の物理学者は、一般的な黒体放射の理論が高周波における観測結果と一致しないという、〝紫外発散〟の問題に直面していた。黒体とは、あらゆる放射を吸収し、温度にのみ依存するスペクトルでエネルギーを放射する物理系のことだ。この問題は、一八九九年にマックス・プランクが、黒体放射に関する名高い論文によって解決した。プランクは電磁気エネルギーを小さな塊へ量子化し、エネルギーがプランク定数hと電磁気放射の振動数との積に等しいことを示す、有名な方程式を導いた。それ以前は、光は連続波としてのみ存在すると信じられていた。プランク本人でさえ、放射がときに不連続なエネルギー量子という形を取ることを、なかなか受け入れられなかった。しかしアインシュタインはそれが現実だと考え、論文の中で、ある種の金属に光を当てると電子が飛び出してくるという現象を説明した。この光の解釈のしかたは、それまでのデータと一致した。しかし、光電効果が実験的に正確に確認されるには、一九二二年にアメリカ人物理学者トーマス・ミリカンがおこなった実験まで待たなければならなかった。同じ年、アメリカ人物理学者のアーサー・コンプトンは、電子や陽子と衝突する際に光が量子として作用することを証明し、そのデータによってアインシュタインの正しさが最終的に確認された。光の量子は、やがて光子と呼ばれるようになる。ジェームズ・クラーク・マクスウェルは、光が電磁波として存在することを証明していた。しかしアインシュタインは、光が光子からできていることを発見した。これにより、粒子と波動の二重性という考え方が導入された。

一九〇六年一月に発表された論文「分子の大きさの新たな決定」は、一九〇五年四月三〇日に提出されたアインシュタインの博士論文を改作したものだ。博士論文はチューリヒ大学に認められたが、わずか二一ページの長さで、審査委員会にはあまりに短すぎると指摘された。この学位論文と、発表された論文は、流体に浮かんだ粒子の性質について論じている。アインシュタインは、流体中での粒子の運動から、アヴォガドロ定数（6.02×10^{23}　一グラムモルに含まれる原子あるいは分子の個数）と分子の大きさを計算した。この論文は、一九一二年以前に発表された全論文の中で、一九六一年から一九七五年までに最も数多く引用された。

一九〇五年五月に発表された論文「熱の分子運動論により求められる静止液体中に浮遊した微粒子の運動について」は、ブラウン運動に関するアインシュタインの名高い論文だ。花粉の中にある微粒子は、無数の分子の衝突によって水の中でランダムに揺れ動く。アインシュタインは分子運動論と古典熱力学を使って、ブラウン粒子の変位が時間 t の平方根に比例して変化することを示す方程式を導いた。この結果を実験的に証明したのはフランス人物理学者のジャン・ペランで、それにより原子の存在が決定的に証明された。ペランはこの研究により、一九二六年にノーベル物理学賞を受賞している。

4. E. Mach, *Die Mechanik in ihrer Entwicklung* より。Weinberg, *Gravitation and Cosmology*, p.16 に引用。

5. ニュートンはまた、物質が存在しない空っぽの空間の中でも、二個の石をロープでつないでロープの真ん中を中心に回転させれば、石が外向きの力を生み出してロープを引っ張ると論じた。そしてやはり、空っぽの宇宙では、回転を測る基準となるのは絶対空間しかないと気づいた。アインシュタインも一般相対論を構築する最初の頃には、空っぽの空間には重力は存在しないので、極限の場合として特殊相対論が有効となり、どの観測者も石の系が回転、つまり加速していると見ると考えていた。マッハでなくニュートンの側についた主張だ。

6. 計量テンソルの概念は、一八二四年、非ユークリッド幾何学を初めて導入したフリードリッヒ・ガウスによって編み出された。

ガウスが提唱した計量空間では、十分に小さな領域において、互いに無限に接近した $[x_1, x_2]$ と $[x_1+dx_1, x_2+dx_2]$ がピタゴラスの法則 $ds_2^2=dx_1^2+dx_2^2$ を満たすような、局所ユークリッド座標系を見つけられる。空間がユークリッド的でない場合、つまり球のような表面に対応していて、二本の直線を無限に伸ばしていくと平行にはなりえず交差してしまうような空間の場合、ユークリッド＝ピタゴラスの法則は別の法則と置き換える必要がある。ds^2の式としては、二点間の距離の非ユークリッド計量に対応した係数を含むものでなければならない。その係数は計量テンソルにより記述される。

7. 専門的に言うと、アインシュタインが導かなければならなかった一連の方程式は、ポアソン方程式と呼ばれるものを一般化したものだった。一八一三年に有名なフランス人数学者シメオン＝ドニ・ポアソンが導いたこの方程式は、スカラーポテンシャルに対する二次微分方程式で、その右辺には、ニュートンの重力定数と物質の密度との積が入る。アインシュタインは、弱い重力場の中でゆっくり運動する物体の場合に、ニュートンの重力法則を支配するポアソン方程式へと還元されるような式を編み出さなければならなかった。そこで、考案者のグレゴリオ・リッチ＝クルバストロにちなんでリッチ・テンソルと呼ばれている、リーマンの曲率テンソルを縮約したものを左辺に持ち、一方で右辺には、ニュートンの重力定数を光速の四乗で割り、それにエネルギー運動量テンソルを掛けたものを持つ方程式を考え出した。方程式がこのような形をしているおかげで、アインシュタインの一般共変原理、つまり、ある基準座標系から別の基準座標系に変換しても物理法則が変わらないことが保証される。

8. 計量テンソルとリッチ曲率テンソル縮約表現を特定の形で組み合わせると、重力理論の一般共変テンソル方程式に応じて、すべて等しく条件を満たす四つの方程式が導かれるが、そのことに当時のアインシュタインは気づいていなかった。これらの方程式はのちにイタリア人数学者ルイジ・ビアンキによって発見され、ビアンキ恒等式と呼ばれている。アインシュタインが一九一三年に発表した重力場方程式がエネルギー保存則を破っていたのは、基本的にこの四つの恒等式が分かっていなかったためだ。理論が一般共変性を持つために、対称計量テンソルの一〇成分のうち四つには任意性があって、六つの場の方程式からは六つの成分しか決まらず、残りはビアンキの恒等式を使わないと定まらない。

9. Pais, p. 253 に引用。

10. ヒルベルトは、一般座標変換のもとでハミルトン関数が不変であるという事実を使い、アインシュタインの場の方程式における左辺として、リッチ・テンソルを縮約して得られるスカラー曲率テンソルと計量テンソルとの積を含むような正しい形を導いた。この左辺と等号で結びつけられるのは、ニュートンの重力定数割る光速の四乗掛けるエネルギー運動量テンソルとした。この方程式は一〇個の非線形偏微分方程式からなっており、エネルギーと運動量の保存則を正しく導いてくれる。

11. *The Times* (London)、Isaacson, p. 261 に引用。

12. Clark, p. 287 に引用。

第三章

1. ホイルの宇宙解は、アインシュタインの一般相対性理論からすぐ後の一九一七年に発表されたド・ジッターの〝空っぽの宇宙〟解と同じものだった。ここでは、ハッブル定数Hは真の自然定数とされた。また、宇宙の圧力と物質密度も、時間に対して一定であると仮定された。圧力が一定であれば、エネルギー保存則を満たすには、負の値である圧力割るc^2が密度と完全に等しくなければならないため、ホイルはアインシュタインの場の方程式を修正する必要があることに気づいた。そうして、アインシュタインの場の方程式の右辺にある物質のエネルギー運動量テンソルに、ホイルのC場を導入することとなった。

2. 一九五二年に天体物理学者のエドウィン・サルピーターが、二段階プロセスを提唱した。まず、二個のα粒子（ヘリウム原子核）が核融合して短寿命のベリリウム8が生成する。その短い寿命の間に三つめのα粒子がベリリウム8に衝突すると、炭素12の原子核（陽子六個と中性子六個）が生成する可能性がわずかながらある。しかしここで、新たな問題が浮かび上がってきた。ベリリウム8とα粒子から炭素12の原子核が生成するには、二つの構成要素を合わせた質量＝エネルギーが炭素12のエネルギー状態にきわめて近く、似たような質量＝エネルギーを持っていなければならない。実際には、高温の恒星中で二つのエネルギー状態を橋渡しするだけのエネルギーが必要なので、二つを合わせた質量＝エネルギーは炭素12の状態の質量＝エネルギーを上回ってはならず、わずかに小さくなければならない。ベリリウム8とα粒子の系からなる炭素12のこのような状態は、〝共鳴〟と呼ばれる。この共鳴状態が形成されれば、エネルギーが最も低い基底状態の炭素12へと崩壊して、安定な炭素原子核が生成できる。

3．この二段階プロセスで七六〇万電子ボルトの共鳴状態が生成するのは、驚くべき偶然である。この状態の質量＝エネルギーはベリリウム8とα粒子を合わせた質量より大きいため、共鳴状態はベリリウム8とα粒子へ崩壊する。しかし一万回のうち四回はガンマ線が放出され、励起された炭素12原子核が安定な基底状態へと至る。このプロセスは稀にしか起こらないが、この結果によって、重い恒星では〝炭素サイクル〟がエネルギー生産において最も重要な役割を果たしていることが示された。

第四章

1．脱出速度の概念は、地球に即して考えると最も理解しやすい。地表から速さvで石を投げると、ある一定の高さに到達したところで運動エネルギーが地球の重力に打ち勝てなくなり、石は地上へ落ちてくる。一方、技術者がロケットを組み立てて、地球を回る軌道に投入したり、あるいは地球の近くから完全に離脱させたりするには、ロケットの運動エネルギーが地球の重力ポテンシャルエネルギーより大きくなるようにしなければならない。ロケットが地球の重力に完全に打ち勝つときの速さが、脱出速度となる。重力を及ぼす天体の質量Mが大きくなるほど、また天体の半径が小さくなるほど、試験物体の脱出速度は大きくなる。天体の重力が大きくなりすぎると脱出速度は光速を上回り、ブラックホールとなる。

第五章

1. しかし、もしきわめて短距離の量子重力効果、あるいは、宇宙の加速膨張の原因だとされているダークエネルギーのような、風変わりな物質かエネルギーがもたらす何らかの強い反重力が、崩壊しつつある星の中心に存在しているとしたら、特異点の破壊的なパワーを抑え込むことができる。

2. 銀河中心に存在する超重天体がブラックホールであるという主張に異議を唱える物理学者は、その重いコンパクト星が表面を持ち、熱を発しているとするモデルを発表している。一般相対論では、ブラックホールには表面はないと予測されている。最近、ハーヴァード・スミソニアン天体物理学研究所のエイヴリー・ブロデリックとラメシュ・ナラヤンが、現在の観測結果は、表面を持つ超重コンパクト天体でなく事象の地平面に当てはまると主張する論文を発表した。このコンパクト天体の光度は毎秒10^{36}エルグと観測されていて、そこから考えると、この天体を取り囲むガスへの物質の降着速度は、黒体放射を発する恒星状の表面において予想される値の一〇〇倍ということになる。いくつかのモデルによれば、ブラックホールの事象の地平面なら、観測されているコンパクト天体の光度と一致するだけの熱を放射できるという。しかしこれらの計算は、超重コンパクト天体の天体物理学的性質に関する、いくつかの重要な仮定に基づいている。例えば、物質の降着に対して表面が安定状態にあるため、表面は純粋な黒体のように熱を放射しており、また表面より外側の重力を一般相対論によって記述できると仮定されている。このような超重コンパクト天体の場合、こうした仮定はかなり疑わしいかもしれない。ブラックホールの場合、降着物質の結合エネルギーは、ブラックホールの質量を増大させる。したがってブラックホールは、安定になりえない降着コンパクト天体の代表例ということになる。さらに、このような超重コンパクト天体の表面は極端な物理的性質を持ち、純粋な黒体放射とは違う形の放射が生じると考えられるので、黒体放射の仮定も疑わしい。だがブロデリックとナラヤンは、放射された光が重い天体の極端な重力レンズ効果によって天体に逆戻りし、黒体の〝影〟ができていると主張している。のちほど述べるように、修正重力理論（ＭＯＧ）では、コンパクト天体の周囲に一般相対論のシュヴァルツシルト解では記述できない重力場が生じ、事象の地平面や中心の真性特異点を持たないようになる。

第六章

1．一九九三年に発表した論文で私は、真空中で一定の値を取りつづけるベクトル場を持つ、ヒッグス機構と呼ばれるものをつけ加えた。

2．一九九二年に書き、一九九三年に〈ファウンデーションズ・オヴ・フィジックス〉誌で発表した関連論文では、重力理論と量子力学を統一しようとするときに邪魔をする、一般相対論における時間の問題に対する解決法も提唱した。特殊相対論が自発的に破れる10^{-43}秒というプランク時間に近い間は、時間座標がニュートンの絶対時間のようになり、量子波動関数のシュレーディンガー方程式を使って量子力学を記述する上で必要となる外部的な絶対時間が得られる。さらに、なぜ時間の進む方向は宇宙の膨張と一致しているのかという、古くからの時間の矢の問題も解決してくれる。この問題では、エントロピーが熱力学の第二法則に従って必ず増大する理由も説明しなければならない。

3．現時点で観測により検証できる予測としては、銀河の種となった宇宙背景放射の中の量子ゆらぎが示すスケール不変性しかない。重力波のゆらぎと物質のスカラーモードのゆらぎとの比が、インフレーション理論とＶＳＬ理論の運命を決する。重力波は観測できないので、この効果を直接測定するのは難しいが、将来の衛星観測により重力波の偏光が間接的に測定されれば、重要な検証法になるだろう。

第七章

1．Mather and Boslough, p. 252 に引用。

2．パワースペクトルのフーリエ解析は通常、箱形の物体の上でおこなわれるが、ＣＭＢに見られるパワースペクトルは球面上で解析されるため、球面上にサイン波がいくつあるかを知るには球面調和関数の方法を使う必要がある。この方法の名前の由来となった、一九世紀前半の有名なフランス人数学者ジャン・バプティスト・ジョゼフ・フーリエは、フーリエ級数の研究の口火を切り、それを熱の流れや音波の問題に応用したことで最もよく知られている。バイオリンの音波をフーリエ解析すると、空洞の形が分かる。同様にCMBをフーリエ解析すれば、初期宇宙のおおよその形が分かる。

3．WMAPのデータが示しているように宇宙は空間的に平坦であるため、宇宙の密度は臨界密度に等しいことが分かる。臨界密度とは、宇宙が三次元的に閉じているか、平坦か、開いているかを分ける閾値（いき）である。宇宙は空間的に平坦だと観測されているが、目に見えるバリオンの密度は、物質とエネルギーの全密度が臨界密度と等しくなるのに必要な値の四パーセントにすぎない。さらに、恒星に含まれている物質は約〇・五パーセントでしかない。したがって、標準モデルによれば、宇宙の物質とエネルギーのうち約九六パーセントが行方不明ということになる。

フリードマンの宇宙方程式を使うと、Ω_mと表わされる量を決定できる。この量は、宇宙の物質とエネルギーの全成分との和を臨界密度で割った値である。Ω_mは、宇宙の幾何構造を決定する。Ω_mが一より大きければ、宇宙は空間的に閉じていて、広がりは有限ということになる。Ω_mが一であれば、宇宙の空間曲率はゼロとなり、宇宙は〝平坦〟だと表現される。Ω_mが一より小さいと、宇宙は空間的に開いている。これらはそれぞれ、曲率定数の値kがゼロより大きい、ゼロに等しい、ゼロより小さい場合に対応する。WMAPのデータから宇宙は誤差五パーセント以内で空間的に平坦だと分かっているので、曲率定数kも観測誤差範囲内でゼロだと分かる。したがって、Ω_mは一だといえる。ところが、WMAPの観測や核合成の計算から、宇宙に存在する目に見えるバリオン物質のΩ_mは〇・〇四、すなわち、フリードマン方程式や観測結果と一致させるのに必要な物質とエネルギーの総量の四パーセントにしかならないことが分かっている。つまり、繰り返しになるが、宇宙が空間的に平坦になるための物質とエネルギーのうち、九六パーセントが行方不明である。

フリードマン方程式からはΩと表わされるもう一つの宇宙論的パラメータが導かれ、これは、Ω_m、Ω_c、Ω_Λの和に対応する。Ω_cは空間的曲率の寄与の割合、Ω_Λは宇宙定数Λで示されるダークエネルギーの寄与を表わす。フリードマン方程式から、この和は一に等しいことが分かる。ＣＭＢのデータからΩ_cはゼロに近く、またΩ_mは約三〇パーセントであることが分かっているので、Ωを一にするには、未発見の物質＝エネルギー成分Ω_Λが約七〇パーセントでなければならないという結論に達する。したがって、ＣＭＢの観測結果に基づけば、宇宙の物質＝エネルギーにダークエネルギーの寄与を含めなければならないことになり、宇宙が加速膨張していることを示す超新星の観測結果と一致する。標準的な宇宙論モデルを支持している人たちは、ＣＭＢのデータと超新星のデータを組み合わせて導かれるこの結果が、宇宙の加速膨張を確実に裏づけていると主張している。

4．ＶＳＬに関する私のオリジナルの論文では、特殊相対論の対称性を自発的に破る場あるいは粒子の量子ゆらぎに基づいて、スケール不変なスペクトルを導いた。その計算ではインフレーションモデルと似たアプローチを取ったが、時空のインフレーションは起こらないようにした。この計算で重要な点は、最初の量子ゆらぎが観測可能な地平面を越えて広がり、地平面より広い部分で凍結することで、スケール不変なゆらぎが悪さをして最終的にスケール不変性を破ることがないようにした点だ。また、宇宙の膨張とともに、この凍結したゆらぎの痕跡が観測可能な宇宙の範囲に再び入ってくるようにした。光速の相転移により、地平面の大きさがインフレーション理論における値と短時間でおおよそ一致し、そのためゆらぎが宇宙の地平面を越えて広がることができる。そしてこの地平面を越えたゆらぎは、ＶＳＬ理論における超光速によって因果的に結びついている。

5．ビッグバンの一秒後から一分後までに、宇宙の温度は、核合成が可能な一〇〇万電子ボルト相当にまで下がった。このエネルギーは核物理学実験室で再現でき、物理学者は軽元素の核合成が実際どのように起こったかを調べることができる。まず、陽子と中性子が結合して重水素の原子核が生成し、それに伴って高エネルギーの光子が放射される。重水素が生成すると、二個の重水素原子核が融合して、二個の陽子と一個の中性子からなるヘリウム3と、一個の中性子が生じる。ビッグバンの核合成プロセスの間には、水素とヘリウムが大量に生成した。ヘリウムはおもにヘリウム4（陽子二個と中性子二個）からなっていたが、その他に、重水素、三重水素（陽子一個と中性子二個）、ヘリウム3も生成した。原子量の測定によれば、宇宙に存在する原子核のおよそ四分の一がヘリウム4で、残りはほとんど水素が占めている。重水素、三重水素、ヘリウム3、リチウム6、リチウム7の原子核は、それらよりはるかに少ないが測定可能な量は生成したはずだ。一九六四年にフレッド・ホイルが、きわめて初期の宇宙における核合成で軽元素がどれだけ生成したかを初めて計算した。皮肉なことに、定常状態男の一人が、ビッグバン宇宙論を支持する計算をおこなったことになる。続いてロバート・ワゴナー、ウィリアム・ファウラー、ホイルが、軽元素の生成に関するもっと完全な計算をおこなった。また、恒星内で重元素がどのように生成したかも計算した。一九七〇年代にワゴナーは、核合成の計算を最も正確におこなえるコンピュータプログラムを開発し、それは今日でも引用されている。最近では、予測されるリチウム6と7の量が実測値より少ないとして、異論が出ている。核合成に関する最終的な結論はまだ出ていない。

6．状態方程式の測定より、真空の圧力と密度との比は数パーセント以内の誤差でマイナス1であることが示されている。

第八章

1．ニュートンの重力定数Gの次元は、エネルギーの二乗の逆数で表わすこともできる。この次元で表わしたGと、プランクエネルギーに相当するエネルギーの二乗を掛け合わせると、1のオーダーの値が得られ、重力はプランクエネルギーにおいて顕著な力となることが分かる。

2. 強い力のひも理論が失敗した原因の一つとして、点状の光子や電子がハドロンのひもと相互作用すると、電磁気力や重力のように長距離の力が生じてしまうことがあった。光子や電子は大きさを持たず、無限に小さくておもちゃのコマのようには回転できない。したがって、ひも理論で核力を記述するには、電子、光子、重力子もひもにする必要があった。

3. ひも理論で初めの頃から問題になっていたのが、〝モジュライ問題〟だ。モジュライとはスカラー場（スピンゼロの粒子）の一種で、とてつもなく数が多く、その形によって、一一次元のひも理論やブレーン理論がどのように四次元時空にコンパクト化されるか――余った衣服を現実という小さなスーツケースにどのようにして押し込むか――が決まる。コンパクト化することで、素粒子物理学において大成功を収めている標準モデルを記述するような、低エネルギーの理論が見つからなければならない。また、一〇次元のひも理論をコンパクト化することによって、真空状態として、粒子の標準モデルにおける最低エネルギーの基底状態が導かれなければならない。

　スタンフォード大学のシャミット・カチュール、レナタ・カロッシュ、アンドレイ・リンデ、サンディプ・トリヴェディによる高次元理論のコンパクト化の詳細な研究は、〝ＫＫＬＴ〟によるひも理論のランドスケープの山や谷の記述として知られるようになり、その主論文が二〇〇三年に〈フィジカル・レヴュー〉誌で発表された。ＫＫＬＴの研究によって、以下の二つの問題点が明らかとなった。①真空状態はすべて準安定で、いずれも短時間しか安定でなく、その時間は宇宙の年齢に応じて微調節されていなければならない。②真空状態を示すひも理論の解の数はやはり膨大で、おそらく無限大に達する。可能な解の個数は、10^{500}プラスマイナス数兆と示されている。もう一つの問題として、ＫＫＬＴの研究では、宇宙論的観測と一致する大きさの宇宙定数が導かれていないように思われる。レオナルド・サスキンドはＫＫＬＴの解釈を、〝ループ・ゴールドバーグ的仕掛け〟と呼んで揶揄している。

4. 多宇宙というこの新たな考え方は、一九五〇年代半ばにヒュー・エヴェレット三世が提唱したかつての平行宇宙仮説を思い起こさせる。エヴェレットは量子力学に対するこの解釈を、〝多世界〟解釈と呼んだ。目的は、量子力学の確率論的性質を説明することだった。エヴェレットの考え方によれば、粒子の位置や運動量など確率の測定がおこなわれるたびに、可能性のある結果がそれぞれ新しい宇宙において実現する。つまり、その粒子が存在する宇宙の量子力学的状態は、宇宙という分厚い百科事典のページのようなものだ。それぞれのページに、粒子の可能な歴史のうちの一つが記されている。粒子の位置や運動量を測定すると、この多世界という百科事典の膨大なページの中から、一ページだけが選び出される。量子力学は決定論的でなく確率論的なので、必然的に多歴史解釈が導かれる。量子力学に対するこの現代的な解釈は、ジョン・ウィーラー、リチャード・ファインマン、マレー・ゲルマン、ブランドン・カーター、ジェームズ・ハートルといった物理学者に支持されてきた。

物理学者の中には、エヴェレットの多世界解釈を多宇宙の考え方へ拡張している人もいる。しかしエヴェレットの多世界解釈の場合と同じく、われわれはこの宇宙——ただ一つの宇宙——しか観測できないという事実に直面し、哲学的な泥沼にはまってしまう。多宇宙に関連した手法として、量子力学の〝経路積分表現〟と呼ばれるものがある。これは、一九四八年にリチャード・ファインマンが編み出したもので、その概略の一部は、指導教官のジョン・ウィーラーとともに博士論文の中で導き出した。この経路積分表現によって繰り込み理論を含む場の量子論が統合され、場の量子論と統計力学の計算において有限の値が導かれるようになることが、一九七〇年代までに明らかとなった。ファインマンがこの表現を編み出すきっかけとなったのは、ポール・ディラックが考え出した、オイラー＝ラグランジュ方程式に基づく古典的な作用原理を量子力学的に焼きなおすというアイデアだった。これは、一個の粒子が時間 t_0 から t_1 のうちに点Aから点Bへ至るときにたどる、すべての可能な経路を足し合わせることで、量子振幅が導かれるというアイデアだ。ファインマンは次のような原理を提唱した。

・量子力学においてある事象が起こる確率は、複素数である振幅の二乗で与えられる。
・ある事象の量子振幅は、その事象を導くすべての過程を足し合わせることで与えられる。
・過程の総和で与えられる振幅は、マイナス1の平方根掛ける作用S割るプランク定数hの指数関数に比例する。ここで作用Sは、量子力学におけるラグランジアンの時間積分である。

ファインマンによる量子力学の表現は、目的論的な性質を持っている。初期条件と最終条件の組み合わせから出発し、その後に、粒子が取りうるすべての可能な経路の中から実際の経路を見つける。ある物理過程に関する経路積分確率を計算したとき、粒子はその経路がどこへつながっているのか知らないが、観測可能量の測定によって、最終的にはなぜか一つの経路を選ぶ。専門的に言うと、経路積分によって物理過程の確率振幅が決まり、作用における停留点によって、相空間における近傍として、最終結果に大きな確率をもたらすような量子力学的干渉を示すものが定まる。

ファインマンの経路積分表現は、量子力学の多世界解釈と深いレベルで関連していて、粒子が二点間を移動する際の可能な経路はすべて平行宇宙で実現し、それらは出発点で分岐して、その粒子が取るそれぞれの経路に対応した可能な宇宙の総和を含んでいると解釈できる。この場合も、量子力学から現実の多宇宙像が導かれる。しかし量子力学に対するこの解釈も、奇妙な確率論的性質を持っているため、外部の観測者の装置を使った測定により波動関数が崩壊して結果が定まるという、従来のコペンハーゲン解釈と、実験によって区別することはできない。

5．ウィルソンループを使うことで、マクスウェルの電磁気理論や素粒子物理学の標準モデルなどのゲージ理論を記述できる。ウィルソンループは、ゲージ不変の観測可能量として、ある与えられたループ周りのゲージ接続のホロノミーから導かれる。微分幾何における滑らかな多様体上の接続のホロノミーは、閉じたループ周りの平行移動によって、移動される幾何データがどの程度保存されないかを指す指標として定義される。湾曲した接続において、ホロノミーは、自明でない局所的および大域的な特徴を持つ。

ウィルソンループは、原子核を一つにまとめる強い力とクォークに基づく理論である、量子色力学（QCD）の非摂動的な定式化のために導入された。陽子や中性子など基本的なハドロンの内部にクォークが閉じ込められているのはなぜかという問題が、ウィルソンループの導入によって解決されると思われた。しかしこの閉じ込め問題は、今日でも未解決のままだ。興味深いことに、強く結合した場の量子論における非摂動素励起はループになり、この事実からプリンストン大学のアレキサンダー・ポリヤコフは、時空の中で量子素ループが伝播するという、初めてのひも理論を導いた。ループ量子重力理論では、アブヘイ・アシュテカー、カルロ・ロヴェッリ、リー・スモーリンが発表した幾何ゲージ場に即して、一般相対論の表現のゲージ接続から、ウィルソンループが構成される。

6．量子色力学によれば、クォークは通常の電荷に加えて〝色荷〟を持つ。これは核子の内部にクォークを閉じ込める結合強度に相当し、このためにクォークは観測できない。

7．非可換量子重力理論の探索を率いているのが、フランス人数理物理学者のアラン・コンヌだ。時空が量子力学的な非可換構造として記述されるという可能性は、一九三〇年代後半に、カリフォルニア大学バークレー校でロバート・オッペンハイマーの学生だったハーラン・スナイダーによって初めて調べられた。スナイダーとオッペンハイマーは、アインシュタインの一般相対論における、恒星からブラックホールへの重力崩壊の解を初めて発表した。

8．私は二〇〇〇年に〈フィジクス・レターズB〉誌で発表した論文の中で、アインシュタインの重力理論に非可換の考え方を当てはめると、計量テンソルが複素量となって、実数と、マイナス一の平方根を含む虚数の両方を使って記述しなければならなくなることを示した。計量テンソルの複素数的性質は、四脚場のモヤルスター積から生じる――四つのベクトル量の積が時空の計量を表わす。標準的な一般相対論から大きく逸脱するもので、幾何構造を大きく修正する必要があるが、その方法は今のところ完全には分かっていない。私は、一九五〇年代、トリニティーカレッジの学生時代に〈プロシーディングズ・オヴ・ザ・ケンブリッジ・フィロソフィカル・ソサエティー〉誌に発表した初めての論文で、複素対称リーマン幾何を定式化し、次の論文では、アインシュタインの一般相対論を複素対称リーマン微分幾何へ一般化した。この複素幾何が、非可換時空量子重力理論の基礎となるかもしれない。

さらに、〈フィジクス・レターズB〉誌で発表したのちの論文で示したように、複素計量と時空に基づいて重力を導くことによる困難を無視し、非可換量子重力に標準的な摂動計算手法を使うと、現在の場の量子論できわめて成功している方法を量子重力計算に使った場合に生じるのと同じような無限大が導かれてしまう。この結果から、非可換時空を使って量子重力に迫る方法には重大な欠点があることが分かった。

一九九〇年、トロント大学の教授だった私は、別の方法で量子重力の舞台へ足を踏み入れた。そして〈フィジカル・レヴューD〉誌に発表した論文で、場の量子論を修正して非局所的な場の量子論を導くべきだと提唱した。現代の標準的な場の量子論では、基本的な原理の一つとして、短距離における量子場の測定は因果性を満たし、時空におけるある事象の結果は時間的に原因の後に起こるとされている。空間内のある一点における量子場の測定は、別の点における測定に局所的にしか影響を及ぼさず、局所的な測定から遠く離れた点における場の測定は、局所的な物理には影響を及ぼさない。場の測定の非局所性というのは、もちろんそれとは逆に、空間内で離れた点における測定が、測定装置の局所的近傍における測定に因果的に影響を及ぼすという意味になる。素粒子物理学における短距離――10^{-14}センチメートル未満のスケール――で因果性が成り立つという物理的条件を放棄すれば、標準的な場の量子論と量子重力にしつこく現われる無限大を持たないような、場の量子論が手に入るかもしれない。

私は論文の中で、場の量子論の一貫性に欠かせない基本的なゲージ対称性を保ちながら、負のエネルギーという〝幽霊〟を閉め出す方法を提唱した。さらにそれによって、素粒子どうしの散乱を表わす量子散乱振幅がユニタリー性を持つという原理を守り、物理学に不可欠な、確率がつねに正になるという条件を保つこともできた。そうして私は、量子重力理論でもある、有限で首尾一貫した非局所的な場の量子論を作るための、一般的な方法を編み出した。当時は量子重力理論の基礎としてアインシュタインの重力理論しか使わなかったが、もし将来の実験によってアインシュタインの重力理論をMOGに置き換える必要が出てきたら、同様にMOGを使えるとも示唆した。一九九一年には、リチャード・ウッダード、ダン・エヴァンズ、ゲイリー・クレップとともに、より詳細な場の量子論を〈フィジカル・レヴューD〉誌で発表した。ここでは、量子色力学における非局所的な場の量子論の表現が一貫性を持っていることを、詳しく証明した。非局所的な場の量子論をさらに発展させた論文は、私と共同研究者たち、およびクレップとウッダードによって発表されている。

標準的な量子力学には、すでに非局所性の考え方が組み込まれている。アイルランド人物理学者のジョン・ベルが、非局所性の正しさを証明した。ベルの有名な定理は、量子力学におけるランダムな確率の概念から導かれ、実験によってその正しさが確認されている。量子力学における非局所的現象は、互いに遠く離れた光子の〝量子もつれ〟によって劇的な形で明らかになる。量子力学の非局所性と、非局所的な場の量子論や量子重力との関係は、まだよく分かっていない。

有限な量子重力理論を導くためのこの方法の利点は、有限の計算結果を導きながらも、局所ローレンツ不変性や一般共変性といった重力理論の基本的対称性が守られ、しかも超ひも理論のような一〇次元でなく四次元時空で定式化できることだ。超ひも理論やブレーン理論と違い、一貫した量子重力理論を導くために一〇次元を持ち出す必要はない。また計算は、ひも理論のランドスケープのように10^{500}個の真空状態に対してでなく、素粒子物理学の標準モデルと同じく一つの真空状態に対しておこなえばいい。

ひもの場の理論は元から非局所的な理論なので、有限な量子重力理論を定式化するというひも理論の目標は、すでに非局所的な量子重力理論に含まれている。しかし、平坦なミンコフスキー背景時空のような固定された幾何の上で量子振幅の計算をおこなうという特徴は、ひもの場の理論と共通している。この点をループ量子重力理論の支持者は、量子重力理論は背景時空から独立していなければならないとして批判している。確かに量子重力理論としては、背景時空から独立していることが望ましいだろうが、実用的な観点から見て、首尾一貫した有限な量子重力理論が背景時空に依存しているかどうかによって、そこから導かれる結果が大きく変わってくるとは思わない。四次元時空における非局所的な量子重力理論として、背景時空から独立したものを作れる可能性はあるが、まだ誰も成功してはいない。

私たちが非局所的な場の理論と量子重力理論を発表した当時、M理論の発見に伴ういわゆるひも理論の第二の革命によって、ひも理論に対する関心が再び盛り上がっていた。私たちは一九九一年の論文の序論で、ひも理論を穏やかに批判したため、ひも理論家たちには評判が悪かった。現代物理学の大部分は社会やマスコミの力によって動いているため、このテーマに関する私たちの論文は、思っていたような関心を集めなかった。

第九章

1．重力の弱さを理解しようというもっと最近の試みとして、ひもやブレーンの高次元理論によれば、重力は二枚の三次元ブレーンに挟まれた五次元〝バルク〟の中に存在しているという。そのような理論を提唱している人の中でも有名なのが、ハーヴァード大学のリサ・ランドールとジョンズ・ホプキンス大学のラマン・サンドラムだ。現代のひも理論は、修正重力理論の一種でもある。しかし、その九つの空間次元と一つの時間次元のうち六つの次元をコンパクト化しても、四次元における純粋なアインシュタイン重力理論には還元されず、可能なスカラー場を数多く持つジョルダン＝ブランズ＝ディッケ型の修正重力理論へと還元される。そのスカラー場は〝モジュラー場〟といい、ひも理論の一〇次元を四次元へ還元する際に重要な役割を果たす。

2．この理論には四次微分方程式が含まれていて、そのために不安定性問題が生じ、また場の方程式が共形的な性質を持っているため、物質の質量が実質的にゼロになってしまう。光子が質量を持たないことは分かっているので、物理的に共形不変で、空間内の方向でなく角度が保存されるマクスウェルの電磁気理論では、この点は問題にならない。この重力場方程式は物質成分を持っていて、それが別の物体に重力を及ぼす、つまり時空の幾何を歪める。アインシュタインの重力理論は共形不変でなく、エネルギー運動量テンソルのトレースがゼロでないが、一方、光子は質量ゼロなので、マクスウェル理論におけるエネルギー運動量テンソルのトレースはゼロになる。マンハイムはこの問題を克服するために、自らの理論の共形不変性を破ることで、観測されている宇宙の物質密度を生じさせることを提唱した。最近マンハイムは、セントルイスにあるワシントン大学のカール・ベンダーと共同で、自らの共形重力理論の不安定性を回避する方法を編み出した。

第一〇章

1．私は手始めとして、リーマン幾何のＮＧＴ部分における弱い場の近似方程式を作った。この場の方程式は、一般座標変換のもとで共変だった。そして、アインシュタインの重力理論の修正理論として、反対称二次テンソル場によって記述される新たな自由度を持つものを発見した。この二次テンソルに〝回転〟の数学演算を施すと、三次の反対称場の強度が導かれる。このテンソル場理論として重力場を含まないものは、一九七四年にピエール・ラモンと学生のミシェル・カルブが〈フィジカル・レヴュー〉誌に発表している。私の新たな重力理論はＮＧＴより明らかに単純な数学構造を持っていて、カルブ＝ラモン場がゼロになればアインシュタインの一般相対論へと還元される。そのため、この理論による予測はすべて、アインシュタインの重力理論における実験データと一致する。この理論はアインシュタインの対称計量と反対称（ねじれ対称）場に基づいているため、計量＝ねじれ＝テンソル重力理論（MSTG）と名づけた。

2．私はまた、古典的な作用原理として、モーペルテュイ、ラグランジュ、ハミルトンの最小作用の原理に従って、その変分から重力場と新たな場の一連の方程式が導かれるようなものを構築できた。このベクトル・ファイオン場の方程式はマクスウェルの電磁場方程式と似ているが、光子の代わりに質量を持つファイオン粒子が使われる。

3．この加速法則は、試験粒子に対するニュートンの加速法則と、〝湯川ポテンシャル〟に伴う反発加速の追加項との和という形を取っている。湯川ポテンシャルは、一九三〇年代に湯川秀樹が核力を調べる過程で発見した。湯川はこのポテンシャルを使って、メソンという素粒子の存在を予測し、メソンが発見されたのちの一九四九年にノーベル賞を受賞した。STVGでは、ベクトル・ファイオン場の質量が湯川ポテンシャルの式に組み込まれ、ポテンシャルの距離範囲パラメータλを決定する。λが無限大の場合、このポテンシャルはニュートン重力理論の逆二乗則へ還元される。λが有限であれば、重力源からの距離が大きくなるにつれ湯川ポテンシャルは指数関数的にゼロへ近づく。そして重力源からの距離がλよりずっと小さいとき、逆二乗則のポテンシャルへ還元される。

ロバート・サンダースは一九八六年に、重力法則を修正することでダークマターを使わずに銀河の回転曲線を記述しようという初期の試みとして、湯川ポテンシャルとニュートンポテンシャルを組み合わせて用いることを提唱した。その論文は純粋に非相対論的で現象論的な提案に基づいていたが、私の修正ニュートン法則は完全に相対論的な重力理論から導かれた。また、サンダースの修正理論は太陽系の観測結果と一致せず、銀河の回転に関する膨大なデータやX線銀河団のデータも正しく記述できなかった。

4. http://cosmicvariance.com/2006/08/21/dark-matter-exists/

第一二章

1. このような場の方程式を解くには、積分定数を含む微分方程式の解を求めなければならない。それらの積分定数は、銀河の回転曲線の正確なデータを使って決定される。いったんそれが決定されれば、修正ニュートン加速法則と重力レンズ効果や宇宙論に関する相対論的方程式を使って、太陽系から宇宙の地平面に至るまでの観測データをすべて予測できる。こうして私たちは、ＭＯＧが調節可能な自由パラメータを持たないことを見いだした。ＭＯＧは古典的な場の理論として、基本的な作用原理から、その場の方程式の解と観測データへの応用を導ける理論となった。こうしてＭＯＧは、目覚ましい予測能力を持つに至った。

第一三章

1. ＭＯＧを発展させ、アインシュタイン理論＋ダークマターと同じくデータと一致させるには、解決すべき問題が他にもあった。ニュートン定数Gを大きくして四パーセントのバリオン密度を約三〇パーセントにまで高めるところで、ある問題が裏に潜んでいた。高温のバリオン＝光子流体プラズマに含まれるバリオンは、電磁気相互作用によって光子と強く結合している。そのため、光子圧がバリオンに抗力を及ぼし、ＷＭＡＰのデータに見られる音響波を減衰させる効果を及ぼす。一九六〇年代前半にオックスフォードの宇宙論学者ジョーゼフ・シルクによって初めて発見されたこの抗力は、音響パワースペクトルの振動ピークを消し去る可能性がある。しかしＭＯＧでは、脱結合の前に重力定数が大きくなるので、この抗力は小さくなる。その程度は音響波の減衰を弱めるのに十分で、そのためＭＯＧは音響パワースペクトルの三番目のピークとも一致する。ダークマターを含む標準モデルでは、ダークマターが光子やバリオンと結合しないため、シルク減衰は問題にならない。

2．私たちがMOGを応用した際には、宇宙論的な大きな距離で生じる弱い重力場で作用するようにして、場の方程式を単純化した。そこでは、変動するGと、ファイオン場による短距離の反発的な第五の力を含む、MOGの加速法則を使った。ある質量を持ち重力を及ぼす天体から大きな距離離れた場所では、この弱い重力の修正理論はニュートンの重力理論に行き着くが、重力定数が違っている。一様で等方的なFLRW宇宙では、ニュートンの重力理論が距離に応じて修正を受けることはない。しかしMOGでは、重力定数はニュートンの定数と食い違い、前に述べた、地球上の観測者からきわめて大きな距離で測定される定数となる。一様で等方的なきわめて初期の宇宙から、恒星や銀河が形成されて一様でなくなった最近の宇宙へと変わると、変動するGは距離に依存するようになる。このことから、CMBのデータにおける最終散乱面に見られるゆらぎが成長し、第七章で論じた物質パワースペクトルのゆらぎが大きくなると予測される。

3．実際に標準モデルを使って物質パワースペクトルを計算するには、〝伝達関数〟と呼ばれるものを使う必要がある。この関数は、一九九八年にウェイン・フーとダニエル・アイゼンシュタインが〈フィジカル・レヴュー〉誌で初めて発表した。これは二つの部分からなっている。バリオンによる部分と、冷たいダークマターによる部分だ。この伝達関数を二乗すると、波数kの関数としてパワースペクトルが得られる。実はこの伝達関数のバリオン部分は、ドイツ人数理物理学者のフリードリッヒ・ベッセルが一八一七年に発見したベッセル関数に比例する。この関数はサイン波のように振動する。一方、伝達関数のうち冷たいダークマターによる第二の部分は、どんな振動関数にも比例せず、パワースペクトルに滑らかな寄与をもたらす。アインシュタインの重力理論とニュートンの重力定数だけを使うと、伝達関数のうち冷たいダークマターの部分が物質パワースペクトルにおいて支配的になり、ラムダCDMの滑らかな曲線をデータと一致させることになる。それに対してMOGでは、ベッセル伝達関数が振動していることにより、振動する曲線を物質パワースペクトルと一致せさせることになる（それには、パワースペクトルの計算誤差と観測誤差の大きさを考慮するために、計算にウインドウ関数を使う必要がある）。ここに、純粋にバリオン物質に基づいた修正重力理論と、冷たいダークマターに基づいたラムダCDMモデルとの違いがある。

第一四章

1．A. Einstein, "Autobiographical Notes," in Schilpp, p. 95.

第一五章

1．宇宙論学者のジョージ・エリスが一九八〇年代半ば、アインシュタインの場の方程式に対する非一様解を調べたときに提唱したように、宇宙の物質密度と曲率の空間平均を取る必要がある。平均を取る際には、アインシュタインの場の方程式が非線形であるため、ある物理量（例えば宇宙の膨張）の平均値の変化率がその物理量の変化率の平均値と等しくないことを考慮しなければならない。正しく平均を取れば、密度や圧力が正の場合には宇宙は局所的に加速膨張できないとする、レイチョードリ方程式のノーゴー定理を回避できる。

2．Krauss, p. 8に引用。

第一六章

1．"Un Ora," *Acta Apostolicae Sedes—Commentarium Officiale*, 44 (1952): 31-43. Farrell, p. 196に引用。

2．熱力学の第二法則は、時間の矢と密接に関係している。熱力学の理論は、イギリスの産業革命と、蒸気機関を発明したスコットランド人ジェームズ・ワットに端を発する。フランス人工学者のサディ・カルノーが一九世紀前半に、不可逆な熱の損失を伴わない完全に可逆な機関を考え、熱力学の理論を編み出した。しかし、完全な熱機関は存在せず、熱損失は決してゼロにならないことが明らかとなった。イギリス人のジェームズ・プレスコット・ジュールは、熱と仕事の等価性を見抜き、仕事が等量の熱を生じさせることを証明した。その名は、エネルギーの単位ジュールに残っている。

この熱と仕事の等価性から、物理系においてエネルギーが保存されるという、熱力学の第一法則が導かれた。エネルギーはある形態から別の形態へ転換し、その際にバランスシートが崩れることはないが、物理過程ではエネルギーの散逸が起こる。ドイツ人物理学者のルドルフ・クラウジウスは一八五〇年に、このエネルギーの散逸について考え、仕事が熱へ転換する際には必ずその一部が失われ、決して回収できなくなることに気づいた。そして時間の矢を発見した。ウィリアム・トムソン、のちのケルヴィン卿は、現在では熱力学の第二法則と呼ばれている物理法則を発表した。

一八六五年にクラウジウスは、ギリシャ語で〝中(なか)〟を意味する〝en〟と、〝変転〟を意味する〝trop〟から命名した、エントロピーという概念を導入した。カルノーは、熱は高温の物体から低温の物体にだけ流れると述べていたが、これは時間の矢を意味する。エントロピーが最大値に達すると、系は最も無秩序でランダムな状態となる。ドイツ人物理学者のヘルマン・フォン・ヘルムホルツはさらに、熱力学の第二法則を宇宙論へ当てはめた。エントロピーはどうしても増大していくので、宇宙は最終的に平衡状態へ達し、それ以上の変化は起こらず、無秩序さは最大になる。これは熱的死と呼ばれている。しかしのちに、重力が打ち勝つはずだということが明らかとなったが、その後、宇宙の膨張は加速していることが発見された。

熱力学の第二法則は、数多くの論争の的となっている。ニュートン力学など基本的な物理法則は、時間的に対称だ。ドイツ人物理学者ルートヴィッヒ・ボルツマンは、時間的に対称な分子や原子の集合体から、どのようにして非対称的な時間進化を引き出すかという問題を解決した。そして、気体中の一個の分子の運動を統計的に記述する分配関数を満たす、〝ボルツマン方程式〟を発見した。この方程式は、時間的に対称なニュートンの運動法則を破っていた。

ヨーゼフ・ロシュミットなど同時代の物理学者から、ボルツマンは激しい攻撃を浴びた。その時間の矢とされるものを批判する上では、著名なフランス人数学者であるアンリ・ポアンカレの回帰定理が使われた。この定理によれば、孤立した物理系はすべて初期状態へ戻るはずだという。ボルツマンは、熱力学を原子や分子の現象として解釈した点に関しても、エルンスト・マッハやヴィルヘルム・オストワルトなどから厳しい批判を浴びていた。おそらくそのせいでボルツマンは鬱に陥り、一九〇六年に自殺した。

最近の物理学者や哲学者は、時間の矢を主観的な概念として片づけている。若干の支持を集めているのが、〝粗視化〟という概念を使って統計力学や熱力学を解釈しなおそうという考え方だ。この考え方によれば、ボルツマン方程式は別の形で解釈しなければならない。ミクロな距離で見れば、気体の有限な小胞内での原子の平均運動を計算する必要が出てくる。だとすれば、ボルツマンの熱力学的な時間の矢は錯覚だと考えられる。しかし粗視化の方法には、場当たり的な面もある。現代情報理論の登場により、情報伝達とエントロピーが結びつけられている。

私は時刻ゼロにおける宇宙の誕生を含む宇宙論を定式化する上で、熱力学の第二法則に厳密に則り、時刻ゼロから正負どちらの方向にも非対称的な時間の矢が伸びると考えた。私の心には、アーサー・エディントンの著書 *The Nature of the Physical World* の次の一節が刻まれている。「科学研究におけるエントロピーの概念の驚くべき力を伝えたい」

3．およそ一三〇年前、熱力学の統計理論を考案したルートヴィッヒ・ボルツマンは、宇宙に関する次のような疑問を投げかけた。熱力学の第二法則と、観測されている時間の非対称性を、どのようにしたら両立させられるのか？　ここから、関連した次のような疑問も生まれた。エントロピーがつねに増大しつつあるとしたら、初めはどのようにして低くなったのか？　ボルツマンは、宇宙はエントロピー最小の偶然のゆらぎとして始まったと提唱した。自らの熱力学の統計理論によればそのような偶然のゆらぎはきわめて起こりにくいが、宇宙がとても長い時間続いたあげく、それが実際に起こったのだという。

ボルツマン以降多くの物理学者が、時間の非対称性を説明し、宇宙論における熱力学の第二法則の立場を明らかにしようとしてきた。中でもトーマス・ゴールド、スティーヴン・ホーキング、ロジャー・ペンローズ、ポール・デーヴィズは、ビッグバンモデルなどの宇宙論モデルに、時間の非対称性および、アインシュタインの重力理論における特異点からの無秩序さの増大という、二つの難題を相容れさせようとしている。ビッグバンのときにエントロピーが小さかったという考えを受け入れるなら（矛盾しているようだが、ビッグバンのときにはエントロピーが最大で、無限大にもなっていたと考えられるかもしれない）、宇宙が将来、特異点へ崩壊するとして、なぜビッグクランチでは同じようにエントロピーが小さくならないのかという、厄介な問題に直面せざるをえない。ゴールドやホーキングは、ビッグクランチの前に事象の時間的順序と熱力学的な時間の矢が逆転すると言っているが、もしそうでないとすれば、熱力学の第二法則は破られることになる。事象の時間的順序が逆転するとしたら、恒星からの光が逆戻りし、われわれの目から離れて恒星に吸収され、また木から落ちたリンゴは跳ね返って木のところまで戻ることになる。だが、人体の中でも生物学的プロセスや思考過程は作用しつづけているので、この時間を遡る宇宙の中では、その〝不自然〟な状態に気づかないだろう。

〝始まり〟のある有限の宇宙と果てしなく続く無限の宇宙については、宗教や哲学における意味合いを巡っても昔からかなりの議論のテーマになってきた。イマニュエル・カントは一七八一年に『純粋理性批判』の中で、次のようなパラドックスを提起している。もし宇宙が有限の過去に始まったとしたら、それ以前には何があったのか？　そしてそれが起こる前に、何がそれを引き起こしたのか？　カントは、無限に続く宇宙も同じく受け入れがたいと考えた。

ニュートン力学、マクスウェルの電磁気方程式、アインシュタインの重力方程式、シュレーディンガー方程式など、われわれの知る物理法則は時間に対して驚くほど対称的だ。これらの物理法則では過去と未来の区別がつかないので、そこから、観測される時間の非対称性や熱力学の時間の矢——無秩序は増大しつづける——をどのように導けばいいのか、理解するのはかなり難しい。

私は、宇宙の始まりが特異点を持たず、熱力学の第二法則に厳密にこだわった、MOG宇宙論を編みだそうとしている。そのためには、MOGの場の方程式の解に境界条件を課し、時刻ゼロにおいて物質もエネルギーもなく、重力がゼロでエントロピー最小の空っぽの状態で宇宙が始まるようにする。時刻ゼロにおける真空中のゆらぎと真空からの粒子の生成によって、物質と時空の湾曲が生じ、それによって宇宙は、エントロピーと無秩序さを増大させながら、時間的に非対称な形で時間の正負両方向へ膨張する。時刻ゼロで始まり、それぞれ時間の正方向と負方向へ進化する宇宙の動的膨張を比べると、ちょうど時間の事象を逆転させた形になっている。どちらの宇宙にも過去と未来は一つずつしかなく、過去へ逆戻りする可能性もなく、タイムマシンの存在は認められない。どちらの進化する宇宙でも、因果律が破られることはない。

実験により、時間対称の不変性はKメソンの崩壊において破れることが分かっている。中性Kメソンからπメソン、電子、反ニュートリノへの弱い崩壊は、CP不変性と呼ばれるものを破る。これは、一九六四年にクリステンセン、クローニン、フィッチ、ターレイによって発見された。ここでCは電荷の共役、Pは空間座標の（パリティ）鏡映を意味する。一九五七年、弱い相互作用がパリティ不変性Pを破ることが見いだされていた。そのため、電荷の符号を変える荷電共役CとパリティPとの組み合わせ——CP——も破られることが分かると、大きな衝撃が走った。素粒子物理学では、（大域ローレンツ不変性を仮定すると）CPTという組み合わせ操作は不変でなければならない。したがって、時間反転の不変性Tも破られなければならず、われわれの知る物理学の基本法則における時間対称性と矛盾する。しかし、時間反転の不変性の破れがこのミクロレベルでしか姿を現わさないとしても、熱力学の第二法則が影響を受けることはない。

中性Kメソンの弱い崩壊や、もっと最近観測されたBメソンの弱い崩壊におけるCPの破れに対し、現在のところ満足できる説明は示されていない。だが推測はなされていて、とくにフランス人物理学者のガブリエル・シャルダンは、〝反重力〟がCP対称性と時間反転の不変性Tの破れを引き起こしているのかもしれないと提唱している。この反重力は、ファイオン・ベクトル場によって生じるMOGの反発力によるものかもしれないと考えたくなる。

われわれのMOG宇宙論は、無秩序さとエントロピーの増大および、観測されている時間の非対称性という二重の問題を解決できるが、宇宙に一つの初期条件を課しているという点では批判を受けるかもしれない。この宇宙は時刻ゼロにおいてエントロピー最小状態（秩序さ最大）から時間の正負方向へ始まり、つねに膨張しながら、無限の未来における無秩序さ最大（エントロピー最大）の状態、いわゆる熱的死、冷たく空っぽの宇宙へ向かっていく。

宇宙に初期条件を課しているではないかという批判に対しては、物理学の基本方程式を解くにはそもそも境界条件を課すものだと反論できる。マクスウェル方程式の波動解は、先行解と遅延解の両方を認める。しかし電磁波の運動を記述するには、因果律を破らない遅延解だけが許される。場の方程式の解に対して特別な初期条件を課すことなしに、MOGのような理論から宇宙の進化全体を記述する宇宙論を導けるなどとは、期待すべきではない。

用語解説

MOG　アインシュタインの一般相対論を一般化した、私の相対論的な修正重力理論。MOGは“Modified Gravity”（修正重力）の略。

MOND　モルデハイ・ミルグロムが一九八三年に発表した、ニュートン重力理論の修正理論。銀河の回転速度曲線を記述するための、非相対論的な現象論的モデル。MONDは“Modified Newtonian Dynamics”（修正ニュートン力学）の略。

X線銀河団　きわめて高温のガスを大量に含み、X線を放射する銀河団。このような銀河団では、光を発する恒星の少なくとも二倍の質量を高温のガスが担っている。

天の川銀河　われわれの太陽系を含む渦巻銀河。

一般共変原理　観測者が物理量の測定にどの基準座標系を使うかに関係なく、物理法則は同じであるという、アインシュタインが提唱した原理。

一般相対論　一九一六年に作られたアインシュタインの革命的な重力理論で、特殊相対論を数学的に一般化したもの。重力の概念を、ニュートンの言う万有引力から、物質とエネルギーによる時空の幾何の歪みへと変えた。

一様　宇宙論において、宇宙のどの場所にいるどの観測者にとっても、宇宙が同じように見えること。

因果性　すべての事象に対してそれを引き起こした事象が過去に存在し、ある事象が過去の事象の原因としての役割を果たすことはありえないという概念。

インフレーション理論　標準的なビッグバンモデルにおける平坦性、地平面、一様性の問題を解決するために、アラン・グースらが提唱した理論。きわめて初期の宇宙は、一秒足らずの間に指数関数的に膨張したとされる。

ヴァルカン　一九世紀の天文学者ユルバン・ジャン・ジョセフ・ルヴェリエが、太陽に最も近いところを公転していると予測した、仮想上の惑星。ヴァルカンが存在するとすれば、水星の異常な近日点移動を説明できるとされた。アインシュタインはのちに一般相対論を使い、重力だけでその異常を説明した。

宇宙定数　一九一七年にアインシュタインが、宇宙を静的で永遠のものにするために、自らの重力場方程式に挿入した項。のちに後悔して〝わが最大の失敗〟と呼んだが、宇宙論学者は今日でも使っていて、謎めいたダークエネルギーと同一視している者もいる。

宇宙の加速膨張　ビッグバンによる宇宙の膨張は減速しておらず、実際には歴史の中の現時点で加速していること。一九九八年に遠方の超新星のデータによって発見された。カリフォルニアとオーストラリアの天文学者グループが独立に、超新星からやってくる光は、宇宙が減速しているとした場合より暗いことを見いだした。

宇宙マイクロ波背景放射（ＣＭＢ）　ビッグバンの最初の重要な証拠。一九六四年に発見され、一九八九年と二〇〇〇年代前半にＮＡＳＡのチームによりさらに調べられた。天空の至る所で平滑な特徴を示し、ビッグバンの〝残光〟と言える。ビッグバンから約四〇万年後に生じた赤外線が、一四〇億年の膨張の間に時空が引き伸ばされたことで赤方偏移を受け、電磁波スペクトルのマイクロ波の領域へ移動したもので、初期宇宙に関する膨大な情報を明らかにしてくれる。

衛星銀河　親銀河や銀河団の周りを公転する銀河。

エーテル　ギリシャの〝クインテッセンス〟の概念に由来する物質で、媒質としてその中を物質やエネルギーが移動し、真空よりは実体があって空気よりは希薄。一九世紀後半のマイケルソン＝モーレー実験によりその存在が否定された。

エトヴェシュ実験　ハンガリーのエトヴェシュ・ロラーンド男爵が一九世紀後半から二〇世紀前半にねじり秤を使っておこなった実験で、これにより、慣性質量と重力質量が10^{11}分の１の範囲で等しいことが示された。アイザック・ニュートンやのちのフリードリッヒ・ヴィルヘルム・ベッセルの得た結果よりさらに正確に、等価原理を証明した。

核子　原子核に含まれる陽子と中性子の総称。

核力　原子核の中で陽子と中性子を結びつけている強い力の別名。

加速度　物体の速さあるいは速度の変化率。

カッシーニ探査機　一九九七年に打ち上げられたＮＡＳＡの土星探査機で、土星とその衛星の詳細な調査に加え、ニュートンの重力定数の時間変化に対する上限を決定した。

干渉法　二台以上の望遠鏡を使い、実質的にそれらの間の距離に相当する大きさの望遠鏡として機能させる方法。とくに電波天文学で使われている。

慣性　運動している物体が等速度運動を続け、静止している物体が静止しつづける傾向。慣性の法則は一七世紀前半にガリレオが発見した。

慣性質量　外力に抗う物体の質量。ニュートン以降、慣性質量と重力質量は等しいことが実験的に知られている。アインシュタインはこの慣性質量と重力質量の等価性をもとに、自らの重力理論の土台となる等価原理を仮定した。

基準座標系　観測者が時間と空間内の粒子の位置を示すために使う、空間の三次元座標と時間の一次元座標。

逆二乗則　ケプラーの研究に基づいてニュートンが発見した、二つの重い物体あるいは点状粒子の間に働く重力は、それらの間の距離の二乗に反比例して弱くなるという法則。

球状星団　通常は銀河の中に存在する、数百万個の恒星からなる比較的小さく高密度な系。
曲率　重い天体による幾何の歪みに伴う、ユークリッド時空からのずれ。
銀河　天の川銀河のように、数千億個の恒星からなる組織化した集団。
銀河団　多数の銀河が互いの重力によって集合したもので、一個の銀河内の恒星とは違って組織化されていない。
銀河の回転曲線　ドップラーシフトのデータによって銀河内の恒星の速度を記録したグラフ。巨大渦巻銀河の外縁に位置する恒星は、ニュートンやアインシュタインの重力理論から予測されるより速く運動している。
近日点　惑星の楕円軌道上で、太陽に最も近い点。
近日点移動　惑星が公転するたびに近日点の位置が移動していくこと。水星において最も大きく、その軌道は薔薇の花のような模様を描く。
クインテッセンス　古代ギリシャの世界観における、土、水、火、気に続く第五元素で、地球の周りを公転する天体を支える透明球体を動かしているとされた。この概念はやがて〝エーテル〟と呼ばれるようになり、天体が運動するために接触する必要のある何ものかとされた。アインシュタインの特殊相対論によりエーテルは不要になったが、宇宙の加速膨張に対する最近の説明では、変動する負の圧力の真空エネルギーを〝クインテッセンス〟と呼んでいる。
クエーサー　"Quasi-stellar Object"（恒星状天体）の略。電波望遠鏡や光学望遠鏡で見られる最も遠い天体。とてつもなく明るく、形成されたばかりの若い銀河と考えられている。一九六〇年に発見され、それにより定常宇宙論が打ち砕かれて、ビッグバン理論へと支持が集まった。
クォーク　強い核力で相互作用するすべての粒子の基本構成要素。分数の電荷を持ち、いくつかの種類に分けられる。陽子や中性子といった粒子の内部に閉じ込められていて、自由粒子としては検出できない。

群　抽象代数において、いくつかの公理を満たす二項演算に従う集合。例えば、整数の加法の性質は一つの群を作る。群を研究する数学の一分野を、群論という。

計量テンソル　時空内の二点間の無限小距離を決定する、対称テンソル係数。これによってユークリッド幾何と非ユークリッド幾何が区別される。

結合定数　電荷やニュートンの重力定数など、粒子や場の相互作用の強さを表わす用語。

ケルヴィン温度目盛　一九世紀半ばにケルヴィン卿（ウィリアム・トムソン）が極低温を測定するために導入したもので、宇宙で最も低い温度である絶対零度（摂氏マイナス二七三・一五度）をゼロとする。水の凝固点は二七三・一五K（摂氏〇度）、水の沸点は三七三・一五K（摂氏一〇〇度）。

光円錐　時空の幾何に即して過去、現在、未来の空間と時間を表わす数学表現。四次元ミンコフスキー時空では、一つの事象から発せられる、あるいはそこに到達する光線が、時空を過去錐と未来錐に分け、それらはその事象に対応する点で接する。

光子　電磁波のエネルギーを運ぶ量子。そのスピンは、一掛けるプランク定数hに等しい。

光速可変（VSL）宇宙論　インフレーション理論に代わるものとして私が一九九三年に提唱した、宇宙の初期には光速が今よりずっと大きかったとする理論。インフレーション理論と同じく、標準的なビッグバンモデルにおけるきわめて初期の宇宙の地平面問題と平坦性問題を解決できる。

光電効果　金属にX線を照射すると電子が飛び出してくる現象で、これにより光子の存在が証明された。アインシュタインは一九〇五年にこの効果を説明し、一九二一年にノーベル賞を受賞した。光子の存在を証明した実験は、一九二二年にトーマス・ミリカンとアーサー・コンプトンが別々におこない、二人はそれぞれ一九二三年と一九二七年にノーベル賞を受賞した。

黒体　当たった放射をすべて吸収し、温度に依存した特徴的なエネルギー放射を発する物理系。黒体の概念は、恒星の温度を調べる際にとくに役に立つ。

古典論　ニュートンの重力理論やアインシュタインの一般相対論など、マクロな宇宙に関係する物理理論で、量子力学や素粒子物理学の標準モデルなどの、ミクロレベルの事象に関する理論と対極をなす。

コペルニクス革命　一六世紀前半にニコラウス・コペルニクスが、既知の宇宙の中心は地球でなく太陽であることを突き止めたときに始まったパラダイムシフト。

最小作用の原理　正確には停留作用の原理という。この変分原理を力学系や場の理論に適用すると、系の運動方程式が導かれる。ピエール＝ルイ・モロー・モーペルテュイがこの原理の発見者とされているが、レオンハルト・オイラーやゴットフリート・ライプニッツも独立に発見していたとも考えられる。

作用　物理系を記述するのに使われる数学表現で、系の初期状態と最終状態だけが分かれば定まる。中間状態の物理量の値は、作用を最小にすることで決まる。

時空　相対論において、三次元空間と時間を四次元幾何へと組み合わせたもの。一九〇八年にヘルマン・ミンコフスキーが初めて相対論に導入した。

自己重力系　銀河団のように、互いの重力で一つにまとまっている物体や天体の集団。その対極にあるのが、中心の質量に引き寄せられてその周囲を公転する、われわれの太陽系のような〝束縛系〟。

視差　近くの物体を二つの異なる位置から見たときに、遠くの背景に対してその物体が動いて見えること。天文学における距離の測定に、三角測量と組み合わせて用いられる。

シュヴァルツシルト解　一般相対論におけるアインシュタインの場の方程式に対する、球対称で静的な厳密解。一九一六年に天文学者のカール・シュヴァルツシルトが導き、ブラックホールの存在を予測した。

従円　古代のプトレマイオスの宇宙論において、惑星が地球の周りを回る際の軌道を表わす大きな円。

周天円　プトレマイオスの宇宙論において、惑星が〝従円〟に沿って地球の周りを公転する際に描く小さな円。これによってギリシャ人は、惑星の逆行運動を説明した。

重力子　仮想上の重力エネルギーの最小単位。電磁気エネルギーにおける光子に相当する。実験的にはまだ見つかっていない。

重力質量　他の物体に対する重力を生じさせる、物体の活量。

重力波　一般相対論で予測される、時空の歪みの波。加速している物体はすべて重力波を放射しているが、実験により検出できる可能性があるのは、宇宙における劇的な事象により発生したものに限られる。

重力レンズ効果　時空の曲率による光の湾曲。銀河や銀河団がレンズとして作用し、その中やそばを光が通過する際に、遠くの明るい銀河やクエーサーの像を歪める。

真空　量子力学においてエネルギー最低の状態を指し、素粒子物理学における真空状態に対応する。現代の場の量子論における真空は、粒子と反粒子の生成と消滅が完全に釣り合っている状態を指す。

水星の近日点異常　水星の近日点の移動量がニュートンの重力方程式から予測される値より大きいという現象。アインシュタインの重力理論によってその異常な近日点移動が予測され、一般相対論の正しさが初めて経験的に示された。

スカラー場　温度、密度、圧力など、空間の各点において方向を持たない値に関連した物理的表現。空間内で方向を持つベクトル場と対極にある。ニュートン物理学や静電気学では、ポテンシャルエネルギーはスカラー場で、その勾配がベクトル力場となる。量子力学では、スカラー場がスピンゼロのボゾン粒子を記述する。

スケール不変性　観測する際に距離スケールや空間を拡大縮小させても形や分布が変化しないような、物体やパターンの分布。よく見られるスケール不変性の例としては、フラクタルパターンがある。

スピン　量子スピンを見よ。

赤方偏移　ドップラー原理に基づく現象で、地球上の観測者の位置から天体がどれだけの速さで遠ざかっているかを知る上で役に立つ。銀河がわれわれから高速で遠ざかっていると、その光の波長は電磁波スペクトル上で赤の方へ偏移する。この偏移の程度から、その銀河の距離が分かる。

絶対空間と絶対時間　ニュートン的な空間と時間の概念。空間はその中に存在する物体とは独立しており、時間は宇宙のどこでも同じ速さで流れていて、観測者の場所や〝現在〟という経験には左右されないという概念。

摂動理論　厳密に解けない方程式の近似解を見つけるための数学的方法。解を、項ごとに小さくなっていくような級数へと展開する。

漸近的自由（漸近的安全）　エネルギーの増加あるいは距離の減少に伴って素粒子間の結合強度がゼロになり、素粒子が外場を受けない自由粒子に近づくという、場の量子論の性質。エネルギーが減少し、あるいは粒子間の距離が大きくなると、力の強度は際限なく大きくなる。

測地線　近接した二点間の最短経路。ユークリッド幾何では直線になり、四次元時空では独特の曲線になる。

ダークエネルギー　負の圧力の真空エネルギーやアインシュタインの宇宙定数と関連づけられる、謎めいた形のエネルギー。宇宙の加速膨張に関するデータを説明すると考えられている。標準モデルによれば、ダークエネルギーは宇宙全体に均一に広がっていて、宇宙の質量とエネルギーの約七〇パーセントを占めているとされる。

ダークマター　いまだ検出されていない目に見えない未知の物質粒子で、標準モデルによれば物質質量の約三〇パーセントを占める。ニュートンやアインシュタインの重力理論を、銀河、銀河団、宇宙全体のデータと一致させようとすると、その存在が必要となる。ダークマターとダークエネルギーを合わせると、宇宙に存在する物質とエネルギーの九六パーセントが目に見えないことになる。

第五の力（ねじれ力）　ＭＯＧにおける新たな力で、限られた距離スケールで重力を修正する効果を持つ。ファイオンと呼ばれる質量を持つ粒子によって伝えられる。

脱出速度　物体が強い重力場から逃れるために必要とする速さ。地球を周回する軌道に投入されたロケットや、銀河団の外周にある銀河は、それぞれ脱出速度を持つ。

タリー＝フィッシャー則　銀河内の恒星が示す漸近的に平坦な回転速度の四乗が、銀河の質量や光度に比例するという関係。

中性子　原子核の中に存在する電気的に中性の粒子で、陽子とほぼ同じ質量を持つ。

中性子星　超新星爆発の後に残される崩壊した恒星の核。きわめて高密度で比較的小さく、中性子からできている。

超新星　爆発によって宇宙空間に重元素を放出する、恒星の劇的な死。Ｉａ型超新星はすべて同じ固有光度を示すとされていて、宇宙的距離を算出する上で標準光源として用いられている。

超対称性　一九七〇年代に編み出された理論で、支持者に言わせると、素粒子物理学における最も基本的な時空の対称性を記述する。すべてのボゾン粒子に対してフェルミオンの超対称性パートナーがあり、すべてのフェルミオンに対してボゾンの超対称性パートナーがある。現在のところ超対称性粒子は見つかっていない。

強い力　核力を見よ。

電子　負の電荷を持ち、原子核の周りを公転している素粒子。

電磁気力　電気と磁気を統一した力で、マイケル・ファラデーとジェームズ・クラーク・マクスウェルが一九世紀に、電気と磁気は同じ現象であることを発見した。

電磁放射　電磁場の波動運動を表わす用語で、光速――秒速三〇万キロメートル――で伝播し、それぞれ波長のみが異なる。可視光、紫外線、赤外線、Ｘ線、ガンマ線、電波を含む。

統一理論（統一場理論）　自然界の力を統一する理論。アインシュタインの時代には電磁気力と重力のみだったが、現在では弱い核力と強い核力も考慮しなければならない。将来にはＭＯＧの第五の力、つまりねじれ力も含めなければならないかもしれない。成功した統一理論はまだ見つかっていない。

等価原理　ガリレオが初めて気づいた、物体は重さや組成に関係なく重力場の中で同じ速さで落下するという現象。アインシュタインが拡張し、重力は加速と等しい（等価である）ことを示した。

等方的　宇宙論において、観測者がどちらの方向を見ても、宇宙は同じように見えること。

透明球体　古代ギリシャ宇宙論において、月、太陽、惑星、恒星を支え、地球を中心として公転させている、透明な同心球。ルネッサンスの時代まで、西洋における宇宙の概念の一部を構成していた。

動力学　運動する物体の物理。

特異点　微分方程式の解が破綻する場所。時空の特異点は、時空の曲率や物質の密度など、重力場の決定に用いられる量が無限大となるような空間内の点。

特殊相対論　一九〇五年にアインシュタインが発表した最初の相対論で、等速度運動する基準座標系から別の基準座標系へ物理法則を変換するという〝特殊〟な場合の理論。特殊相対論の方程式からは、光速は一定であり、物体が光速に近い速さで運動するとその運動方向へ縮んで見え、エネルギーは質量と光速度の二乗との積に等しいことが明らかとなった。

ドップラー効果（ドップラー原理）　一九世紀のオーストリア人科学者クリスティアン・ドップラーが発見した効果。音波や光の波の発生源が観測者の方向へ向かって動いているときには、その見かけの波長は短くなり、観測者から遠ざかっているときには、見かけの波長は長くなる。天文学では、われわれから遠ざかっている銀河の発する光は赤方偏移を示し、われわれに近づいている近くの銀河は青方偏移を示す。

ニュートリノ　電荷ゼロの素粒子。検出がきわめて困難で、放射性崩壊で生成し、物質中をほとんど邪魔されずに通り抜けられる。わずかな質量を持つと考えられているが、正確な測定はなされていない。

ニュートンの重力定数　ニュートンの重力法則に登場する比例定数G。二つの物体間の引力は、それらの質量に比例し、それらの間の距離の二乗に反比例する。$G=6.67428 \pm 0.00067 \times 10^{-11}\ \mathrm{m^3\ kg^{-1}\ s^{-2}}$

人間原理　宇宙にわれわれが存在することが、宇宙の性質に条件を課すという考え方。極端な考え方によれば、われわれが存在するのはこの原理のおかげだという。

場　重い物体間の重力や電荷間の電磁気力を記述するための物理学用語。マイケル・ファラデーが磁気導体を研究していたときに見いだした概念。

場の方程式　重力により相互作用する重い粒子や、電磁気力により相互作用する電荷の物理的性質を表わす微分方程式。物理学における有名な例としては、電磁気力に対するマクスウェル方程式や重力に対するアインシュタイン方程式がある。

場の量子論　素粒子の物理を記述するために用いられる、相対論的な量子力学。凝縮体物理における、場に類似した非相対論的な系にも用いられる。

パーセク　天文学的距離の単位で、三・二六二光年に相当する。

パイオニア一〇号と一一号　ＮＡＳＡが一九七〇年代前半に打ち上げた外部太陽系探査衛星で、内部太陽系を離れると小さな異常加速を示した。

ハドロン　強い相互作用を受けるフェルミオン粒子の総称。

ハミルトニアン　物理系の運動を表わす微分方程式を、変分を使って導く方法。ハミルトニアンの原理は〝停留作用の原理〟とも呼ばれ、古典力学に即してウィリアム・ローワン・ハミルトン卿が定式化した。この原理は重力場や電磁場といった古典場に適用され、量子力学や場の量子論でも重要な形で使われている。

パラダイムシフト　哲学者のトーマス・クーンが世に広めた、信念の革命的変化を表わす言葉。ある分野に属する科学者の大部分が、従来の自然理論を棄て、実験や観測によって検証された新たな理論を受け入れること。ダーウィンの自然選択理論、ニュートンの重力理論、アインシュタインの一般相対論はすべて、パラダイムシフトをもたらした。

バリオン　陽子や中性子など、三個のクォークからなる粒子。

非対称重力場理論（ＮＧＴ）　アインシュタインの純粋な重力理論（一般相対論）に重力場の余分な成分として非対称場を導入して一般化した、私の理論。数学的に言うと、この非対称場の構造は、非リーマン幾何学で記述される。

非対称場理論（アインシュタイン）　対称部分と非対称部分を持つ計量テンソルに基づいた、時空の幾何の数学的記述。アインシュタインがこの幾何を使って、重力と電磁気力の統一場理論を定式化しようとした。

微調節　ある物理現象を説明しようとする際に、とてつもない桁数の大きな数を二つ以上、不自然な形で相殺させること。これが必要である限り、その物理現象を真に理解したことにはならない。

ビッグクランチ　ビッグバンと同様に、宇宙が特異点で終わりを迎えるとする考え方。

ビッグバン理論　宇宙は時空の凄まじい爆発から始まり、物質とエネルギーは無限に小さく高密度な点から誕生したとする理論。

ひも理論　物質の最小単位は点粒子でなく振動するひもであるという考え方に基づく理論。二〇年にわたって広く研究されてきて、数学的に興味深い特徴をいくつか持っているが、検証可能な予測は導かれていない。

ビリアル定理　銀河団内の銀河の平均速度を、その平均運動エネルギーとポテンシャルエネルギーから算出するために用いる定理。

ファイオン　ＭＯＧにおける重いベクトル場の名前。第五の力を伝えるボゾン粒子と、場によって表現される。

フェルミオン　陽子や電子など、半整数のスピンを持ち物質を構成する粒子。

プトレマイオスの宇宙モデル　ルネッサンス時代まで支配的だった宇宙論で、地球が宇宙の中心であって、月、太陽、惑星、恒星を含めすべての天体が地球の周りを公転しているとする。クラウディオス・プトレマイオスにちなんで名づけられている。

ブラックホール　死にゆく恒星が、〝事象の地平面〟に隠された特異点へと崩壊して生成する天体。高密度で強い重力を及ぼすため、そこからは光を含め何ものも逃れられない。一般相対論により予測され、〝見る〟ことはできないが、連星や銀河中心の大質量崩壊星の天文観測から存在が推測される。

プランク定数（ℏ）　量子力学において重要な役割を果たす基本定数で、光子などのエネルギー量子の大きさを決める。量子力学の創始者マックス・プランクにちなんで名づけられた。hを2πで割った$\hbar$は量子力学計算で使われる。

ブレーン　〝メンブレン〟（膜）を縮めた言葉で、一次元のひもを高次元に拡張したもの。

ベクトル場　物理量として場に空間内の位置と方向を与えるもの。重力場や、ジェームズ・クラーク・マクスウェルの場の方程式における電磁気力場を記述する。

ボゾン　光子、メソン、重力子など、整数のスピンを持ち、フェルミオンの間に働く力を運ぶ粒子。

マイケルソン＝モーレー実験　一八八七年にアルバート・マイケルソンとエドワード・モーレーがおこなった実験で、これによりエーテルが存在しないことが証明された。同じ方向に進む光線と垂直方向に進む光線とで、速さや到達時間に違いは見られなかった。

ミンコフスキー時空　スイス人数学者ヘルマン・ミンコフスキーが初めて記述した、重力効果を含まない幾何学的に平坦な時空。アインシュタインの重力理論の舞台となった。

メソン　クォークと反クォークからなる短寿命のボゾンで、核力によって陽子と中性子を結びつけると考えられている。

ユークリッド幾何学　紀元前三世紀のギリシャ人数学者エウクレイデス（ユークリッド）が編み出した平面幾何。この幾何学では、平行線は決して交わらない。

陽子　正電荷を持ち、水素の原子核である粒子。

弱い力　自然界の四つの基本的な力の一つで、素粒子物理学におけるβ崩壊のような放射能に関係している。強い核力よりはるかに弱いが、重力よりはかなり強い。

ラグランジアン　物理系の動力学的性質を一つにまとめた数学表現で、ジョゼフ＝ルイ・ラグランジュにちなんで名づけられており、Lと表わされる。古典力学では、運動エネルギーTから位置エネルギーVを引いたものとして定義される。粒子系の運動方程式は、偏微分方程式であるオイラー＝ラグランジュ方程式から導かれる。

ラグランジュ点　イタリア系フランス人数学者ジョゼフ＝ルイ・ラグランジュが発見した、互いに公転する二つの天体の近傍にある、第三の小さな物体が天体から一定距離を維持できるような五つの特別な点。ラグランジュ点では、二つの天体からの重力が遠心力と等しくなり、人工衛星など第三の物体が軌道上に保たれる。ラグランジュ点のうち三つは不安定で、二つは安定。

リーマン幾何学　一九世紀中頃にドイツ人数学者ゲオルク・ベルンハルト・リーマンが編み出した非ユークリッド幾何学で、ユークリッド幾何学と違い、平行線が近づく、離れる、あるいは交差するような湾曲した面を記述する。アインシュタインが一般相対論の数学形式として使った。

リーマン曲率テンソル　四次元時空の曲率を決める数学表現。

粒子と波動の二重性　電磁波スペクトルのどの部分に含まれる光も（電波、X線、可視光線などを含む）、ときには波動のように振る舞い、ときには粒子、すなわち光子のように振る舞うという事実。重力もおそらく同じように振る舞い、時空における波動あるいは重力子としての姿を示す。

量子化　物質やエネルギー（電磁気エネルギーや重力場エネルギー）の挙動に量子力学の原理を適用させること。場をエネルギーの最小単位へ分割する。

量子重力理論　重力理論と量子力学を統一しようという試み。

量子スピン　素粒子の持つ内部的な量子角運動量。空間内の一点を中心に自転する物体が持つ古典的な角運動量とは、対極をなす。

量子力学　量子（放射）と物質との相互作用の理論。量子力学の効果は、原子物理学や素粒子物理学のミクロな距離スケールで観測可能となるが、量子もつれの現象ではマクロな量子効果が現われる。

連星　二個の恒星が互いの周りを周回している、数多く見られる天体物理学的な系。

ローレンツ変換　物理法則を保ったまま一つの基準座標系から別の基準座標系へ移す数学変換。一九〇四年にそれを編み出したヘンドリク・ローレンツにちなんで名づけられており、特殊相対論の基本方程式を構成している。

矮小銀河　大きな銀河の周りを公転している小さな銀河（数十億個の恒星を含む）。天の川銀河は、大マゼラン雲や小マゼラン雲を含め一〇個以上の矮小銀河を従えている。

Company, 2006.
Wali, Kameshwar C. *Chandra: A Biography of S. Chandrasekhar*. Chicago: University of Chicago Press, 1992.
Weinberg, Steven. *Gravitation and Cosmology: Principles and Applications of the General Theory of Relativity*. New York, Chichester, Brisbane, Toronto, Singapore: John Wiley & Sons, 1972.
——. *The First Three Minutes: A Modern View of the Origin of the Universe*. New York: Basic Books, 1977. ［邦訳はS・ワインバーグ『宇宙創成はじめの三分間』小尾信彌訳、ダイヤモンド社刊。筑摩書房（ちくま学芸文庫）版も］
Whittaker, Sir Edmund. *A History of the Theories of Aether and Electricity: The Modern Theories 1900-1926*. London, Edinburgh, Paris, Melbourne, Toronto and New York: Thomas Nelson and Sons Ltd., 1953. ［邦訳はE・T・ホイッテーカー『エーテルと電気の歴史』霜田光一・近藤都登訳、講談社刊］
Woit, Peter. *Not Even Wrong: The Failure of String Theory and the Continuing Challenge to Unify the Laws of Physics*. London: Jonathan Cape, 2006. ［邦訳はピーター・ウォイト『ストリング理論は科学か——現代物理学と数学』松浦俊輔訳、青土社刊］

Poincaré, Henri, and Francis Maitland, translator. *Science and Method*. Mineola, NY: Dover Publications, 2003.

Rees, Martin. *Our Cosmic Habitat*. London: Phoenix, Orion Books, 2003.［邦訳はマーティン・リース『宇宙の素顔――すべてを支配する法則を求めて』青木薫訳、講談社刊］

Savitt, Steven T., ed. *Time's Arrows Today: Recent Physical and Philosophical Work on the Direction of Time*. Cambridge, UK: Cambridge University Press, 1997.

Schilpp, Paul Arthur, ed. *Albert Einstein: Philosopher-Scientist*. New York: Tudor Publishing Company, 1957.

Schutz, Bernard. *Gravity from the Ground Up: An Introductory Guide to Gravity and General Relativity*. Cambridge, UK: Cambridge University Press, 2003.

Silk, Joseph. *The Big Bang: The Creation and Evolution of the Universe*. San Francisco: W.H. Freeman and Company, 1980.

Singh, Simon. *Big Bang: The Origin of the Universe*. London, New York: Fourth Estate, 2004.［邦訳はサイモン・シン『ビッグバン宇宙論』青木薫訳、新潮社刊。『宇宙創成』として文庫化されている］

Smolin, Lee. *The Trouble with Physics: The Rise of String Theory, the Fall of Science, and What Comes Next*. Boston, New York: Houghton Mifflin Company, 2006.［邦訳はリー・スモーリン『迷走する物理学――ストリング理論の栄光と挫折、新たなる道を求めて』松浦俊輔訳、ランダムハウス講談社刊］

Steinhardt, Paul J., and Neil Turok. *Endless Universe: Beyond the Big Bang*. New York: Doubleday, 2007.

Susskind, Leonard. *The Cosmic Landscape: String Theory and the Illusion of Intelligent Design*. New York, Boston: Little, Brown and Company, 2006.［邦訳はレオナルド・サスキンド『宇宙のランドスケープ――宇宙の謎にひも理論が答えを出す』林田陽子訳、日経BP社刊］

Thorne, Kip S. *Black Holes & Time Warps: Einstein's Outrageous Legacy*. New York and London: W.W. Norton & Company, 1994.［邦訳はキップ・S・ソーン『ブラックホールと時空の歪み――アインシュタインのとんでもない遺産』林一・塚原周信訳、白揚社刊］

Thorne, Kip S., Charles W. Misner, and John Archibald Wheeler. *Gravitation*. New York: W.H. Freeman, 1973.

Vollmann, William T. *Uncentering the Earth: Copernicus and the Revolutions of the Heavenly Spheres*. New York, London: Atlas Books, W.W. Norton &

Sydney: Simon & Schuster, 2007.

Johnson, George. *Miss Leavitt's Stars: The Untold Story of the Woman Who Discovered How to Measure the Universe.* New York, London: Atlas Books, W.W. Norton & Company, 2005. ［邦訳はジョージ・ジョンソン『リーヴィット――宇宙を測る方法』槇原凛訳、WAVE出版刊］

Kirshner, Robert P. *The Extravagant Universe: Exploding Stars, Dark Energy and the Accelerating Cosmos.* Princeton and Oxford: Princeton University Press, 2002. ［邦訳は『狂騒する宇宙――ダークマター、ダークエネルギー、エネルギッシュな天文学者』井川俊彦訳、共立出版］

Krauss, Lawrence. *Quintessence: The Mystery of Missing Mass in the Universe.* New York: Basic Books, Perseus, 2000.

Kuhn, Thomas S. *The Structure of Scientific Revolutions.* Chicago and London: The University of Chicago Press, third edition, 1996. ［邦訳はトーマス・クーン『科学革命の構造』中山茂訳、みすず書房刊］

Kuhn, Thomas S., James Conant, and John Haugeland, eds. *The Road Since Structure.* Chicago and London: The University of Chicago Press, 2000. ［邦訳はトーマス・S・クーン『構造以来の道――哲学論集1970-1993』佐々木力訳、みすず書房刊］

Lightman, Alan. *The Discoveries: Great Breakthroughs in Twentieth-Century Science.* Toronto: Alfred A. Knopf Canada, 2005.

Livio, Mario. *The Accelerating Universe: Infinite Expansion, the Cosmological Constant, and the Beauty of the Cosmos.* New York, Chichester, Weinheim, Brisbane, Singapore, Toronto: John Wiley & Sons, Inc., 2000.

Lorentz, H. A., A. Einstein, H. Minkowski, and H. Weyl. *The Principle of Relativity: A Collection of Original Memoirs on the Special and General Theory of Relativity.* London: Methuen & Co. Ltd., 1923.

Magueijo, Joào. *Faster than the Speed of Light: The Story of a Scientific Speculation.* Cambridge, MA: Perseus Publishing, 2003. ［邦訳はジョアオ・マゲイジョ『光速より速い光――アインシュタインに挑む若き科学者の物語』青木薫訳、日本放送出版協会刊］

Mather, John C., and John Boslough. *The Very First Light: The True Inside Story of the Scientific Journey Back to the Dawn of the Universe.* New York: Basic Books, 1996.

Pais, Abraham. *"Subtle is the Lord" : The Science and the Life of Albert Einstein.* New York: Oxford University Press, 1982. ［邦訳はアブラハム・パイス『神は老獪にして…――アインシュタインの人と学問』金子務ほか訳、産業図書刊］

——. *The Physics of Time Asymmetry*. Berkeley and Los Angeles: University of California Press, 2nd edition, 1977. ［邦訳はP・C・W・デイビス『時間の物理学——その非対称性』戸田盛和・田中裕訳、培風館刊］

Eisenstaedt, Jean. *The Curious History of Relativity: How Einstein's Theory of Gravity Was Lost and Found Again*. Princeton, N.J.: Princeton University Press, 2006.

Farrell, John. *The Day Without Yesterday: Lemaître, Einstein, and the Birth of Modern Cosmology*. New York: Thunder's Mouth Press, Avalon Publishing Group, 2005. ［邦訳はジョン・ファレル『ビッグバンの父の真実』吉田三知世訳、日経BP社刊］

Ferguson, Kitty. *Tycho & Kepler: The Unlikely Partnership that Forever Changed Our Understanding of the Heavens*. New York: Walker and Company, 2002.

Freeman, Ken, and Geoff McNamara. *In Search of Dark Matter*. Chichester, UK: Praxis Publishing Ltd., 2006.

Gleick, James. *Isaac Newton*. New York: Pantheon Books, 2003. ［邦訳はジェイムズ・グリック『ニュートンの海——万物の真理を求めて』大貫昌子訳、日本放送出版協会刊］

Gondhalekar, Prabhakar. *The Grip of Gravity: The Quest to Understand the Laws of Motion and Gravitation*. Cambridge: Cambridge University Press, 2001.

Greene, Brian. *The Elegant Universe: Superstrings, Hidden Dimensions, and the Quest for the Ultimate Theory*. New York and London: W.W. Norton & Company, 1999. ［邦訳はブライアン・グリーン『エレガントな宇宙——超ひも理論がすべてを解明する』林一・林大訳、草思社刊］

Grosser, Morton. *The Discovery of Neptune*. New York: Dover Publications, Inc., 1979. ［邦訳はM・グロッサー『海王星の発見』高田紀代志訳、恒星社厚生閣刊］

Guth, Alan H. *The Inflationary Universe: The Quest for a New Theory of Cosmic Origins*. Cambridge, MA: Perseus Books, 1997. ［邦訳はアラン・H・グース『なぜビッグバンは起こったか——インフレーション理論が解明した宇宙の起源』はやしはじめ・はやしまさる訳、早川書房刊］

Highfield, Roger, and Paul Carter. *The Private Lives of Albert Einstein*. London, Boston: Faber and Faber, 1993. ［邦訳はロジャー・ハイフィールド、ポール・カーター『裸のアインシュタイン——女も宇宙も愛しぬいた男の大爆発』古賀弥生訳、徳間書店刊］

Isaacson, Walter. *Einstein: His Life and Universe*. New York, London, Toronto,

参考文献

Barrow, John D., and Frank J. Tipler. *The Anthropic Cosmological Principle.* Oxford, UK: Oxford University Press, 1986.

Baum, Richard, and William Sheehan. *In Search of Planet Vulcan: The Ghost in Newton's Clockwork Universe.* Cambridge, MA: Perseus, Basic Books, 1997.

Baumann, Mary K., Will Hopkins, Loralee Nolletti, and Michael Soluri. *What's Out There: Images from Here to the Edge of the Universe.* London: Duncan Baird Publishers, 2005.

Bolles, Edmund Blair. *Einstein Defiant: Genius versus Genius in the Quantum Revolution.* Washington, DC: John Henry Press, 2004.

Boorstin, Daniel J. *The Discoverers: A History of Man's Search to Know His World and Himself.* New York: Random House, 1983. [邦訳はダニエル・ブアスティン『大発見——未知に挑んだ人間の歴史』鈴木主税・野中邦子訳、集英社刊]

Brown, Harvey R. *Physical Relativity: Space-time Structure from a Dynamical Perspective.* Oxford, UK: Clarendon Press, 2005.

Christianson, Gale E. *In the Presence of the Creator: Isaac Newton & His Times.* New York, London: The Free Press, Division of Macmillan, Inc., 1984.

Clark, Ronald W. *Einstein: The Life and Times.* New York: World Publishing, 1971.

Coveney, Peter and Roger Highfield. *The Arrow of Time: A Voyage through Science to Solve Time's Greatest Mystery.* New York: Fawcett Columbine, 1990. [邦訳はピーター・コヴニー、ロジャー・ハイフィールド『時間の矢、生命の矢』野本陽代訳、草思社刊]

Crelinsten, Jeffrey. *Einstein's Jury: The Race to Test Relativity.* Princeton, N.J.: Princeton University Press, 2006.

Darling, David. *Gravity's Arc: The Story of Gravity, from Aristotle to Einstein and Beyond.* Hoboken: John Wiley & Sons, 2006.

Davies, P.C.W. *Space and Time in the Modern Universe.* Cambridge, London, New York, Melbourne: Cambridge University Press, 1977. [邦訳はP・C・W・デイヴィス『宇宙における時間と空間』戸田盛和・田中裕訳、岩波書店刊]

重力の再発見
アインシュタインの相対論を超えて
2009年11月20日　初版印刷
2009年11月25日　初版発行
*
著　者　ジョン・W・モファット
訳　者　水谷　淳
発行者　早川　浩
*
印刷所　精文堂印刷株式会社
製本所　大口製本印刷株式会社
*
発行所　株式会社　早川書房
東京都千代田区神田多町2−2
電話　03-3252-3111（大代表）
振替　00160-3-47799
http://www.hayakawa-online.co.jp
定価はカバーに表示してあります
ISBN978-4-15-209089-8　C0040
Printed and bound in Japan
乱丁・落丁本は小社制作部宛お送り下さい。
送料小社負担にてお取りかえいたします。